ANSIEDADE

S782a   Stallard, Paul.
        Ansiedade : terapia cognitivo-comportamental para crianças e jovens / Paul Stallard ; tradução: Sandra Maria Mallmann da Rosa ; consultoria, supervisão e revisão técnica desta edição: Ricardo Wainer. – Porto Alegre : Artmed, 2010.
        216 p. : il.; 23 cm.

        ISBN 978-85-363-2301-5

        1. Ansiedade. 2. Psicologia. 3. Terapia Cognitivo-comportamental. I. Título.

        CDU 616.89-008.441

Catalogação na publicação: Renata de Souza Borges CRB-10/1922

PAUL STALLARD

ANSIEDADE
TERAPIA COGNITIVO-COMPORTAMENTAL PARA CRIANÇAS E JOVENS

Tradução:
Sandra Maria Mallmann da Rosa

Consultoria, supervisão e revisão técnica desta edição:
Ricardo Wainer
Psicólogo Clínico. Doutor em Psicologia pela PUCRS
Mestre em Psicologia Social e da Personalidade pela PUCRS
Professor Adjunto da Faculdade de Psicologia da PUCRS

artmed®

2010

Obra originalmente publicada sob o título *Anxiety: cognitive behaviour therapy with children and young people*

ISBN 978-0-415-37255-8

© 2009 Paul Stallard

All Rights Reserved. Authorised translation from the English language edition published by Psychology Press, a member of the Taylor & Francis Group.

Capa: *Tatiana Sperhacke*
Ilustração: ©*iStockphoto.com/JIMEDLEX*

Leitura final: *Lara Frichenbruder Kengeriski*

Preparação de original: *Simone Dias Marques*

Editora sênior – Ciências Humanas: *Mônica Ballejo Canto*

Editora responsável por esta obra: *Amanda Munari*

Projeto e editoração: *Techbooks*

Reservados todos os direitos de publicação, em língua portuguesa, à
ARTMED® EDITORA S.A.
Av. Jerônimo de Ornelas, 670 - Santana
90040-340 Porto Alegre RS
Fone (51) 3027-7000   Fax (51) 3027-7070

É proibida a duplicação ou reprodução deste volume, no todo ou em parte,
sob quaisquer formas ou por quaisquer meios (eletrônico, mecânico, gravação,
fotocópia, distribuição na Web e outros), sem permissão expressa da Editora.

SÃO PAULO
Av. Embaixador Macedo Soares, 10.735 - Pavilhão 5 - Cond. Espace Center
Vila Anastácio 05095-035 São Paulo SP
Fone (11) 3665-1100 Fax (11) 3667-1333

SAC 0800 703-3444

IMPRESSO NO BRASIL
PRINTED IN BRAZIL

Autor

Paul Stallard é professor de Saúde Mental Infantil e Familiar na Universidade de Bath e psicólogo consultor clínico da Avon and Wiltshire Mental Health Partnership NHS Trust. Possui inúmeras publicações em revistas científicas e está envolvido na avaliação de programas de TCC para ansiedade e depressão em escolas do Reino Unido e em outros países.

Título publicado pela Artmed:

Guia do terapeuta para os bons pensamentos – bons sentimentos: utilizando a terapia cognitivo-comportamental em crianças e adolescentes (2007).

Agradecimentos

Gostaria de agradecer à minha família, Rosie, Luke e Amy por seu apoio e estímulos contínuos durante a realização deste livro. Também gostaria de agradecer aos muitos colegas que tive a sorte de encontrar e trabalhar e que ajudaram a desenvolver as ideias contidas neste livro. Por fim, este livro não teria sido possível sem as crianças, os jovens e seus pais, com quem tive o privilégio de trabalhar.

Sumário

1	Problemas de ansiedade na infância	11
2	Terapia cognitivo-comportamental	25
3	Cognições e processos disfuncionais	44
4	Comportamento parental e ansiedade na infância	56
5	Avaliação e formulação do problema	69
6	Psicoeducação, definição de objetivos e formulação do problema	85
7	Envolvimento dos pais	105
8	Reconhecimento e manejo das emoções	117
9	Aprimoramento cognitivo	132
10	Resolução de problemas, exposição e prevenção de recaídas	148
11	Problemas comuns	162
12	Materiais didáticos e folhas de exercícios	177
	Referências	205
	Índice	215

1
Problemas de Ansiedade na Infância

Os transtornos de ansiedade em crianças e jovens são comuns e constituem o maior grupo de problemas de saúde mental durante a infância. Eles podem causar um efeito significativo no funcionamento diário, criar impacto na trajetória do desenvolvimento e interferir na capacidade de aprendizagem, no desenvolvimento de amizades e nas relações familiares. Muitos transtornos de ansiedade são persistentes e, se não forem tratados, aumentam a probabilidade de problemas na idade adulta.

A resposta de ansiedade é complexa e envolve componentes cognitivos, fisiológicos e comportamentais (Weems e Stickle, 2005). O componente cognitivo envolve a avaliação de situações e eventos como um risco antecipado; o componente fisiológico prepara o corpo para alguma ação que se faça necessária (p. ex., luta ou fuga), enquanto o componente comportamental ajuda a criança a antecipar e evitar um perigo futuro. A ansiedade é uma resposta normativa concebida para facilitar a autoproteção, com o foco particular do medo e da preocupação variando de acordo com o desenvolvimento da criança e suas experiências anteriores.

Um dos componentes cognitivos mais importantes da ansiedade é a preocupação, e pesquisas na comunidade indicam que as preocupações são comuns entre as crianças. Muris e colaboradores (1998) encontraram relatos segundo os quais 70% das crianças entre 8 e 13 anos se preocupavam de vez em quando. O conteúdo dessas preocupações focava-se no desempenho escolar, em morrer, na saúde e nos contatos sociais, sendo que as preocupações mais intensas ocorriam de duas a três vezes por semana. Achados similares foram relatados por Silverman e colaboradores (1995), segundo os quais as três áreas mais comuns de preocupação relacionavam-se à escola, saúde e a danos pessoais.

As crianças com transtornos de ansiedade comprovados que foram encaminhadas a clínicas especializadas compartilham preocupações similares. Suas principais áreas de preocupação estão relacionadas a problemas de saúde, escola, desastres e danos pessoais, sendo que as preocupações mais frequentes são relativas às amizades, aos colegas de aula, à escola, à saúde e ao desempenho (Weems et al., 2000). A diferença entre as crianças da comunidade e os grupos que foram encaminhados a clínicas não é necessariamente o conteúdo específico das preocupações, mas a sua intensidade (Perrin e Last, 1997; Weems et al., 2000). As comparações entre crianças da comunidade e crianças encaminhadas demonstraram que aquelas clinicamente ansiosas tinham preocupações mais intensas (Weems et al., 2000).

O foco específico das preocupações em crianças e jovens se altera ao longo da infância. Weems e Stickle (2005) sugerem que os sintomas de transtornos de ansiedade específicos são moldados pelos desafios sequenciais do desenvolvimento nos processos cognitivo, comportamental e social. Entre as crianças muito pequenas, as tarefas principais são referentes à sobrevivência, de modo que o medo e a ansiedade estão relacionados a ruídos repentinos, acontecimentos inesperados e cautela em relação a estranhos. Conforme a criança vai desenvolvendo apego aos seus cuidadores primários, é comum que surja um medo de separação no final do primeiro ano. Em torno dos 6 anos, as crianças se tornam mais independentes e começam a reconhecer a sua potencial vulnerabilidade, disso resultando a continuidade das preocupações com a perda dos pais ou em se separar deles. Além disso, surgem temores específicos, como o de animais e do escuro. Entre as idades de 10 e 13 anos, as crianças vão se tornando cada vez mais conscientes da própria vulnerabilidade por meio do surgimento de temores quanto a ferimentos, morte, perigos e desastres naturais. Na adolescência, a natureza dos temores está mais baseada em comparações sociais, e é comum a ansiedade em relação a falhas, críticas e aparência física (Warren e Sroufe, 2004). Portanto, os temores e preocupações durante a infância são naturais, mas passam a ser problemáticos quando se tornam persistentes, graves e incapacitantes e interferem ou limitam a vida e o funcionamento diário da criança.

> Nas crianças, as preocupações são comuns e parecem fazer parte do desenvolvimento infantil normal.
>
> As crianças com transtornos de ansiedade tendem a ter preocupações mais intensas.
>
> Conforme as crianças vão se desenvolvendo e a sua capacidade cognitiva aumenta, o foco das preocupações e temores muda das inquietações concretas para as mais abstratas.

PREVALÊNCIA

As pesquisas do ponto de prevalência na comunidade no Reino Unido e Estados Unidos indicam que de 2 a 4% das crianças entre 5 e 16 anos preenchem os critérios diagnósticos do Manual Diagnóstico e Estatístico dos Transtornos Mentais (DSM-IV-TR)* para transtorno de ansiedade grave, seguido de prejuízos significativos (Associação Ameri-

---

* Publicado pela Artmed Editora em 2002.

cana de Pediatria – APA, 2000; Costello et al., 2003; Meltzer et al., 2003). De um modo geral, os transtornos de ansiedade tendem a ser mais prevalentes em meninas do que em meninos, bem como em crianças mais velhas. Em particular, as meninas têm mais probabilidade do que os meninos de relatarem fobias, transtornos de pânico, agorafobia e transtorno de ansiedade de separação.

Quanto à natureza e o curso dos transtornos de ansiedade, podemos aprender muito com os estudos longitudinais. Nos Estados Unidos, o Great Smoky Mountains Study recrutou uma amostra aleatória de 1.420 crianças de 9, 11 e 13 anos e as acompanhou até os 16 anos (Costello et al., 2003). O ponto de prevalência de três meses das crianças que preenchiam os critérios do DSM-IV-TR para transtorno de ansiedade variou de 0,5% na idade de 9/10 anos até 1,9% aos 11 anos; 2,6% com 13 anos e 3,7% aos 15 anos, com o índice mais baixo entre as crianças de 12 anos. Em termos de transtornos específicos, a ansiedade de separação diminuiu sua prevalência de acordo com a idade, enquanto a ansiedade social e o pânico aumentaram. As estimativas cumulativas sugerem que, aos 16 anos, aproximadamente 10% das crianças terão preenchido os critérios do DSM-IV-TR para um transtorno de ansiedade.

Os índices são significativamente maiores se forem omitidos os critérios de prejuízos. Por exemplo, Costello e colaboradores (1996), no Great Smoky Mountains Study, descobriram que 20% das crianças sofria de algum transtorno emocional. Um índice similar foi encontrado em uma pesquisa na comunidade de 1.035 crianças entre 12 e 17 anos, na Alemanha, onde os índices estimados de transtorno de ansiedade em adolescentes durante a vida eram de 18,6% (Essau et al., 2000).

Quanto a transtornos específicos, Costello e Angold (1995) concluíram que transtorno de ansiedade generalizada, ansiedade de separação e fobia simples "são quase sempre os transtornos de ansiedade mais comumente diagnosticados, os quais ocorrem em cerca de 5% das crianças, enquanto fobia social, agorafobia, transtorno do pânico, transtorno evitativo e transtorno obsessivo-compulsivo são raros, com índices de prevalência geralmente bem abaixo de 2%".

> Aproximadamente 1 em cada 10 crianças e jovens preencherá os critérios diagnósticos para transtorno de ansiedade durante a infância.

COMORBIDADE

Existe comorbidade considerável entre os transtornos de ansiedade e também entre outros transtornos emocionais, particularmente a depressão (Costello et al., 2003; Essau et al., 2000; Grecco e Morris, 2004; Newman et al., 1996). Em vista dessa sobreposição, os transtornos de ansiedade específicos podem ser confundidos. Por exemplo, no transtorno de ansiedade de separação, a criança pode expressar uma série de preocupações ou temores que podem ser confundidos erroneamente com o transtorno de ansiedade generalizada. Igualmente, a esquiva social que caracteriza a fobia social pode ser confundida com a apatia, que é uma característica comum da depressão.

A outra condição comórbida é a do abuso de álcool, pela qual as crianças com transtornos de ansiedade têm um risco aumentado deste abuso quando adolescentes. Foi levantada a hipótese de que o álcool pode ser usado como forma de reduzir ou aliviar sintomas desagradáveis de ansiedade (Schuckit e Hesselbrock, 1994).

> A comorbidade com outros transtornos de ansiedade e depressão é comum.

CURSO

Embora os resultados nem sempre sejam consistentes (Last et al., 1998), a maioria dos estudos longitudinais demonstrou que muitos transtornos de ansiedade em crianças persistem na idade adulta.

Em Nova York, uma amostra de 776 crianças entre 9 e 18 anos que foram submetidas à avaliação psiquiátrica foi acompanhada dois e nove anos depois (Pine et al., 1998). Houve forte associação entre ansiedade na adolescência e a presença de ansiedade em cada avaliação posterior. Ansiedade e transtornos depressivos na adolescência levaram a um aumento de duas a três vezes no risco desses transtornos no início da idade adulta. A relação ao longo do tempo com outros transtornos de ansiedade, tais como transtorno de ansiedade generalizada, transtorno de excesso de ansiedade e medo, foi menos forte. No entanto, os dados sugerem que a maioria dos transtornos de ansiedade no início da idade adulta é precedida de transtornos de ansiedade na adolescência.

Em um estudo longitudinal na Nova Zelândia, um grupo de 1.265 indivíduos foi avaliado para transtornos de ansiedade entre as idades de 14 e 16 anos e, posteriormente, em uma variedade de medidas de saúde mental, funcionamento educacional e social entre as idades de 16 e 21 anos (Woodward e Fergusson, 2001). Após o controle das variáveis que poderiam causar equívocos, foram encontradas associações significativas entre ansiedade na adolescência e ansiedade, depressão, dependência de drogas ilícitas e baixo rendimento acadêmico no início da idade adulta.

Foram encontrados resultados similares no Dunedin Multidisciplinary Health and Development Study, da Nova Zelândia (Kim-Cohen et al., 2003; Newman et al., 1996). Um grupo etário de aproximadamente 1.000 crianças foi avaliado em vários momentos durante a infância e no início da idade adulta nas idades de 18, 21 e 26 anos. Dentre aqueles com um transtorno de ansiedade diagnosticado aos 21 anos, 80,5% já havia recebido anteriormente um diagnóstico antes dos 18 anos. Esse índice foi similar aos 26 anos, quando 76,6% dos que tinham um transtorno de ansiedade havia recebido anteriormente um diagnóstico antes dos 18 anos. Isso foi relativamente consistente entre os transtornos específicos: transtorno de ansiedade generalizada (81,1%), transtorno do pânico (78,9%), fobia simples (84,1%) e fobia social (72,8%).

> A ansiedade na infância pode ter um curso sem remissão e persistir na idade adulta.

ETIOLOGIA

Existem muitos caminhos para o desenvolvimento de transtornos de ansiedade em crianças e jovens que envolvem uma interação complexa de fatores biológicos, ambientais e individuais. Isso está baseado nos princípios de multifinalidade (um único fator conduz a resultados múltiplos) e equifinalidade (muitos caminhos podem conduzir ao mesmo resultado). Presume-se que uma vulnerabilidade biológica (p. ex., inibição comportamental) predispõe a criança a um transtorno de ansiedade que é então ativado e mantido por fatores ambientais (p. ex., o comportamento parental), processos cognitivos (p. ex., cognições e processos distorcidos) e experiências de aprendizagem (p. ex., condicionamento e esquiva).

Uma vulnerabilidade biológica através da genética e do temperamento na forma de hipersensibilidade ao estresse e desafios predispõe as crianças ao desenvolvimento de transtornos de ansiedade. Essa influência genética foi investigada através do exame da concordância dos transtornos de ansiedade dentro das famílias. O estudo envolveu uma abordagem *top-down* (ou seja, a investigação dos filhos de adultos com transtornos de ansiedade) e *bottom-up* (ou seja, a investigação dos parentes adultos de crianças com transtornos de ansiedade). Os estudos demonstraram de forma consistente uma alta familiaridade nos transtornos de ansiedade, com até um terço da variância sendo atribuída a influências genéticas.

O temperamento é um dos constructos emocionais que recebeu atenção considerável e se refere a uma forma relativamente estável de responder aos acontecimentos em todos os contextos e épocas da vida. O fator do temperamento que talvez tenha atraído mais interesse é o da inibição no comportamento: uma tendência a apresentar temores e retraimento quando confrontado com eventos ou situações novas ou que não são familiares. As pesquisas sugerem que a inibição no comportamento, particularmente quando ela se mantém estável ao longo do tempo, está associada ao risco aumentado de transtornos de ansiedade posteriores. Contudo, embora exista uma associação importante entre inibição comportamental e ansiedade, nem todas as crianças com a predisposição de vulnerabilidade comportamental desenvolvem transtornos de ansiedade. Fatores ambientais e individuais específicos também desempenham um papel significativo na etiologia e manutenção dos transtornos de ansiedade.

Uma das influências ambientais mais importantes para as crianças é a família. Ela fornece um contexto dentro do qual o comportamento ansioso pode ser modelado e/ou reforçado. A psicopatologia dos pais pode resultar na exposição repetida da criança ao comportamento ansioso pelo qual é moldado o comportamento temeroso e a esquiva. Esses comportamentos também podem ser reforçados através do exercício parental, pelo qual os pais de crianças ansiosas incentivam comportamentos de esquiva em seus filhos. Igualmente, um estilo parental restritivo caracterizado pelo controle e proteção excessivos dos pais limita o desenvolvimento da autonomia. Por sua vez, isso aumenta a dependência, restringe as oportunidades que a criança tem de desenvolver habilidades para a resolução de problemas e aumenta a expectativa de que os acontecimentos que causam temor sejam imprevisíveis e incontroláveis.

O condicionamento individual e as experiências de aprendizagem observacional também são importantes e particularmente relevantes para a etiologia dos transtornos fóbicos. Esses transtornos podem se desenvolver por diferentes caminhos, nos quais os eventos identificados ficam condicionados a uma resposta de terror ou medo extremo. Isso pode acontecer através da experiência direta, pela observação indireta de uma reação fóbica em outra pessoa ou por meio de informações que lhe são dadas. Contudo, embora as experiências condicionantes diretas e indiretas sejam importantes, nem sempre é possível identificar a sua ocorrência, o que sugere, mais uma vez, que outros caminhos são igualmente importantes no desenvolvimento dos medos e transtornos de ansiedade.

Por fim, o processamento cognitivo é importante na determinação de como as crianças percebem e interpretam o ambiente. As abordagens de processamento da informação exploraram a forma como as crianças selecionam, direcionam a atenção e interpretam os sinais como perigosos ou ameaçadores. As crianças ansiosas têm mais probabilidade de prestar atenção seletivamente a sinais de ameaça e perceberem mais ameaças em situações ambíguas.

> Existem muitos caminhos diferentes para o desenvolvimento dos transtornos de ansiedade na infância.
>
> As influências genéticas e os fatores de temperamento são elementos de predisposição que podem aumentar a vulnerabilidade.
>
> As influências ambientais importantes incluem fatores familiares, experiências de aprendizagem e fatores cognitivos.

TIPOS DE TRANSTORNO DE ANSIEDADE

À exceção do transtorno de ansiedade de separação, o DSM-IV-TR (APA, 2000) não possui categorias específicas para os transtornos de ansiedade na infância. Estes são listados em geral como "transtornos de ansiedade" com alguns comentários específicos sobre as várias formas pelas quais eles podem se manifestar em crianças.

A CID-10 (World Health Organization, 1993)* possui uma seção específica para transtornos emocionais com início específico na infância e inclui entre estes o transtorno de ansiedade de separação, transtorno de ansiedade fóbica e transtorno de ansiedade social. As outras reações de ansiedade comuns apresentadas por crianças – fobia social, transtorno do pânico e transtorno de ansiedade generalizada – estão incluídos dentro da seção geral que descreve transtornos neuróticos somatoformes e relacionados ao estresse. Embora o início, os eventos desencadeantes e os sintomas dentro de cada transtorno de ansiedade possam diferir, eles compartilham de

---

* Publicado pela Artmed Editora em 1993.

um tema comum que é a percepção da criança frente a uma ameaça, seja ela real ou imaginária, o que gera a ansiedade.

Os outros transtornos de ansiedade são o transtorno obsessivo-compulsivo (TOC) e o transtorno de estresse pós-traumático (TEPT). No TOC, o jovem experiencia pensamentos recorrentes e persistentes (obsessões) e/ou comportamentos repetitivos (compulsões) que causam marcada angústia e ansiedade. No TEPT, a ansiedade e a angústia são causadas pela exposição a um trauma ou evento que envolveu morte real, ameaça de morte ou dano grave, ou uma ameaça à integridade física da criança, com uma resposta que envolve medo intenso, desamparo ou horror.

> Os transtornos de ansiedade têm em comum o fato de que é a percepção de uma ameaça o que gera a ansiedade.

TRANSTORNO DE ANSIEDADE DE SEPARAÇÃO (TAS)

É normal que bebês e crianças em idade pré-escolar apresentem algum grau de ansiedade quanto à separação real ou ameaçada em relação a pessoas com quem estabeleceram vínculos. No transtorno de ansiedade de separação, o medo da separação se desenvolve durante os primeiros anos e se constitui no foco primário da ansiedade. Ele é diferenciado da ansiedade de separação normal quando é de uma gravidade estatisticamente incomum (incluindo uma persistência anormal além da faixa etária usual) e quando está associado a problemas significativos no funcionamento social.

> *Jessica foi descrita por sua mãe como tendo sido sempre uma criança ansiosa. Ela chorava com frequência e ficava agitada se era separada de sua mãe. Aos 3 anos, começou a frequentar uma escola maternal e ficava muito angustiada ao ser deixada, o que resultava na necessidade de permanência da sua mãe. Esta ficou todos os dias com Jessica durante as duas primeiras semanas. Quando ela finalmente conseguiu deixar a filha na escola, Jessica chorou constantemente, chamava pela mãe e continuou a chorar até que ficou doente. Foi, então, afastada do grupo e ficou em casa com sua mãe. Durante esse período, Jessica não podia ser deixada com amigos ou parentes e sua mãe tinha que estar sempre presente.*
> *Quando retomou a escola, Jessica mais uma vez ficou angustiada, mas sua mãe e a professora perseveraram e ela começou a ficar sozinha. No entanto, a sua frequência logo começou a se tornar errática, pois ela regularmente faltava por um ou dois dias por semana devido a dores de estômago e enjoos. Jessica foi levada ao médico em várias ocasiões, mas não foram encontradas razões físicas específicas para as suas queixas. Aos 8 anos, ela foi convidada por uma amiga para dormir a sua primeira noite fora de casa, mas não conseguiu ir. Jessica tinha a preocupação de que sua mãe saísse de casa e não estivesse lá quando ela retornasse. O medo de que sua mãe saísse ou tivesse um acidente foi crescendo.*

A frequência de Jessica na escola foi se tornando pior; ela não brincava com as outras crianças e passava o tempo todo com sua mãe ou verificando constantemente se ela estava em casa.

A característica diagnóstica principal do TAS é a ansiedade persistente e excessiva referente à separação de casa ou daqueles com quem a criança é vinculada, tipicamente a mãe. Essa ansiedade é resultante de preocupações excessivas quanto a perder ou ocorrer algum dano à principal figura de vinculação (geralmente os pais ou outros membros da família). A ansiedade pode surgir antes ou durante a separação e pode se expressar através de uma variedade de sintomas. No entanto, o seu foco é definido e específico, e não faz parte de uma reação de ansiedade mais abrangente que impregna múltiplas situações e é desencadeada por diferentes eventos.

Os sintomas comuns do transtorno de ansiedade de separação incluem uma preocupação irreal quanto à ocorrência de possíveis danos seja à criança ou às principais figuras a quem ela está vinculada e que de alguma forma resultariam no afastamento destas. A criança pode apresentar uma relutância persistente ou recusa em ir para a escola ou dormir sozinha, ou pode se queixar de pesadelos repetitivos sobre separação. Algumas crianças podem se queixar de sintomas somáticos frequentes como náuseas, dor de estômago, dor de cabeça ou vômitos, ou apresentar sofrimento excessivo através de ansiedade, choro, ataques de raiva, tristeza, apatia ou retraimento social antes, durante ou imediatamente após a separação de uma figura com vínculo importante.

O DSM-IV-TR (APA, 2000) observa que o início do transtorno de ansiedade de separação ocorre antes dos 18 anos, dura pelo menos quatro semanas e causa sofrimento significativo ou prejuízo na área social, acadêmica, familiar ou outras áreas de funcionamento importantes.

Foram observadas diferenças desenvolvimentais nos sintomas do transtorno de ansiedade de separação. Francis e colaboradores (1987) descobriram que crianças de 5 a 8 anos tinham mais probabilidade de relatar temores de danos irreais, pesadelos sobre separação ou recusa escolar, enquanto crianças maiores (de 13 a 16 anos) relatavam mais frequentemente queixas somáticas. Não foram observadas, em geral, diferenças de gênero na expressão dos sintomas, embora Silverman e Dick-Niederhauser (2004) concluam que mais meninas do que meninos apresentem transtorno de ansiedade de separação.

> O transtorno de ansiedade de separação é caracterizado por ansiedade persistente e excessiva relativa à separação de uma figura com vínculo importante ou a algum dano que aconteça a essa pessoa.

Em termos de prevalência, estudos demonstram índices de 3 a 5%, os quais decrescem com a idade, tendo como idade de pico para início entre 7 e 9 anos (Silverman e Dick-Niederhauser, 2004). Os índices de recuperação são bons, sendo que Foley e colaboradores (2004) descobriram que 80% da amostra de sua comunidade diagnosticada com TAS estava em remissão durante os 18 meses de *follow-up*. A comorbidade é comum, particularmente com transtorno de excesso de ansiedade, fobias específicas e depressão.

TRANSTORNO DE ANSIEDADE FÓBICO

Os medos são comuns em crianças e foram definidos por Marks (1969, p. 1) como "uma resposta normal a uma ameaça ativa ou imaginada". A maioria das crianças experimenta algum grau de medo durante a infância, sendo a maioria leve, normal em termos de desenvolvimento e transitória. De fato, Ollendick e colaboradores (2002) observam que as crianças, frequentemente, demonstram reações de medo a uma variedade de eventos, incluindo ruídos altos, estranhos, escuridão e animais. As fobias se diferenciam dos medos normais da infância à medida que persistem por um período de tempo prolongado, são mal-adaptativos e não são específicos da idade ou estágio (Miller et al., 1974). Assim, as crianças com transtorno de ansiedade fóbico apresentam um temor marcante e persistente de objetos ou lugares específicos (p. ex., cães, dentista). A exposição resulta em uma resposta imediata de ansiedade e também pode incluir choro, ataques de raiva, imobilidade e comportamento aderente.

> *Sophie (14 anos) lembrou-se de um fato que aconteceu quando tinha 6 anos. Enquanto brincava de esconde-esconde com alguns amigos, ela ficou presa dentro de um armário pequeno e escuro. Seus amigos se cansaram da brincadeira e foram embora, deixando Sophie, que só foi descoberta uns 15 minutos depois pela sua tia. Ela estava desesperada, chorando inconsolada e tremendo, precisou de consolo físico para conseguir se acalmar. Daquela data em diante, Sophie passou a ter medo de lugares pequenos e escuros.*

As fobias são específicas a determinados objetos ou situações. A reação de ansiedade subsequente é extrema, clinicamente anormal e não faz parte de um transtorno mais generalizado. Enquanto os adolescentes reconhecem que seu medo é excessivo, com as crianças menores pode não acontecer o mesmo.

Os critérios do DSM-IV-TR (APA, 2000), embora não sejam específicos para crianças, observam que a exposição ao estímulo fóbico provoca invariavelmente uma resposta de ansiedade, o que faz com que a situação fóbica seja evitada ou suportada com ansiedade intensa. Também é observado que a resposta de ansiedade da criança pode envolver choro, ataques de raiva, imobilidade ou comportamento aderente. Além disso, como os medos são comuns durante a infância, o DSM-IV-TR observa que o medo específico deve estar presente por pelo menos seis meses.

Quanto à natureza da fobia, o DSM-IV (APA, 1994) identifica subtipos que envolvem animais (p. ex., gatos, cobras), ambiente natural (p. ex., trovão, água), sangue, injeção, ferimentos, situações (p. ex., voar, elevadores) e outros (p. ex., ficar doente, balões).

> As fobias específicas são reações extremas mal-adaptativas de medo de objetos ou situações específicas que persistem e causam angústia intensa à criança.

Embora os pesquisadores utilizem critérios diferentes, estudos na comunidade sugerem índices de prevalência de 2 a 5% e que as fobias resultam em prejuízos significativos ao funcionamento diário (Essau et al., 2002). Meninas e meninos mais novos tendem a relatar um número maior de sintomas de medo (Essau et al., 2000).

FOBIA SOCIAL/TRANSTORNO DE ANSIEDADE SOCIAL

A cautela com estranhos e a apreensão social são comuns durante a infância. No entanto, para algumas crianças esse medo é muito mais intenso e está associado a problemas clinicamente significativos no funcionamento social. De acordo com o CID-10 (WHO, 1993), o transtorno de ansiedade social tem seu início antes dos 6 anos e é caracterizado por medo recorrente ou persistente e/ou esquiva de estranhos (adultos e pares).

A fobia social se inicia em geral na adolescência. É caracterizada pelo medo significativo e excessivo da avaliação dos outros em situações sociais com o seu grupo de pares ou em situações de desempenho, como eventos musicais ou esportivos. As crianças, tipicamente, temem agir de forma humilhante ou que cause algum embaraço, o que por sua vez gera sintomas significativos de ansiedade. Esse desconforto resulta em esquiva marcante e extrema das situações sociais.

> *Michele (14 anos) era filha única e comparativamente isolada dos seus pares. Quando entrou na escola, não se relacionava particularmente bem com outras crianças e preferia brincar sozinha. Embora sempre fosse educada e falante com os adultos, tornou-se solitária entre seus pares e geralmente ficava à margem dos agrupamentos sociais. Michele se transformou em um alvo frequente de implicâncias e isso continuou até o começo do ensino médio. Embora Michele estivesse interessada em desenvolver amizades, ela se tornava cada vez mais preocupada sobre como os outros reagiriam a ela. Preocupava-se a respeito de que poderia dizer a coisa errada e começou a observar uma série de sinais de ansiedade quando estava com crianças da sua idade. Esses sinais incluíam taquicardia, garganta seca, calor e rubor. Ela começou a passar cada vez mais tempo sozinha, evitando situações sociais e ficava apavorada se tinha que fazer alguma coisa com seus pares.*

Para preencher os critérios diagnósticos de transtorno de ansiedade social as crianças devem conseguir demonstrar que possuem a capacidade de desenvolver relacionamentos adequados à idade e que os sintomas relacionados à ansiedade ocorrem com outras crianças e não somente com adultos. As crianças podem não reconhecer que seu medo é excessivo ou irracional, e a ansiedade pode ser expressa através do choro, ataques de raiva, imobilidade e esquiva de situações sociais. O medo do embaraço é comum durante a adolescência e, como tal, os sintomas devem persistir por pelo menos seis meses antes que possa ser feito um diagnóstico.

> A fobia social é um medo marcante e persistente de situações sociais ou de desempenho, por meio do qual a criança teme a humilhação ou vergonha.

As crianças com fobia social com frequência relatam sofrimento moderado em uma série de contextos sociais. Beidel e colaboradores (1999), por exemplo, descobriram que crianças com fobia social descreviam com maior frequência as situações em que se apresentavam na frente de outras pessoas (ler em sala de aula, 71%; apresentações musicais ou atléticas, 61%) ou interações conversacionais mais gerais (falar com adultos, 59%; dar início a uma conversa, 58%) como geradoras de pelo menos um sofrimento moderado. Em termos de frequência, as crianças com fobia social relataram que os eventos que causavam sofrimento ocorriam a cada dois dias (Beidel, 1991), sendo a escola um contexto comum. Esse sofrimento era percebido pelos portadores de fobia social como altamente incapacitante, com dois terços destes se autoavaliando como significativamente prejudicados na escola durante as quatro semanas anteriores (Essau et al., 2000).

Em termos de prevalência, Essau e colaboradores (2000), em uma pesquisa realizada na comunidade de 1.035 adolescentes alemães com idades entre 12 e 17 anos, descobriram que 1,6% destes satisfaziam os critérios diagnósticos de fobia social. Houve uma tendência de mais meninas do que meninos satisfazerem os critérios diagnósticos, com a frequência da fobia social aumentando com a idade. Dentro dessa amostra, a comorbidade era comum, com 41% também preenchendo os critérios diagnósticos de transtornos somatoformes e 29% de transtornos depressivos.

ATAQUES DE PÂNICO

Os ataques de pânico são caracterizados por sintomas agudos de ansiedade severa que ocorrem inesperadamente. Eles não são específicos para determinados eventos ou situações e, portanto, parecem ser imprevisíveis. Os sinais dominantes são muito intensos, com sintomas fisiológicos rápidos de ansiedade acompanhados de um temor secundário de morrer, perder o controle ou ficar louco. Isso pode resultar em esquiva das situações que desencadearam os ataques de pânico e um medo constante de ter outros ataques.

> *Becka (12 anos) era uma garota sociável, ativa e popular que tinha uma vida social agitada. Ela não possuía histórico de problemas ou preocupações, mas lembrava-se de ter tido seu primeiro ataque de pânico seis meses antes, enquanto estava fazen-*

do compras com suas amigas. Lembra-se de que, de repente, ficou muito quente, sentiu-se tonta, aturdida, com respiração curta e não conseguindo parar de tremer. Becka não sabia o que estava acontecendo e recorda que achou que fosse morrer. Esse sentimento intenso passou após alguns minutos, embora Becka tenha chamado sua mãe para buscá-la. Aproximadamente quatro semanas depois, Becka teve outro ataque de pânico enquanto ia para casa no ônibus escolar. Lembra-se de sentir-se intensamente quente, tonta e trêmula e observou que seu coração estava acelerado. Ela ficou chorosa, saiu correndo do ônibus e recorda-se que se preocupou se estaria tendo um ataque cardíaco. Esse período intenso passou após uns três ou quatro minutos, mas ela ainda estava chorosa quando sua mãe chegou para buscá-la. O mesmo aconteceu aproximadamente duas semanas depois, durante uma reunião na escola, quando Becka de repente se sentiu em pânico e achando que iria morrer. Mais uma vez, os sintomas duraram uns poucos minutos, mas Becka não se sentiu mais capaz de participar das reuniões da escola desde então.

O DSM-IV-TR (APA, 2000) identifica três tipos de ataque de pânico: inesperado (não evocados), vinculado a situações (evocados) e predisposto por situações. Os ataques inesperados são aqueles em que a criança não associa a sua ocorrência a algum desencadeante particular. Os ataques vinculados a situações ocorrem invariavelmente por antecipação ou diante da exposição a sinais específicos, enquanto os ataques predispostos por situações ocorrem em situações específicas, mas não após cada exposição a indicadores específicos.

Os ataques de pânico são, portanto, imprevisíveis e ocorrem em circunstâncias em que não existe um perigo objetivo. Fora desses episódios de medo intenso, as crianças geralmente estarão comparativamente livres de sintomas de ansiedade, embora a ansiedade antecipatória seja comum. Esses ataques de pânico devem incluir pelo menos 4 entre 13 sintomas fisiológicos, os quais incluem palpitações, sudorese, tremores, sensações de falta de ar e asfixia, dor torácica, ondas de calor, náusea e tontura. Outros sintomas incluem sentimentos de desrealização ou despersonalização, de perda do controle ou medo de morrer.

Kearney e colaboradores (1997) descobriram que os sintomas mais frequentes e graves em crianças entre 8 e 17 anos eram aceleração cardíaca, náusea, ondas de calor/frio, tremores e falta de ar. Tipicamente, o ataque de pânico se torna muito intenso em cinco minutos, antes de começar a amainar.

> Os ataques de pânico são caracterizados por sintomas fisiológicos recorrentes e intensos que ocorrem com frequência na ausência de indicadores desencadeantes identificáveis ou específicos.

Estudos de comunidades de jovens adolescentes indicam uma prevalência de 0,5 a 5% (Essau et al., 2000; Goodwin e Gotlib, 2004; Hayward et al., 1997). A comorbidade com outros transtornos de ansiedade e depressão é alta (Goodwin e Gotlib, 2004).

TRANSTORNO DE ANSIEDADE GENERALIZADA (TAG)

O transtorno de ansiedade generalizada (TAG) substituiu a categoria diagnóstica anterior de transtorno de excesso de ansiedade (TEA). O TEA foi considerado em geral insatisfatório, com critérios vagos e com um alto grau de sobreposição com outros transtornos de ansiedade. O TAG reflete preocupações excessivas e incontroláveis quanto a uma variedade de eventos futuros e passados acompanhados por sintomas fisiológicos de excitação. A ansiedade resultante se torna disfuncional à medida que persiste e interfere em áreas importantes do funcionamento diário (p. ex., vida familiar, escola, relacionamento com os pares).

> *Adam (8 anos) foi descrito por sua mãe como um "preocupado". Ele se preocupava com tudo, discutia constantemente essas preocupações com sua mãe e buscava a tranquilização dela. Recentemente, isso se tornou um problema particular na escola. Adam exigia considerável tranquilização da sua professora antes de começar o seu trabalho e constantemente checava com ela se o trabalho estava correto. Se a tranquilização não lhe era dada, ele ficava choroso, tremia e não conseguia se concentrar no trabalho. Todas as noites ele se preocupava com o dia seguinte e identificava uma série de preocupações quanto às amizades, trabalho e atividades escolares que discutia constantemente com sua mãe. O resultado típico era que ele ficava ainda mais ansioso e acabava ficando choroso, tremia e não conseguia dormir.*

Tipicamente, os sintomas de ansiedade ocorrerão na maioria dos dias e estarão presentes por várias semanas. Os sintomas incluem um sentimento de apreensão e preocupações quanto a infortúnios futuros e competência pessoal, por exemplo, na escola ou em eventos esportivos. As crianças podem expressar preocupações sobre questões práticas, como o controle do tempo ou a realização de tarefas, além de eventos catastróficos, como guerras ou ataques terroristas. Pode haver sinais de tensão motora, como, por exemplo, o aparecimento de inquietação, nervosismo, tremor e se sentir incapaz de relaxar. Esses sinais podem ser acompanhados de sintomas fisiológicos, como atordoamento, sudorese, taquicardia (batimento cardíaco acelerado), tontura e boca seca.

Em crianças, as queixas somáticas recorrentes, tais como dor de cabeça e dores de estômago e a necessidade de tranquilização, podem ser características proeminentes. O DSM-IV-TR (APA, 2000) observa que a preocupação excessiva está presente na maioria dos dias, é difícil de controlar e está presente há mais seis meses. Para crianças, o DSM requer a presença de um dos sintomas seguintes: agitação, fadiga, dificuldade de concentração, irritabilidade, tensão muscular e distúrbio do sono. O DSM também observa que o TAG pode ser diagnosticado erroneamente em crianças e sugere que é necessária uma avaliação minuciosa para determinar a presença de outros transtornos de ansiedade.

O transtorno de ansiedade generalizada é uma preocupação persistente, excessiva e intensa a respeito de uma variedade de eventos futuros e passados.

Pesquisas em grupos sugerem que, embora os sintomas do TAG sejam comuns, menos de 1% das crianças satisfazem os critérios diagnósticos mais rigorosos para um transtorno atual (Essau et al., 2000; Wittchen et al., 1998). Em termos de apresentação, Kendall e Pimentel (2003) descobriram que crianças com TAG demonstram uma constelação de sintomas que incluem incapacidade de se aquietarem ou relaxarem, dificuldade de concentração, ficam facilmente contrariadas, retrucam as pessoas e têm dores musculares e perturbação do sono. Igualmente, Masi e colaboradores (1999) observam em seu estudo que 70% das crianças com TAG relataram sentimentos de tensão, expectativa apreensiva, autoimagem negativa e necessidade de tranquilização, irritabilidade e queixas físicas. Kendall e Pimentel (2003) observaram que o número de sintomas que as crianças relatavam aumentava com a idade, embora outros não tenham observado essa tendência (Masi et al., 2004).

A comorbidade com outros transtornos de ansiedade e depressivos é alta. Masi e colaboradores (2004) observaram que apenas 7% da sua amostra apresentava TAG puro. A constatação é parcialmente explicada pela semelhança entre os sintomas do TAG e outros transtornos afetivos (ou seja, preocupação, pouca concentração, dificuldade para dormir).

- Os transtornos de ansiedade extremos e incapacitantes são comuns e afetarão uma em cada dez crianças durante a infância e adolescência.
- Os transtornos de ansiedade durante a adolescência conferem um forte risco de transtornos de ansiedade recorrentes no início da idade adulta.
- Existe comorbidade considerável entre transtornos de ansiedade específicos e depressão.
- Existem múltiplos caminhos para o desenvolvimento dos transtornos de ansiedade, incluindo fatores importantes como:
  - influências genéticas
  - temperamento, particularmente inibição do comportamento
  - práticas de educação das crianças
  - psicopatologia dos pais
  - fatores cognitivos
  - experiências de condicionamento.

2
Terapia Cognitivo-Comportamental

A terapia cognitivo-comportamental (TCC) é uma forma estruturada de psicoterapia que enfatiza o papel importante das cognições na determinação a respeito de como nos sentimos e o que fazemos. Ela é uma abordagem ***prática*** que se focaliza nos eventos e dificuldades atuais. Esse foco no ***aqui e agora*** atrai as crianças, que geralmente estão mais interessadas em entender e lidar com os problemas que estão vivendo atualmente do que em tentar descobrir por que eles aconteceram. O estilo da terapia é ***colaborativo***, no qual a criança e o terapeuta trabalham juntos, em parceria. As crianças têm um ***papel ativo*** nas sessões de tratamento e estão envolvidas no teste da realidade e das limitações das suas cognições, crenças e pressupostos. Os ***experimentos*** comportamentais proporcionam às crianças formas objetivas de avaliar a validade das suas cognições e proporcionam uma forma vigorosa de promover a autodescoberta e facilitar a reestruturação cognitiva. A TCC é ***baseada nas habilidades***, ajudando as crianças a conhecerem e desenvolverem uma variedade de habilidades e estratégias. As habilidades funcionais existentes são desenvolvidas, promovendo assim a ***autoeficácia***, enquanto novas habilidades são aprendidas, experimentadas e avaliadas. Por fim, a TCC é ***limitada no tempo***, promovendo assim a independência e encorajando a autoajuda e a reflexão. Sua natureza de tempo limitado também interessa à perspectiva de curto prazo de muitas crianças e pode ajudar a facilitar o processo inicial de engajamento.

- A TCC é uma intervenção prática e baseada nas habilidades.
- O foco no aqui e agora oferece uma boa aproximação com o cliente.
- Os experimentos comportamentais proporcionam formas vigorosas e objetivas de ajudar as crianças a testarem suas cognições.
- A TCC é limitada no tempo.

O PROCESSO DA TCC

Um princípio central da TCC que orienta o processo da terapia é o da colaboração. O clínico e a criança trabalham juntos, em parceria. O clínico não é "o especialista" que "sabe" as respostas e, portanto, "aconselha" a criança. É através dessa parceria colaborativa que a criança desenvolve uma compreensão das suas dificuldades e descobre estratégias e habilidades úteis. Cada qual, criança e clínico, contribui com habilidades importantes e diferentes para a parceria. A criança traz o seu conhecimento único da situação que enfrenta e seus problemas, o significado que ela atribui aos eventos que ocorrem e o conhecimento sobre o que anteriormente achou que foi vantajoso ou inútil. O clínico traz uma estrutura teórica por meio da qual as experiências, cognições, emoções e comportamentos da criança são organizados para proporcionar uma compreensão explícita dos problemas atuais. Essa compreensão pode ser muito capacitante e encorajadora; ela facilita o desenvolvimento da autoeficácia e ajuda a criança a começar a explorar as situações possíveis. A parceria é desenvolvida e mantida através do compartilhamento franco da informação e da psicoeducação sobre ansiedade e o modelo da TCC. A colaboração também é encorajada através de habilidades terapêuticas centrais que envolvem empatia, escuta reflexiva e questionamento socrático. Através delas, a importância das contribuições da criança às sessões terapêuticas é enfatizada. A autoeficácia é melhorada através do desenvolvimento de uma parceria baseada na autodescoberta, envolvendo uma atitude aberta e de experimentação.

- A TCC é uma parceria colaborativa.
- As informações são compartilhadas com franqueza.
- As contribuições da criança são encorajadas e valorizadas.
- A atitude aberta e a experimentação são encorajadas.

O ENVOLVIMENTO DOS PAIS

O papel dos pais na TCC focada na criança será discutido em detalhes no Capítulo 7. No entanto, as evidências empíricas que indicam que o envolvimento parental resulta em ganhos terapêuticos adicionais estão equivocadas. Isso diverge da visão amplamente defendida de que os pais, ou outros adultos importantes, como os professores, são importantes na facilitação das mudanças e na manutenção dos progressos.

A extensão do envolvimento parental no programa de tratamento será influenciada pela idade da criança. Os pais terão um papel mais central com crianças menores, enquanto um trabalho mais direto pode ser realizado com os jovens. Quando os pais são envolvidos, o clínico precisa avaliar a capacidade que eles têm para apoiar o programa. As possíveis questões práticas, como comparecer às sessões ou realizar experimentos comportamentais, precisam ser discutidas, e a visão dos pais e seu apoio para a intervenção precisam ser determinados. Cognições potencialmente negativas ou que não serão úteis precisam ser identificadas, enfrentadas e resolvidas. Igualmente, o papel das cognições e comportamentos parentais no desenvolvimento e na manutenção da ansiedade da criança precisa ser avaliado e trabalhado.

O grau com que os pais estarão envolvidos nas sessões individuais do tratamento poderá variar. Eles poderão estar envolvidos em todas as sessões, participar de sessões separadas ou se juntar ao seu filho no final de cada sessão. No entanto, no mínimo, sessões regulares de revisão com os pais devem ser agendadas para ocorrer dentro das intervenções, para monitorar o progresso e identificar fatores importantes que possam afetar a probabilidade de sucesso da intervenção.

- A extensão e natureza do envolvimento parental na TCC poderão variar.
- Os pais devem, no mínimo, estar envolvidos em reuniões regulares de revisão.

ESCLARECIMENTO DA CONFIDENCIALIDADE E LIMITES

No começo da terapia, o tema da confidencialidade precisa ser combinado e os limites, estabelecidos. Isso é particularmente importante quando se trabalha isoladamente com jovens, para que eles e seus pais tenham clareza quanto a quais informações serão compartilhadas e quais permanecerão privadas. Portanto, é preciso deixar explícito que qualquer informação que indique questões de risco significativo pode precisar ser compartilhada com outras pessoas. Os riscos podem estar relacionados ao comportamento de outras pessoas, isto é, negligência ou abuso; ao próprio comportamento da criança, como, por exemplo, abuso de drogas ou danos deliberadamente autoinfligidos; ou quando pode ameaçar a segurança de outros, por meio de ameaças de agressões sérias ou conduta ilegal, por exemplo.

Além do esclarecimento a respeito da confidencialidade, também precisam ser combinadas as condições de exigências da terapia em termos de números e horários dos encontros, frequência das revisões, etc. Em alguns casos, isso pode ser formalizado em um contrato comportamental pelo qual as expectativas de todos os envolvidos, incluindo o clínico, podem ser explicitadas.

São feitos esclarecimentos de aspectos de confidencialidade, limites e o tempo e sequência da terapia.

DESCRIÇÃO DA ESTRUTURA DA SESSÃO

A TCC tende a seguir um formato padrão, com cada sessão envolvendo todos os sete elementos seguintes ou a maioria destes:

1. *Atualização geral:* revisa o progresso e identifica eventos significativos que tenham ocorrido desde o último encontro que possam causar algum impacto sobre

a intervenção. Eles podem ser muito variados e ter relação com mudanças em casa, nas relações familiares, amizades, saúde, escola ou atividades sociais.
2. *Atualização dos sintomas:* avalia os sintomas atuais de ansiedade e se houve mudanças significativas na extensão ou natureza destes. Esse procedimento possibilita uma verificação rápida que pode alertar o clínico para áreas que precisam ser exploradas em mais detalhes durante a sessão.
3. *Revisão das tarefas:* verifica os resultados das tarefas realizadas fora da sessão, com ênfase no incentivo da autorreflexão: "Então, o que você descobriu com isso?"; "Isso nos mostra alguma coisa nova?".
4. *Definição da agenda:* combina o foco principal da sessão e explica como ele se encaixa com os encontros anteriores. Em geral, é conveniente que isso tenha referência com a formulação do problema, uma vez que esta fornece uma estrutura que informa o conteúdo da intervenção.
5. *Foco da sessão:* será o elemento principal da sessão e enfocará componentes importantes da intervenção em TCC, isto é, psicoeducação, desenvolvimento de uma formulação da ansiedade, aquisição de habilidades, experimentação e prática.
6. *Combinar tarefas:* discutir se a aplicação de tarefas seria útil e, caso a resposta seja positiva, definir claramente a tarefa e discutir as barreiras potenciais que poderiam interferir no sucesso da sua realização.
7. Feedback *da sessão:* oportunidade para o jovem refletir sobre o conteúdo da sessão ("há alguma coisa sobre a qual conversamos hoje que você tenha achado particularmente útil?"), o processo ("você teve a chance de dizer tudo o que queria dizer?") e o progresso ("você acha que alguma coisa mudou desde que iniciamos este programa?").

As sessões de TCC tipicamente envolvem:
- revisão geral,
- atualização dos sintomas,
- revisão das tarefas anteriores,
- definição da agenda,
- foco principal da sessão,
- *feedback* da sessão.

ELEMENTOS CENTRAIS DA TCC PARA ANSIEDADE

TCC é um termo genérico que se refere a um conjunto de técnicas e estratégias que podem ser empregadas sob várias combinações para abordar os fatores cognitivos, comportamentais e fisiológicos associados à ansiedade. A transição de intervenções anteriores mais comportamentais para a TCC presenciou uma mudança no equilíbrio entre os componentes da ansiedade e uma ênfase sobre os componentes cognitivos e comportamentais. O conteúdo cognitivo de muitos programas de TCC com crianças pode, às vezes, parecer um tanto limitado (Stallard, 2002). Isso não significa que as cognições não sejam abordadas durante essas intervenções. Sem dúvidas, os experimentos comportamentais e a exposição – componentes centrais dos programas de tratamento de crianças com transtornos de ansiedade – resultarão em alguma mudança cognitiva paralela, embora esta possa não ser o foco direto. Uma questão que tem recebido menos atenção é se a abordagem direta de alguns dos processos cognitivos disfuncionais e distorções cognitivas, identificados como associados aos transtornos de ansiedade, aumenta a eficácia do tratamento. Isso faz parte de um debate mais amplo sobre quais aspectos da TCC são eficazes, uma vez que, conforme observado por Kazdin e Weisz (1998), a TCC está "provida de um conjunto uniforme de técnicas". Existe, portanto, uma necessidade de estudos de desconstrução que permitam determinar o valor relativo dos componentes individuais da TCC. Isso definiria quais estratégias específicas são efetivas no alívio de quais sintomas.

Embora haja diferenças no conteúdo específico e ênfase das intervenções em TCC, a maioria delas tende a envolver vários elementos comuns (Albano e Kendall, 2002; Kazdin e Weisz, 1998; Stallard, 2005). Primeiro, a maioria das intervenções em TCC envolve alguma forma de psicoeducação. As crianças e seus pais são educados no modelo da TCC e aprendem sobre a relação entre pensamentos, sentimentos e comportamentos. Segundo, a maioria delas inclui o reconhecimento das emoções e o treinamento do manejo destas. Isso ajuda as crianças a se tornarem conscientes da sua resposta única à ansiedade e a identificarem formas úteis pelas quais a resposta à ansiedade pode ser manejada. O terceiro elemento ajuda as crianças a reconhecerem as suas cognições (isto é, autodiálogo) em situações que provocam ansiedade e alguns dos processos tendenciosos e distorcidos que foram detectados como associados aos transtornos de ansiedade. Após a identificação destes, o quarto elemento implica que as crianças aprendam a enfrentar o seu autodiálogo que aumenta a ansiedade por formas positivas de lidar com isso e substituí-lo por um autodiálogo que reduza a ansiedade. Em quinto lugar, existe uma ênfase na prática e exposição, tanto imaginárias quanto *in vivo*, durante as quais as crianças aplicam e praticam suas novas habilidades cognitivas e emocionais. O sexto elemento-chave envolve o desenvolvimento de técnicas de automonitoramento e autorreforço, com o objetivo de reconhecer e comemorar as tentativas positivas de enfrentamento e superação das preocupações. Por fim, as intervenções incluem um foco na prevenção de recaídas e a preparação para futuros desafios e reveses.

> Os componentes centrais dos programas de TCC para transtornos de ansiedade incluem:
> - psicoeducação,
> - reconhecimento e manejo das emoções,
> - identificação de cognições distorcidas e que aumentam a ansiedade,
> - questionamento de pensamentos e desenvolvimento de cognições que reduzem a ansiedade,
> - exposição e prática,
> - automonitoramento e reforço,
> - preparação para reveses.

ESTRUTURA DE UM PROGRAMA PARA ANSIEDADE

Os programas padronizados de TCC para os transtornos de ansiedade consistem geralmente de 12 a 16 sessões. Um número similar será necessário para os programas baseados em formulações desenvolvidos individualmente, embora, às vezes, possam ser alcançadas mudanças significativas com menos sessões.

O conteúdo e a ênfase específicos do programa da TCC serão informados por meio da avaliação e da formulação. Por exemplo, algumas crianças têm mais consciência de suas emoções e podem precisar se focar mais nos domínios cognitivo e comportamental. Elas podem precisar desenvolver uma melhor compreensão do papel das suas cognições na geração dos sentimentos ansiosos e praticar o enfrentamento de situações que provocam ansiedade. Com crianças menores, ou quando o desenvolvimento cognitivo e as habilidades são mais limitados, o elemento cognitivo poderá receber menos atenção direta. Igualmente, algumas crianças podem já ter uma boa compreensão dos seus pensamentos e sentimentos, mas precisarem de mais exposição e prática para desenvolver e transferir o uso das habilidades de enfrentamento para a vida diária. Portanto, o efetivo conteúdo da TCC construída individualmente irá variar, embora uma intervenção padrão consista do esquema apresentado na Figura 2.1 a seguir, acompanhado de tarefas a serem realizadas fora da sessão. O foco principal de cada sessão é destacado, embora seja importante enfatizar que cada uma se baseia ou aproveita as sessões anteriores, enquanto os componentes cognitivos, comportamentais e emocionais são integrados.

EFICÁCIA DA TCC

Um número crescente de estudos de pesquisas tem demonstrado a eficácia da TCC com crianças e jovens. Esses estudos, que envolveram distribuição aleatória e compararam a TCC para uma lista de espera ou com um tratamento de comparação, serão rapidamente resumidos a seguir.

Transtornos de ansiedade generalizada

TCC administrada individualmente

O primeiro ensaio aleatório controlado que usou a TCC para tratar transtornos de ansiedade foi realizado por Phillip Kendall (1994). Um total de 47 crianças entre 9 e 13 anos com diagnóstico primário de transtorno de excesso de ansiedade, transtorno de ansiedade de separação ou transtorno evitativo foram randomizadas para controle de uma lista de espera ou uma intervenção de 16 sessões de TCC administrada individualmente, ou seja, trata-se do programa *Coping Cat*. O programa contém um componente educativo resumido pelo acrônimo em inglês FEAR:

- F – Sentimento de medo: identifica sentimentos ansiosos e reações somáticas de ansiedade.

Ansiedade

- E – Expectativa de ocorrência de coisas ruins: esclarece as cognições em situações que provocam ansiedade e, em particular, atribuições e expectativas irreais ou negativas.
- A – Atitudes e ações que irão ajudar: desenvolvimento de um plano para lidar com a ansiedade, por meio do qual o autodiálogo que aumenta a ansiedade (cognições) é substituído pelo autodiálogo que reduz a ansiedade.
- R – Resultados e recompensas: avalia o desempenho e reforça o sucesso em lidar com a ansiedade.

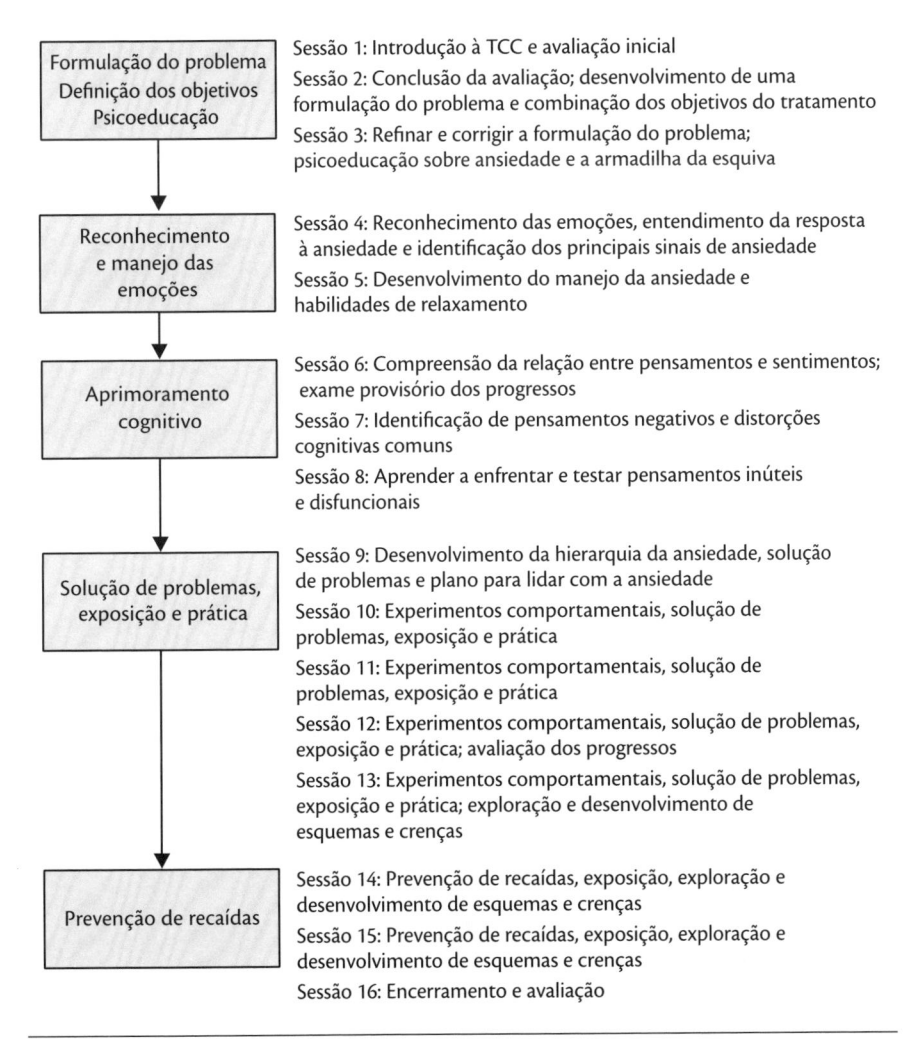

Formulação do problema / Definição dos objetivos / Psicoeducação	Sessão 1: Introdução à TCC e avaliação inicial
	Sessão 2: Conclusão da avaliação; desenvolvimento de uma formulação do problema e combinação dos objetivos do tratamento
	Sessão 3: Refinar e corrigir a formulação do problema; psicoeducação sobre ansiedade e a armadilha da esquiva
Reconhecimento e manejo das emoções	Sessão 4: Reconhecimento das emoções, entendimento da resposta à ansiedade e identificação dos principais sinais de ansiedade
	Sessão 5: Desenvolvimento do manejo da ansiedade e habilidades de relaxamento
Aprimoramento cognitivo	Sessão 6: Compreensão da relação entre pensamentos e sentimentos; exame provisório dos progressos
	Sessão 7: Identificação de pensamentos negativos e distorções cognitivas comuns
	Sessão 8: Aprender a enfrentar e testar pensamentos inúteis e disfuncionais
Solução de problemas, exposição e prática	Sessão 9: Desenvolvimento da hierarquia da ansiedade, solução de problemas e plano para lidar com a ansiedade
	Sessão 10: Experimentos comportamentais, solução de problemas, exposição e prática
	Sessão 11: Experimentos comportamentais, solução de problemas, exposição e prática
	Sessão 12: Experimentos comportamentais, solução de problemas, exposição e prática; avaliação dos progressos
	Sessão 13: Experimentos comportamentais, solução de problemas, exposição e prática; exploração e desenvolvimento de esquemas e crenças
Prevenção de recaídas	Sessão 14: Prevenção de recaídas, exposição, exploração e desenvolvimento de esquemas e crenças
	Sessão 15: Prevenção de recaídas, exposição, exploração e desenvolvimento de esquemas e crenças
	Sessão 16: Encerramento e avaliação

FIGURA 2.1 Uma intervenção padrão em TCC.

As oito primeiras sessões do programa se ocupam do treinamento de habilidades e as oito sessões restantes são destinadas à prática, usando tanto a exposição imaginária quanto *in vivo*. Durante o estágio de exposição, cada passo na hierarquia do medo da criança é traduzido para uma tarefa STIC (acrônimo em inglês da expressão "mostrar que eu consigo"), a fim de que a criança progrida sistematicamente de situações de baixa ansiedade para alta ansiedade à medida que cada passo for dominado com sucesso. O foco principal das 16 sessões é resumido no Quadro 2.1 a seguir.

As crianças que faziam parte do grupo de TCC apresentaram melhoras significativas, incluindo redução na ansiedade e depressão, segundo indicado pela autoavaliação e avaliação dos pais. Esses ganhos eram evidentes no final do tratamento e se mantiveram quando avaliados um ano depois, no *follow-up*. Além da mudança estatisticamente expressiva, a significância clínica dessa melhora foi avaliada através do exame do número de crianças que estavam livres do diagnóstico no final do tratamento: 64% delas não preenchiam mais os critérios para o seu diagnóstico primário pré-tratamento, comparadas com 5% no grupo de controle da lista de espera.

Uma segunda avaliação do *Coping Cat* envolveu 94 crianças entre 9 e 13 anos que foram designadas aleatoriamente para TCC ou um grupo de controle de lista de espera (Kendall et al., 1997). Como antes, as medidas de ansiedade e depressão preenchidas pelas crianças e seus pais apresentaram melhoras significativas no pós-tratamento, as quais se mantiveram após um ano. No pós-tratamento, 53% das crianças não preenchia mais os critérios para seu transtorno de ansiedade primário pré-tratamento.

Os efeitos da idade (crianças de 9-10 anos *versus* as que tinham de 11-13 anos), diagnóstico (transtorno de excesso de ansiedade, transtorno de ansiedade de separação e fobia simples) e segmentos de tratamento (educação e treinamento de habilidades *versus* exposição) nos resultados do tratamento também foram examinados. Resultados comparáveis foram obtidos dentro das faixas etárias e categorias diagnósticas. No entanto, a

QUADRO 2.1 Programa *Coping Cat* (Kendall, 1994)

Sessão 1	Introduzir e avaliar
Sessão 2	Identificar diferentes sentimentos
Sessão 3	Construir de uma hierarquia dos medos e identificar da resposta somática pessoal
Sessão 4	Treinar relaxamento
Sessão 5	Reconhecer e reduzir o autodiálogo que aumenta a ansiedade
Sessão 6	Desenvolver estratégias de enfrentamento, como o autodiálogo e a autodireção verbal
Sessão 7	Desenvolver habilidades de autoavaliação e reforço
Sessão 8	Examinar conceitos e habilidades
Sessão 9 -15	Praticar como lidar com as situações de ansiedade usando experiências imaginárias e *in vivo*
Sessão 16	Revisar e incorporar as habilidades à vida diária

psicoeducação e o treinamento de habilidades (primeiras oito sessões do programa) não foram suficientes para produzir mudanças significativas sem exposição e prática.

As crianças do segundo ensaio foram acompanhadas para avaliação dos benefícios de longo prazo do *Coping Cat* (Kendall et al., 2004). Das 94 crianças originais, 86 (91%) foram reavaliadas em média 7,4 anos depois de concluírem o programa. Com base nas entrevistas diagnósticas realizadas com as crianças encaminhadas ou com seus pais, 90% (entrevistas com as crianças) e 80% (entrevistas com os pais) não preenchiam mais os critérios diagnósticos para seu transtorno de ansiedade primário pré-tratamento. Esses resultados são encorajadores e ressaltam que o *Coping Cat* resulta em benefícios significativos e duradouros.

A intensidade com que as melhoras encontradas em ensaios de pesquisa especificamente designados podem ser atingidas em contextos clínicos do dia a dia foi explorado em um estudo-piloto realizado por Nauta e colaboradores (2001). Uma versão holandesa do *Coping Cat* com 12 sessões foi administrada em uma clínica ambulatorial para crianças e adolescentes em 18 crianças de 8 a 15 anos que apresentavam uma variedade de transtornos de ansiedade. As crianças foram randomizadas para TCC individual ou TCC mais um treinamento cognitivo adicional de sete sessões com os pais. O treinamento cognitivo dos pais incluiu psicoeducação, treinamento em solução de problemas, recompensa do comportamento corajoso e identificação e enfrentamento das crenças centrais dos pais a respeito do comportamento ansioso do seu filho. As crianças dos dois grupos demonstraram reduções significativas dos sintomas de ansiedade, embora, no pós-tratamento, apenas 28 delas indicassem estar livres do diagnóstico. Entretanto, com o tempo, os índices de remissão do diagnóstico aumentaram para 80% aos três meses e 71% aos 15 meses de *follow-up*.

Em um estudo posterior, os autores adotaram um modelo mais forte para testar seus achados anteriores (Nauta et al., 2003). Um total de 79 crianças entre 7 e 18 anos com vários transtornos de ansiedade foram randomizadas para TCC individual, TCC mais treinamento cognitivo para os pais ou a um controle de lista de espera. Comparadas ao grupo controle de lista de espera, as crianças que receberam TCC, com e sem envolvimento dos pais, tiveram melhoras significativas. No pós-tratamento, 54% das crianças nos grupos de TCC estavam livres do diagnóstico, comparadas com 10% do grupo da lista de espera. Essa melhora se manteve por três meses, com 68% não preenchendo mais os critérios de algum transtorno de ansiedade.

> Intervenções de TCC administradas individualmente resultam em reduções significativas e duradouras dos sintomas de ansiedade.

TCC em grupo

Estudos anteriores demonstraram a eficácia da TCC administrada individualmente a transtornos mistos de ansiedade. A limitação na oferta de clínicos de TCC que sejam especialistas em crianças é uma consideração importante que levou alguns a investigarem se a TCC em grupo é efetiva com crianças ansiosas.

Silverman e colaboradores (1999a) randomizaram 56 crianças entre 6 e 16 anos para TCC em grupo ou para uma condição de lista de espera. A TCC em grupo envolvia pais e filhos reunidos em grupos separados durante 40 minutos que depois se encontravam para uma reunião conjunta de 15 minutos. A intervenção enfatizou o uso de processos naturais de grupo, incluindo modelagem de pares, *feedback*, apoio, reforço e comparação social. A constituição dos grupos de pais e filhos era similar.

Os resultados demonstram que a TCC em grupo pode ser efetiva, uma vez que 64% das crianças que recebeu TCC se recuperou do seu diagnóstico inicial no final do tratamento, comparadas com apenas 13% das crianças da lista de espera na mesma condição. Embora não estivessem disponíveis os dados de *follow-up* de todas as crianças, 77% das avaliadas não satisfaziam mais os critérios do seu diagnóstico inicial aos três meses, 79% aos seis meses e 76% aos 12 meses. Também foram observadas melhoras em várias avaliações preenchidas pelos clínicos, crianças e pais.

A TCC em grupo também se mostrou efetiva em um estudo de Manassis e colaboradores (2002), que designou 78 crianças entre 8 e 12 anos para TCC individual ou em grupo. Cada intervenção foi pareada por tempo e conteúdo, sendo que a intervenção de TCC para crianças, o *Coping Bear*, foi uma adaptação do programa *Coping Cat* de Kendall. Com base nas avaliações preenchidas pelas crianças, pais e clínicos, as crianças em ambos os grupos demonstraram melhoras significativas no pós-tratamento. Os resultados não foram afetados pelo diagnóstico, embora o subgrupo de crianças com ansiedade social intensa tenha respondido melhor (estimativa baseada nos numerosos decréscimos de depressão autorrelatada) na TCC individual.

> A TCC em grupo parece ser eficaz, embora as crianças com ansiedade social possam encontrar dificuldades com os grupos e se beneficiem mais com as intervenções individuais.

TCC com base na família

O interesse crescente pelo papel da família no desenvolvimento e manutenção da ansiedade resultou no acréscimo de componentes no tratamento de família para as intervenções de TCC focadas na criança. O primeiro trabalho foi o de Paula Barrett e colaboradores, na Austrália, que designou 79 crianças entre 7 e 14 anos para TCC individual, TCC individual mais manejo da ansiedade familiar ou uma condição de lista de espera (Barrett et al., 1996a).

A intervenção de TCC com crianças denominada de *Coping Koala* foi uma adaptação australiana do programa *Coping Cat*. O *Coping Koala* consiste de 12 sessões que duram de 60 a 80 minutos cada. Durante as quatro primeiras sessões, a criança aprende a:

- identificar pensamentos positivos/negativos;
- treinar o relaxamento;
- usar o autodiálogo para lidar com situações que despertam ansiedade;

- realizar um autoavaliação realista;
- desenvolvimento de estratégias de autogratificação.

As outras oito sessões têm seu foco na prática dessas habilidades através da exposição sistemática *in vivo* às situações temidas.

O programa FAM (sigla em inglês para Manejo da Ansiedade Familiar) corre paralelamente ao *Coping Koala*. Após cada sessão individual, a criança se junta aos pais para uma sessão de FAM. O FAM tem três objetivos principais, sendo que são dedicadas quatro sessões a cada um dos seguintes temas:

1. Os pais aprendem estratégias de manejo de contingências para reduzir o conflito e aumentar a cooperação familiar. Em particular, eles aprendem a usar:
    - Estratégias de reforço para recompensar comportamentos corajosos – incluindo a utilização do elogio verbal, privilégios e recompensas tangíveis que sejam contingentes ao enfrentamento das situações temidas.
    - A ação de ignorar de modo planejado para extinguir a ansiedade e queixas excessivas – os pais são instruídos a ouvir e responder empaticamente às queixas dos seus filhos na primeira vez em que estas ocorrem, mas, se a queixa continuar, são encorajados a direcionar seu filho para uma estratégia alternativa para lidar com a ansiedade e desviar sua atenção.
2. Os pais são ajudados a tomar consciência da própria resposta à ansiedade em situações estressantes e aprendem a servir como modelos para a resolução de problemas e a demonstrar abordagens para as situações temidas.
3. Os pais aprendem habilidades para solução de problemas e de comunicação que podem ser usadas para lidar com problemas futuros. Estas envolvem:
    - Ser consistentes e apoiadores no manejo do comportamento de medo do seu filho.
    - Introduzir discussões diárias entre os pais para facilitar uma abordagem mais consistente e apoiadora.
    - Introduzir discussões semanais de solução de problemas para tratar dos assuntos que surgirem.

A TCC infantil, com e sem FAM, produziu mudanças significativas na comparação com a condição da lista de espera, sendo que os ganhos se mantiveram nos *follow-ups* de 6 e 12 meses. Em termos de *status* de diagnóstico, 57% das crianças que receberam TCC não satisfaziam mais os critérios diagnósticos no pós-tratamento, aumentando para 71% aos seis meses e sendo mantido aos 12 meses (70%). Para aqueles que receberam TCC mais FAM, 84% estavam livres do diagnóstico no pós-tratamento e aos 6 meses, aumentando para 95% aos 12 meses. As crianças menores (7 a 10 anos) responderam melhor à condição TCC + FAM, embora as crianças mais velhas tenham respondido igualmente bem a ambas as intervenções. Por fim, houve um efeito de gênero, pelo qual as meninas responderam melhor à TCC + FAM, enquanto os meninos se saíram igualmente bem em ambas as condições de tratamento.

Os efeitos de longo prazo foram avaliados em um estudo de *follow-up* (Barrett et al., 2001). Um total de 52 crianças foi reavaliado com sucesso aproximadamente seis meses após receber a intervenção. Conforme definido pelas pontuações dos pais, filhos e clínico, os ganhos do pós-tratamento foram mantidos, com quase 86% das crianças não preenchendo mais os critérios diagnósticos para algum transtorno de ansiedade. Contudo, os benefícios secundários do acréscimo do programa FAM não foram mantidos, com a TCC apenas com as crianças e TCC com FAM se mostrando igualmente efetivas.

Em uma investigação separada, Wood e colaboradores (2006) designaram 40 crianças entre 6 e 13 anos para participarem 12 a 16 sessões de TCC focada na criança ou TCC focada na família. A TCC focada na criança se baseou em uma versão condensada do *Coping Cat*, em que o treinamento das habilidades foi reduzido para quatro sessões, e oito sessões sendo direcionadas para a aplicação e prática. A intervenção focada na família, "Desenvolvendo a confiança", se baseou no trabalho de Barrett e colaboradores (1996a), em que cada sessão incluiu um tempo com a criança, um tempo com os pais e finalizou com uma reunião com a família. Foram ensinadas aos pais as seguintes aptidões de comunicação, concebidas para facilitar aos seus filhos a aquisição de novas habilidades:

- oferecer opções ao filho quando ele estiver indeciso, em vez de fazer as escolhas por ele,
- permitir que o filho aprenda através da tentativa e do erro, em vez de assumir o controle,
- aceitar as respostas emocionais do filho, em vez de criticá-lo,
- encorajar o filho a adquirir e desenvolver novas habilidades de autoajuda.

Além disso, conforme incluído por Barrett e colaboradores (1996a), os pais aprenderam a reforçar e gratificar o comportamento de coragem e a usar a ação de ignorar de modo planejado para reduzir o comportamento ansioso. No final do tratamento, 53% das crianças no grupo de TCC focada na criança e 79% da TCC focada na família estavam livres do diagnóstico.

Por fim, embora não seja um ensaio randomizado controlado, Bogels e Siqueland (2006) relatam um estudo no qual 17 crianças entre 8 e 17 anos foram submetidas a uma intervenção familiar de TCC em três fases. Na primeira fase, a criança e seus pais aprendiam as habilidades centrais em TCC de identificação e enfrentamento das crenças negativas, exposição *in vivo* e recompensas. Na fase 2, as crenças disfuncionais que poderiam impedir ou bloquear o processo de mudança foram modificadas. A fase final foi dedicada a melhorar a comunicação familiar e a resolução de problemas e a planejar a prevenção de recaídas. No final do tratamento, 41% das crianças estavam livres do diagnóstico, aumentando para 59% no *follow-up* aos três meses e para 71% aos 12 meses. Os autores observaram que, apesar de ter sido utilizada apenas uma sessão com as crianças para enfrentar os pensamentos negativos, as melhoras cognitivas resultantes foram marcantes.

> A TCC focada na criança com o envolvimento parental resulta em reduções significativas da ansiedade infantil.

As vantagens potenciais das intervenções grupais levaram Barrett (1998) a explorar se a intervenção descrita anteriormente seria efetiva se fosse realizada no formato grupal. Um total de 60 crianças entre 7 e 14 anos foram designadas para terapia cognitiva em grupo, TCC em grupo mais FAM ou para um grupo-controle de lista de espera. As duas intervenções de TCC produziram mudanças significativas, comparadas ao grupo da lista de espera. As avaliações pós-tratamento revelaram que 65% das crianças que receberam TCC não preenchiam mais os critérios diagnósticos para algum transtorno de ansiedade, em comparação com 25% no grupo da lista de espera. Esses resultados se mantiveram aos 12 meses, quando 64% do grupo de TCC e 84% do grupo de TCC mais FAM estava livre do diagnóstico.

Cobham e colaboradores (1998) também investigaram esse tema, randomizando 67 crianças entre 7 e 14 anos e seus pais para 10 sessões de TCC em grupo focada na criança ou TCC focada na criança mais manejo da ansiedade parental (PAM, na sigla em inglês). A TCC em grupo foi baseada no programa *Coping Koala* com o PAM e envolveu o acréscimo de quatro sessões que eram abertas às mães e aos pais. A intervenção foi concebida para ajudar os pais a se conscientizarem mais do seu papel inicial e a manutenção das dificuldades do seu filho, e depois ensinar esses pais a manejarem a sua própria ansiedade. Em particular, as quatro sessões focaram:

- psicoeducação sobre a etiologia da ansiedade infantil e, em particular, o papel da família,
- reestruturação cognitiva,
- treinamento de relaxamento,
- manejo de contingências.

Mais uma vez, uma porcentagem significativa das crianças não satisfazia mais os critérios diagnósticos quando avaliadas na pós-intervenção (TCC = 60%; TCC + PAM = 78%). Esses ganhos se mantiveram no *follow-up* de seis meses (TCC = 65%; TCC + PAM = 75%) e aos 12 meses (TCC = 67%; TCC + PAM = 75%). Além disso, houve alguma evidência de que o componente do PAM aumentou a eficácia da TCC focada na criança, pelo menos a curto prazo, se um ou mais dos genitores possuísse índices elevados de ansiedade.

Por fim, Bernstein e colaboradores (2005) avaliaram uma população escolar e identificaram 61 crianças entre 7 e 11 anos com transtornos de ansiedade significativos. Essas crianças foram designadas para TCC em grupo, TCC em grupo mais treinamento dos pais ou um grupo-controle de lista de espera. A intervenção de TCC era uma versão de nove sessões adaptada do programa FRIENDS (Barrett et al., 2000) e, mais uma vez, baseou-se no programa *Coping Cat* de Kendall. Para o grupo de treinamento dos pais, o filho participou do FRIENDS e os pais participaram separadamente de sessões similares. O componente parental abordou a ansiedade dos pais, o manejo do estresse, os efeitos da família na ansiedade infantil e o uso de um contrato comportamental. Das crianças que preenchiam os critérios diagnósticos na linha de base, 67% em TCC mais grupo de pais e 79% em grupo de TCC infantil estava livre do diagnóstico no pós-tratamento, comparados com 38% no grupo da lista de espera.

> Os resultados demonstram de forma consistente que a TCC, com ou sem envolvimento parental, realizada em um formato de grupo ou individual, é efetiva no tratamento de crianças com transtornos de ansiedade mista.
>
> Esses resultados parecem durar, embora a eficácia comparativa da TCC como sendo superior a outras intervenções ativas ainda não tenha sido determinada de forma consistente.

Transtornos fóbicos

Existe uma carência de ensaios de pesquisa consistentes que tenham examinado especificamente a eficácia de intervenções para o tratamento de transtornos fóbicos. A maior parte das pesquisas consiste de relatos de caso único; a utilização de entrevistas diagnósticas estruturadas, intervenções manualizadas, avaliação da fidelidade ao tratamento e *follow-ups* adequados têm ausência marcante (King e Ollendick, 1997).

Silverman e colaboradores (1999b) avaliaram a eficácia comparativa do manejo de contingências baseado na exposição, autocontrole cognitivo baseado na exposição e apoio educacional no tratamento de crianças com transtornos fóbicos. O estudo se direciona para as questões metodológicas identificadas acima e é exemplar no uso de uma condição de comparação ativa, em comparação com um grupo-controle de lista de espera. Oitenta e uma crianças concluíram um programa de tratamento de 10 semanas. Durante cada sessão, os filhos e os pais eram vistos separadamente e depois se reuniam durante aproximadamente 15 minutos no final.

A intervenção de autocontrole cognitivo foi baseada no programa *Coping Cat*. As sessões de 1 a 3 focalizaram o ensino de habilidades cognitivas as quais incluíam a auto-observação, identificação e modificação do autodiálogo, autoavaliação e autorrecompensa, e o desenvolvimento de uma hierarquia dos medos. As sessões de 4 a 9 enfocaram a prática e exposição.

A intervenção do manejo de contingências focalizou exclusivamente estratégias comportamentais, sendo que as três primeiras sessões enfocaram a identificação e o refinamento da hierarquia dos medos e a utilização de recompensas, e as sessões de 4 a 9, a exposição. O conteúdo das sessões com os pais se espelhou nas dos filhos e enfatizou maneiras pelas quais os pais podiam apoiar seu filho.

As crianças de todos os três grupos, conforme foi determinado foi pelas avaliações das crianças, de seus pais e do clínico, apresentaram ganhos substanciais em todas as medidas de resultados. Esses ganhos ainda se mantiveram quando avaliados aos três, seis e doze meses e, ao contrário das predições, nem a intervenção ativa ou a comparação (controle) se mostraram mais efetivas do que as outras.

> Embora a TCC seja efetiva no tratamento de transtornos fóbicos, ela não parece ser mais efetiva do que outras intervenções ativas.

Em termos de fobia social, Hayward e colaboradores (2000) designaram 35 garotas adolescentes com fobia social para uma intervenção grupal cognitivo-comportamental de 16 semanas (n = 12) ou para um grupo sem tratamento (n = 23). As duas primeiras sessões envolveram psicoeducação e as justificativas para o tratamento. As sessões de 3 a 8 foram de treinamento de aptidões que incluíam o desenvolvimento de habilidades sociais, habilidades de resolução de problemas sociais, assertividade e reestruturação cognitiva. As sessões de 9 a 15 envolveram prática e exposição, sendo a sessão final utilizada para uma avaliação. No pós-tratamento, 55% daquelas que receberam a intervenção de TCC ainda preenchiam os critérios diagnósticos de fobia social, comparadas com 96% no grupo não tratado. Contudo, ao final de um ano, essa diferença já não era significativa, mostrando que 40% no grupo tratado ainda preenchia os critérios diagnósticos, comparados com 56% no grupo não tratado. Os autores concluíram que a TCC resultou em um efeito moderado de curto prazo no tratamento de fobia social em adolescentes do sexo feminino.

Resultados mais animadores foram encontrados por Spence e colaboradores (2000). Cinquenta crianças entre 7 e 14 anos com fobia social foram randomizadas para TCC grupal com foco na criança, TCC mais envolvimento parental ou um grupo-controle de lista de espera. A intervenção focada na criança incluiu 12 sessões semanais de 90 minutos e duas sessões de reforço aos três e seis meses. O componente de treinamento em aptidões sociais ensinou às crianças:

- habilidades microssociais, incluindo contato visual, postura e expressão facial,
- habilidades gerais de conversação e escuta,
- habilidades sociais mais complexas, como responder a perguntas e demonstração de escuta ativa,
- habilidades de amizade, como compartilhar, oferecer ajuda e elogiar.

O componente de resolução de problemas incentivou as crianças a se transformarem em um "Detetive Social" para a resolução de desafios sociais, tais como dizer "não", ser assertivo e lidar com conflitos. As crianças aprenderam uma técnica para solução de problemas que envolvia os seguintes passos:

- *Detectar* – Qual é o problema?
- *Investigar* – Relaxar, avaliar soluções alternativas e suas consequências e escolher uma opção; identificar e enfrentar pensamentos inúteis e encorajar o autodiálogo positivo.
- *Resolver* – Executar o plano, usar as habilidades sociais, avaliar o desempenho e elogiar.

A intervenção parental adicional ensinou os pais a modelar, estimular e reforçar o uso das novas habilidades por seus filhos, a ignorar comportamentos socialmente ansiosos e a esquiva, a incentivar a participação em atividades sociais, a estimular e encorajar as tarefas para fazer em casa e a modelar comportamentos socialmente proativos. No pós-tratamento, aproximadamente 72% das crianças que receberam uma variante da TCC estava livre do diagnóstico, em comparação com 7% do grupo da lista de espera. Esses ganhos se mantiveram aos 12 meses seguintes, quando aproximadamente 67% das crianças que receberam TCC continuou livre do diagnóstico.

Por fim, em um pequeno estudo-piloto, Baer e Garland (2005) designaram 12 adolescentes entre 13 e 18 anos com fobia social para uma intervenção com TCC ou para um controle de lista de espera. A intervenção com TCC foi um programa baseado no grupo, consistindo de 12 sessões. A primeira sessão envolveu psicoeducação e as sessões restantes focaram o treinamento de habilidades sociais e a exposição. Uma sessão enfocou as estratégias cognitivas para o manejo da ansiedade. As avaliações no pós-tratamento indicaram que 36% das crianças que receberam a intervenção já não preenchiam mais os critérios de fobia social. Embora não tenha havido remissão espontânea no grupo-controle durante esse período, o índice de resposta positiva no grupo tratado foi desapontadoramente baixo.

> A pesquisa é limitada, embora os resultados sugiram que a TCC traz benefícios para crianças com fobia social. No entanto, uma proporção significativa que recebe TCC continua a preencher os critérios diagnósticos de fobia social.

Recusa escolar

A TCC para tratamento da recusa escolar e fobia escolar foi objeto de três estudos. King e colaboradores (1998) designaram 34 crianças entre 5 e 15 anos com recusa escolar para TCC ou para uma intervenção de lista de espera. As crianças apresentaram uma variedade de diagnósticos primários que incluíam transtorno de ansiedade de separação, transtorno de ajustamento, transtorno de excesso de ansiedade, fobia simples e fobia social.

A TCC focada na criança consistiu de seis sessões:

- Na sessão 1, a criança identificava as situações que provocavam ansiedade e a sua resposta de ansiedade.
- As sessões 2 e 3 focaram o treinamento de habilidades para lidar com as dificuldades, incluindo treino de relaxamento, a ligação entre pensamentos, sentimentos e comportamento, modificação do autodiálogo que aumentava a ansiedade para um que reduzia a ansiedade, treinamento da assertividade e autoavaliação e recompensa.
- As sessões de 4 a 6 envolveram prática e exposição imaginária e *in vivo*.

Além disso, os pais receberam cinco sessões que focalizavam habilidades para manejar o comportamento do filho:

- Sessão 1: definir justificativa e papel do cuidador para assegurar que o filho frequente a escola.
- Sessões 2-3: estabelecer rotinas, ignorar respostas somáticas e usar reforço para as situações positivas em que o filho lida com as dificuldades e frequenta a escola.
- Sessões 4-5: solucionar problemas e abordar a culpa ou temor parental de rejeição por parte do seu filho como resultado da aplicação da disciplina firme.

No pós-tratamento, 88% do grupo em TCC havia atingido 90% de frequência na escola, em comparação a 29% no grupo de lista de espera. Essa melhora se manteve após três meses.

Achados positivos também foram relatados por Last e colaboradores (1998) em um estudo que envolvia 56 crianças entre 6 e 17 anos com fobia social. Como no estudo de King e colaboradores (1998), as crianças apresentaram uma variedade de transtornos de ansiedade, incluindo fobia simples, fobia social, transtorno de ansiedade de separação, transtorno evitativo, transtorno de excesso de ansiedade e transtorno do pânico. As crianças foram randomizadas para 12 sessões de TCC individual ou uma condição placebo de atenção que envolvia apoio educacional. A intervenção com TCC envolvia exposição e treinamento em autoafirmações para o enfrentamento. Durante a primeira sessão, a criança construía uma hierarquia de medos e esquiva. Na sessão 2, ela era ensinada a identificar pensamentos que aumentavam a ansiedade e a substituí-los por autoafirmações para o enfrentamento. A criança trabalha sistematicamente a sua hierarquia usando suas habilidades adaptativas durante as sessões restantes. A condição placebo de atenção envolvia uma combinação de apresentações educacionais e psicoterapia de apoio. Ao final do tratamento, 65% das crianças que receberam TCC haviam atingido 95% de frequência escolar, comparadas com 48% no grupo-controle, um achado que não era estatisticamente significativo. Igualmente, não houve diferenças significativas entre os grupos nas quatro e doze semanas seguintes de *follow-up*.

Por fim, Heyne e colaboradores (2002) designaram 61 crianças que recusavam a escola e que tinham transtornos de ansiedade para psicoterapia infantil individual, treinamento dos pais/professores ou terapia infantil mais treinamento dos pais/professores. A terapia com a criança consistia de oito sessões e envolvia:

- treino de relaxamento como uma habilidade para lidar com as dificuldades em momentos de estresse,
- treinamento de habilidades sociais para melhorar a competência social e aprender a lidar com questões sobre ausência,
- terapia cognitiva para reduzir pensamentos que aumentem a ansiedade e promover o uso de afirmações para enfrentamento,
- dessensibilização, tanto imaginária quanto *in vivo*, para assegurar a frequência à escola.

As crianças, em todos os três grupos de tratamento, melhoraram, sendo que 69% delas não satisfizeram mais os critérios para transtorno de ansiedade nos 4 meses de *follow-up*. No entanto, o treinamento dos pais/professores foi tão efetivo quanto a TCC focada na criança com ou sem treinamento dos pais/professores.

> A pesquisa atualmente é limitada, mas sugere que a TCC pode ser benéfica para algumas crianças com recusa escolar, embora ainda não esteja claro que a TCC seja mais efetiva do que outras intervenções.

CONCLUSÃO

A pesquisa que examina o tratamento da ansiedade na infância é, de muitas maneiras, exemplar e aborda muitos dos critérios sugeridos por Chambless e Hollon (1998). Estes incluem ensaios randomizados, intervenções manualizadas, garantia da integridade do tratamento, amostras clínicas, medidas multimodais dos resultados, avaliação da significância clínica e *follow-up* de longo prazo. Os resultados são, em geral, positivos e indicam que no pós-tratamento e no *follow-up* a maioria das crianças que recebe alguma variante da TCC não preenche mais os critérios diagnósticos para um transtorno de ansiedade. Igualmente, comparada aos grupos-controle da lista de espera, a TCC parece ser uma intervenção efetiva para tratamento dos transtornos de ansiedade (Cartwright-Hatton et al., 2004; Compton et al., 2004). Isso levou alguns a sugerirem que a TCC é o tratamento de escolha para os transtornos de ansiedade na infância (Compton et al., 2004). Outros, no entanto, foram mais cautelosos e, embora observassem os resultados animadores, também destacaram as limitações da pesquisa disponível (Cartwright-Hatton et al., 2004). Em particular, comparativamente, poucos estudos equipararam a TCC a outras intervenções ativas e, quando o fizeram, os resultados foram menos claros. Por exemplo, Last e colaboradores (1998) observaram melhoras similares na frequência à escola em crianças que receberam psicoterapia de apoio e TCC. Igualmente, Silverman e colaboradores (1999b) demonstraram que crianças fóbicas que receberam apoio educacional apresentaram melhoras similares às que receberam TCC. Existe, portanto, a necessidade de realizar mais ensaios que comparem a TCC com outros tratamentos ativos.

Cartwright-Hatton e colaboradores (2004) observam que nenhum dos estudos da sua revisão sistemática incluiu crianças com menos de 6 anos. Assim, comparativamente, pouco se sabe a respeito da eficácia das intervenções de TCC com crianças muito pequenas. Igualmente, a base de evidências é atualmente limitada e muitos estudos incluíram crianças com transtornos de ansiedade mistos. Isso não permite uma comparação abrangente do uso da TCC para tratamento de transtornos de ansiedade específicos. Assim, não está claro no momento quais os transtornos de ansiedade específicos que respondem melhor à TCC e como os componentes do tratamento poderão ser mais claramente adaptados ao transtorno particular.

A aplicabilidade das intervenções desenvolvidas para estudos de pesquisa à prática clínica diária também foi destacada como um ponto que merece atenção (Kazdin e Weisz, 1998). Estudos como o de Nauta e colaboradores (2001, 2003) são, portanto, importantes para a demonstração de que podem ser obtidos ganhos significativos com o tratamento em contextos clínicos da vida real. Igualmente, os critérios de inclusão de alguns estudos de pesquisa excluem crianças com apresentações mais complexas e comórbidas e, no entanto, essas são as crianças que com frequência são encaminhadas e tratadas em serviços infantis de saúde mental. Além disso, um grande número de crianças abandona a TCC ou não responde a ela. Soler e Weatherall (2007), na sua revisão Cochrane, usando uma análise da intenção de se tratar, encontraram que as taxas de remissão para transtornos de ansiedade após a TCC eram de 56%, comparadas com 28% nos grupos-controle que tipicamente envolviam a permanência em uma lista de espera. Assim, apenas metade das crianças com transtorno de ansiedade responderá à TCC, comparadas com um índice de recuperação natural de apenas mais de um quarto. Isso indica uma necessidade urgente de aumentar e eficácia das intervenções de TCC e identificar mais claramente quais os formatos de tratamento que são ótimos para quais transtornos de ansiedade específicos.

Por fim, sabe-se comparativamente pouco a respeito dos componentes do tratamento que são efetivos nas intervenções de TCC. São necessários estudos que desmontem o tratamento para determinar quais componentes provocam mudanças em quais domínios e com quais crianças. Isso é importante em um nível pragmático, em termos de garantia de que os serviços clínicos limitados permaneçam focados e eficazes, mas também em um nível teórico, em termos de entendimento do processo e dos mediadores da mudança. Esta última questão foi enfatizada em uma revisão de Prins e Ollendick (2003), que identificaram que comparativamente poucos estudos exploraram a suposta relação entre mudança cognitiva e os resultados. Os estudos disponíveis realmente encontraram mudanças cognitivas após a TCC, mas elas não foram significativamente maiores do que as encontradas nas condições de controle. Isso levou os autores à conclusão de que existe "apenas apoio indireto, no máximo, para a hipótese de que a mudança nos processos cognitivos resulta ou 'causa' resultados na TCC para a ansiedade na infância" (Prins e Ollendick, 2003, p. 101). Refletindo sobre a metanálise de Durlak e colaboradores (1991), segundo a qual a mudança no comportamento parecia não estar relacionada com a mudança cognitiva, Kazdin e Weisz (1998, p. 30) concluem que "ainda há muito a ser aprendido sobre os medidores de mudança".

> Existem evidências cumulativas que sugerem que a TCC resulta em melhoras clinicamente significativas e duradouras em crianças com transtornos de ansiedade.
>
> A relativa eficácia da TCC comparada a outras intervenções ativas, ou aplicada a crianças menores, ainda precisa ser determinada de forma mais consistente.
>
> São necessários estudos que desmontem o tratamento para determinar quais dos seus componentes são efetivos em quais domínios e para quais crianças.
>
> Mais pesquisas são necessárias a fim de desenvolver intervenções para crianças que não respondem à TCC.

3
Cognições e Processos Disfuncionais

O influente trabalho de Beck e colaboradores destacou o papel central das cognições e processos cognitivos no desenvolvimento e manutenção dos transtornos psicológicos (Beck, 1967, 1971, 1976). O modelo cognitivo explanatório que emergiu sugere que as distorções no processamento da informação e cognições resultam no desenvolvimento e manutenção de estados emocionais negativos significativos. Presume-se que estados emocionais particulares estejam associados a cognições mal-adaptativas específicas, e que sejam essas cognições que se diferenciem entre as emoções. Assim, considera-se que as crenças associadas a falhas pessoais, perda e desesperança estejam associadas à depressão. O conteúdo das crenças de ansiedade é mais orientado para o futuro e está relacionado ao medo de dano ou perigo físico ou psicológico. Por fim, presume-se que a agressão esteja associada a cognições relacionadas à injustiça, a se sentir enganado e à percepção de intenção hostil.

Além do conteúdo específico das cognições como pensamentos automáticos, atribuições, pressupostos e esquemas, presume-se também que os transtornos psicológicos se desenvolvam e sejam mantidos pelos processos cognitivos disfuncionais. Supõe-se que as distorções da atenção resultem em maior sensibilidade a estímulos relacionados a ameaças, enquanto o conteúdo cognitivo disfuncional seria mantido por processos cognitivos que envolvem processamento disfuncional e/ou distorcido.

Apesar da importância central atribuída ao conteúdo e processos cognitivos no desenvolvimento de transtornos psicológicos, a pesquisa que examina a sua relação com os transtornos de ansiedade em crianças é comparativamente limitada. Os estudos realizados eram frequentemente limitados pelo pequeno tamanho das amostras, pelas situações hipotéticas avaliadas ou tarefas de laboratório e envolviam grupos de estudo provenientes da comunidade, que não haviam sido encaminhados para tratamento. A aplicabilidade direta desses achados às situações clínicas é, portanto, duvidosa. Além do mais, os achados nem sempre são consistentes. Quando são encontradas as diferenças prognosticadas, o seu tamanho é por vezes pequeno e a sua significância clínica, questionável. Por fim, diversos estudos não conseguiram adotar uma perspectiva desenvolvimental e aplicaram às crianças modelos cognitivos derivados de modelos adultos. Esses modelos estáticos não conseguem reconhecer a crescente capacidade cognitiva das crianças e o desenvolvimento dos processos metacognitivos, por exemplo.

Apesar dessas limitações, existem evidências que sugerem que crianças com transtornos de ansiedade exibem cognições e processos disfuncionais. Em particular, elas possuem mais expectativas de que ocorram eventos negativos, fazem avaliações mais negativas do seu desempenho, são tendenciosas em relação a possíveis sinais relacionados a ameaças e percebem a si mesmas como incapazes de lidar com os eventos ameaçadores que possam surgir.

PREDISPOSIÇÃO ATENCIONAL

Supõe-se que as predisposição da atenção no processamento da informação estejam na base dos transtornos emocionais (Beck et al., 1985). Nos transtornos de ansiedade, considera-se que os indivíduos demonstrem uma predisposição estabelecida em relação ao processamento de estímulos relacionados a ameaças. Essa hipervigilância aumentada em relação a sinais de possíveis ameaças resulta em um nível maior de detecção de ameaças, o que agrava os sentimentos de ansiedade, reforçando a hipervigilância. Isso conduz ao estabelecimento de um ciclo de ansiedade em que a expectativa e as predisposição resultam na procura e no encontro de informações confirmatórias.

Esse modelo foi desenvolvido para explicar a ansiedade em adultos, embora modelos recentes que integram cognições e temperamento tenham sido propostos para explicar a ansiedade em crianças (Lonigan et al., 2004). Esse modelo propõe que o alto efeito negativo esteja associado tanto a um funcionamento pré-atencional quanto à informação relativa a ameaças. Se a criança não está apta a exercer esforço suficiente para controlar essa predisposição atencional, ela selecionará informações relacionadas a ameaças.

As predisposição no processamento da informação em crianças foram investigadas por experimentos de laboratório usando os paradigmas de Stroop e *dot-probe*. Martin e colaboradores (1992) compararam o desempenho de crianças com medo específico de aranhas a outras que não tinham esse medo em uma tarefa Stroop. As crianças com fobia de aranhas em todas as idades (6 a 13 anos) demonstraram maior interferência de palavras relacionadas a aranhas do que palavras não relacionadas a aranhas. Uma predisposição similar foi encontrada por Taghavi e colaboradores (2003) quando compararam crianças com transtorno de ansiedade generalizada com um grupo-controle. O grupo da ansiedade demonstrou uma tendenciosidade da atenção para palavras relacionadas a ameaças e traumas, uma tendência que não foi significativa no grupo-controle.

Vasey e colaboradores (1995) compararam o desempenho de crianças entre 9 e 14 anos com transtornos de ansiedade com um grupo-controle não clínico em uma tarefa de utilização da atenção. Palavras de ameaça foram detectadas de forma significativamente mais rápida pelo grupo ansioso quando eram precedidas por palavras ameaçadoras em vez de neutras, sugerindo a presença de uma tendenciosidade da atenção. Esse achado foi replicado em um estudo posterior, comparando crianças com transtornos de ansiedade generalizada e um grupo-controle sem transtornos de ansiedade (Taghavi et al., 1999). As crianças ansiosas exibiram uma maior tendenciosidade da atenção em relação a estímulos negativos. Isso foi específico para informações relacionadas a ameaças, sem que fossem detectadas diferenças entre grupos nas informações relacionadas com a depressão.

Outras pesquisas foram equívocas e não apoiaram integralmente a premissa de que uma predisposição em relação a estímulos ligados ao medo seja específica de crianças ansiosas. Waters e colaboradores (2004) usaram uma tarefa *dot-probe* que empregou imagens relacionadas a medo, imagens neutras e imagens agradáveis para explorar a atenção em crianças clinicamente ansiosas e não clínicas. Ambos os grupos de crianças mostraram uma tendenciosidade da atenção em relação a estímulos de medo, embora não houvesse diferença entre os grupos. No entanto, comparadas com o grupo não clínico, as crianças ansiosas mostraram uma distorção da atenção global mais forte em relação a estímulos com figuras afetivas.

Embora os dados sejam limitados, estes achados sugerem que a atenção seletiva a sinais de ameaça aumentam a ansiedade, resultando em maior atenção a ameaças (Taghavi et al., 1999). A distorção relativa a ameaças pode, portanto, servir para manter a ansiedade (Puliafico e Kendall, 2006).

> As evidências são limitadas, mas sugerem que as crianças ansiosas têm uma atenção seletiva para estímulos relacionados a ameaças.

PERCEPÇÃO DE AMEAÇA

Uma fonte potencial de distorção cognitiva surge a partir do modo como a criança interpreta as situações e a sua percepção do grau de ameaça ou perigo que estas representam. Daleiden e Vasey (1997) levantam a questão sobre se as crianças ansiosas são hipervigilantes a sinais de ameaça potencial. A identificação de sinais de ameaça potencial confirma a suposição e crenças da criança de que a situação é perigosa, embora informações posteriores possam demonstrar que esse não é o caso.

Estudos na comunidade usando o paradigma de pesquisa de histórias sociais ambíguas encontraram apoio para a tendenciosidade da percepção de ameaça. Muris e colaboradores (2000) observaram que crianças com níveis mais altos de ansiedade social tinham maior probabilidade de interpretar uma história social curta como assustadora e faziam esse julgamento mais rapidamente do que as que tinham baixo nível de ansiedade social. Em estudo posterior, crianças que não tinham sido encaminhadas foram avaliadas através de questionários e uma entrevista diagnóstica estruturada (Muris et al., 2000). Mais uma vez, as crianças que satisfaziam os critérios para um transtorno de ansiedade ou com sintomas subclínicos significativos apresentaram uma frequência mais alta de percepção de ameaça e interpretações ameaçadoras, além de uma detecção precoce de ameaça.

Barrett e colaboradores (1996b) examinaram de que maneira crianças clinicamente ansiosas interpretavam situações hipotéticas ambíguas e as compararam a crianças com transtorno de oposição e um grupo-controle não clínico. Como exemplo, foi dito a elas que, quando chegaram, um grupo de crianças que estava brincando começou a rir. Foi pedido que indicassem o que achavam que estava acontecendo e o que elas fariam. Tanto as crianças clinicamente ansiosas quanto as opositoras tiveram mais probabilidade de interpretar as situações ambíguas como ameaçadoras (ou seja, estão rindo de mim). Contudo, embora isto sugira que a ansiedade em crianças esteja relacionada a interpretações de ameaça em situações ambíguas, isto não foi específico da ansiedade. As crianças do grupo de oposição também demonstraram esta tendência.

A tendenciosidade da interpretação também foi examinada por Bogels e Zigterman (2000), que compararam crianças com fobia social, transtorno de ansiedade de separação e transtorno de ansiedade generalizada com um grupo clínico (transtornos externalizantes) e um grupo-controle não clínico. Foi lida para as crianças uma série de nove histórias hipotéticas referentes a situações sociais (p. ex., conhecer os membros de um time esportivo), separação (p. ex., ficar separado de um dos pais enquanto faz compras) ou ansiedade generalizada (p. ex., lembrar-se de desligar o fogão). Foi pedido às crianças que imaginassem a situação e descrevessem o que elas pensariam se isto acontecesse a elas. As crianças classificaram como se sentiriam dentro de uma variedade de emoções e o quanto elas percebiam cada situação como perigosa, desagradável ou assustadora. Finalmente, foi-lhes pedido que classificassem o grau em que se sentiam capazes de lidar com a situação. As crianças ansiosas relataram cognições significativamente mais negativas do que as que tinham condições externalizantes, uma tendência que se aproximou da significância quando comparada com o grupo não clínico. As crianças ansiosas tenderam a julgar as situações como mais perigosas e se sentiram menos capazes de lidar com elas.

> As crianças ansiosas tendem a interpretar situações ambíguas como mais ameaçadoras e chegarão a esta conclusão mais rapidamente.

FREQUÊNCIA DAS COGNIÇÕES NEGATIVAS

O autodiálogo e, em particular, as cognições negativas foram consideradas importantes para o início e a manutenção dos transtornos de ansiedade na infância (Kendall e MacDonald, 1993). Foi sugerido que os índices mais altos de cognições negativas estão associados a transtornos de ansiedade e que a redução destes irá melhorar o funcionamento psicológico (Kendall, 1984). Isso foi descrito como a força do "pensamento não negativo" e se baseia nos achados de estudos anteriores nos quais o autodiálogo em contextos naturais que provocam ansiedade (p. ex., visita ao dentista) revelou estar significativamente relacionado ao nível de medo relatado (Prins, 1985). As pesquisas fornecem algum apoio a essa sugestão, embora os achados não sejam conclusivos e tenham sido questionados (Alfano et al., 2002).

Em um estudo na comunidade, Prins e Hanewald (1997) avaliaram as cognições de um grupo não clínico de crianças usando uma listagem de pensamentos e uma abordagem de autoafirmação durante e depois de um teste de matemática. As crianças avaliadas como tendo alta ansiedade relataram significativamente cognições autoavaliadoras mais negativas durante o teste em comparação a um grupo de baixa ansiedade, tanto na listagem de pensamentos quanto nas medidas de autoafirmações. Igualmente, Muris e colaboradores (2000) encontraram índices mais altos de autoafirmações negativas em crianças com níveis mais altos de ansiedade social do que naquelas com níveis mais baixos.

Estudos com crianças com transtornos clínicos também observaram uma associação entre a frequência das cognições negativas e a ansiedade. Kendall e Chansky (1991) usaram um procedimento de listagem de pensamentos no qual era pedido às crianças que verbalizassem seus pensamentos antes, durante e depois de tomarem parte em uma tarefa que provocava ansiedade (falar em público). Não houve diferenças no número global de pensamentos gerados pelas crianças que tinham um transtorno de ansiedade e o grupo clínico de comparação. Contudo, as crianças que eram clinicamente ansiosas relataram pensamentos antecipatórios mais negativos. Essa tendência era específica do período antecipatório, uma vez que, ao contrário das predições, não houve diferença entre os grupos durante a tarefa, quando aproximadamente 30% dos dois grupos relataram pensamentos negativos.

O índice comparativamente baixo de cognições negativas durante tarefas estressantes também foi relatado por Beidel (1991). Depois de se submeterem a um teste de vocabulário, ou a uma tarefa de leitura em voz alta, crianças com transtornos de ansiedade foram solicitadas a relatar suas cognições. Quantidades entre apenas 11 e 19% dos relatos das crianças mostraram alguma cognição negativa e não houve diferença na frequência entre o grupo ansioso e o não clínico. Igualmente, Alfano e colaboradores (2006) compararam a frequência de cognições negativas em crianças e adolescentes com fobia social e um grupo não clínico. Os autores observaram que apenas 20% dos adolescentes socialmente fóbicos relataram a presença de algum autodiálogo negativo. Assim, a vasta maioria (80%) das crianças e adolescentes socialmente ansiosos não relatou pensamentos negativos quanto ao próprio desempenho durante a tarefa de dramatização.

Por fim, em um estudo com crianças socialmente fóbicas, Spence e colaboradores (1999) observaram que, comparadas a um grupo não clínico, as crianças com fobia social relataram mais cognições negativas em uma tarefa de leitura. Embora esses achados coincidam com os de Muris e colaboradores (2000), é pequena a real diferença nos índices de autodiálogo negativo relatado pelas crianças ansiosas e as do grupo-controle. Alfano e colaboradores (2002) observam que em ambos estudos a diferença foi um pensamento. Assim, embora isso seja estatisticamente significativo, a importância e a relevância clínica são menos claras.

> Embora as crianças ansiosas relatem cognições mais negativas, a diferença é pequena e a significância clínica não está clara.
>
> A maioria das crianças ansiosas não relata cognições negativas durante tarefas estressantes, embora existam evidências de índices mais altos antes de realizarem uma tarefa.

FREQUÊNCIA DE COGNIÇÕES POSITIVAS

Uma hipótese alternativa examinada foi a associação entre as cognições positivas e a saúde psicológica, isto é, "a força do pensamento positivo". Foi levantada a hipótese de que as crianças com níveis elevados de ansiedade teriam índices mais baixos de autodiálogo positivo.

Isso foi examinado em diversos estudos, os quais, no entanto, não conseguiram encontrar de forma consistente apoio para essa relação presumida. Em grupos não clínicos, os índices de pensamentos positivos são similares entre as crianças com baixa e alta ansiedade (Prins e Hanewald, 1997). Com os grupos clínicos, Spence e colaboradores (1999) não conseguiram encontrar diferenças nos índices de cognições positivas entre o grupo de fobia social e o controle não clínico. Igualmente, não foram encontradas diferenças nas autoafirmações positivas entre as crianças com transtornos de ansiedade e grupos de comparação não clínica (Treadwell e Kendall, 1996) ou clínica (Bogels e Zigterman, 2000; Kendall e Chansky, 1991).

> Não existem evidências que sugiram que as crianças ansiosas relatem menos pensamentos positivos.

PROPORÇÃO DE COGNIÇÕES POSITIVAS E NEGATIVAS

Outro fator que foi explorado é a proporção entre os pensamentos positivos e negativos. Conhecido como a proporção dos estados da mente (na sigla em inglês, SOM – *states of mind*), esse modelo sugere que é necessário um equilíbrio entre pensamentos negativos e positivos para que haja saúde e ajustamento ótimos (Schwartz e Garamoni, 1986).

Comparativamente, poucas pesquisas foram realizadas explorando esse equilíbrio hipotético e a presença de ansiedade em transtornos nas crianças. Treadwell e Kendall (1996) encontraram resultados variados quando compararam as proporções dos SOM dos dois grupos de crianças com transtornos de ansiedade com um grupo não clínico. As proporções dos SOM dos dois grupos eram comparáveis. A proporção dos SOM das crianças com transtornos de ansiedade não se enquadravam nas categorias esperadas que sugeririam uma disfunção. Na verdade, as crianças ansiosas se enquadravam na categoria do diálogo positivo, o que se considera um equilíbrio ótimo entre pensamentos negativos e positivos para a adaptação psicológica.

> Não existem evidências que sugiram que a proporção entre cognições positivas e negativas esteja associada aos transtornos de ansiedade em crianças.

ESPECIFICIDADE COGNITIVA

Uma questão que recebeu atenção é até que ponto cognições específicas e distintas estão associadas à ansiedade. O modelo cognitivo proposto por Beck (1967, 1976) está fundamentado nos pressupostos de que as distorções cognitivas estão na base dos transtornos emocionais, e de que a natureza dessas cognições distorcidas se diferencia entre os transtornos emocionais específicos. Acredita-se que o conteúdo das crenças de ansiedade seja orientado para o futuro e esteja relacionado ao medo de dano e perigo físico ou psicológico. Clinicamente, a questão da especificidade cognitiva é importante, uma vez que pode informar o foco e o conteúdo da terapia. A terapia poderá ser mais efetiva se a intervenção estiver direcionada e focar os pensamentos específicos e as distorções associadas a um transtorno em vez de fornecer um pacote cognitivo mais geral.

Em um estudo com uma amostra de comunidade não encaminhada, Epkins (1996) classificou as crianças com base nos escores de autorrelato como alto ou baixo nível de ansiedade e com e sem disforia. Tanto os grupos de disforia quanto os de ansiedade social relataram mais autocognições negativas e distorções cognitivas do que o grupo-controle. Além disso, as distorções cognitivas de supergeneralização e personalização eram específicas da ansiedade social e não da disforia. Contudo, embora ambos os grupos tenham apresentado mais cognições depressivas do que o grupo-controle, não houve evidência para indicar que estas fossem específicas da disforia. Foi encontrado mais apoio à hipótese da especificidade da ansiedade em um estudo de comunidade com crianças não clínicas em Hong Kong (Leung e Poon, 2001). A relação prevista entre ansiedade e crenças que enfatizam o medo de dano físico ou psicológico foi apoiada. Também foi encontrado apoio à relação prevista entre agressão e crenças de injustiça, hostilidade e gratificação imediata. No entanto, as cognições presumidas de perda e fracasso não estavam, como seria o previsto, unicamente associadas à depressão.

Alguns poucos estudos compararam as cognições dos grupos clínicos com amostras não encaminhadas da comunidade. No primeiro, Epkins (2000) comparou as cognições de crianças encaminhadas à clínica com condições externalizantes, internalizantes e comórbidas com um grupo da comunidade. Os grupos internalizantes e comórbidos apresentaram significativamente mais distorções cognitivas e conteúdo de pensamento depressivo e ansioso do que o grupo externalizante e da comunidade. Schniering e Rapee (2002) fizeram uma comparação das cognições específicas de um grupo da comunidade e um grupo clínico misto com transtornos de ansiedade,

Ansiedade **51**

depressivo e disruptivo. No primeiro estudo, os autores encontraram diferenças significativas entre a frequência com que os grupos da comunidade e os de ansiedade e depressivos relataram pensamentos referentes a ameaça física, ameaça social e fracasso pessoal. Dentro do grupo clínico, as cognições relativas a ameaça física e social diferenciaram as crianças com transtorno desafiador de oposição daquelas ansiosas ou deprimidas, mas não houve diferença entre os grupos ansiosos e deprimidos. Em um estudo posterior, os autores relataram que os pensamentos de fracasso pessoal/perda eram o preditor mais forte de sintomas depressivos; pensamentos sobre ameaça social ou avaliação negativa são os preditores mais fortes de ansiedade, enquanto pensamentos sobre hostilidade/revanche eram os preditores mais fortes de agressão (Schniering e Rapee, 2004).

> O apoio para a especificidade do conteúdo das cognições não é consistente e, em particular, existe uma sobreposição entre as cognições de crianças ansiosas e deprimidas.
>
> Cognições relacionadas à ameaça psicológica ou física são mais prováveis de estarem associadas à ansiedade.

ESPECIFICIDADE DOS ERROS COGNITIVOS

Os pesquisadores investigaram a relação entre os erros cognitivos e transtornos emocionais específicos. Em particular, foram explorados os erros de pensamento de supergeneralização (isto é, atribuir um resultado negativo a outras situações atuais ou futuras), personalização (isto é, assumir responsabilidade pessoal por resultados negativos), catastrofizar (isto é, esperar o pior resultado possível) e abstração seletiva (isto é, focar seletivamente nos aspectos negativos dos eventos). Epkins (1996), por exemplo, levantou a hipótese de que a abstração seletiva, em que o foco é colocado em eventos ou características negativas da situação, pode estar mais associada à depressão do que à ansiedade. Igualmente, a personalização, e a ameaça associada e a vulnerabilidade por ela geradas, pode estar mais fortemente associada à ansiedade. Contudo, dada a sobreposição considerável entre ansiedade e depressão e as diferenças entre transtornos de ansiedade e sua manifestação, é questionável se os erros cognitivos seriam altamente específicos ou compartilhados.

Leitenberg e colaboradores (1986) descobriram que as crianças ansiosas relatavam supergeneralização, personalização, catastrofização e abstração seletiva com mais frequência do que aquelas não ansiosas. No entanto, esse grupo ansioso não diferiu, na frequência, dos relatos daqueles que tinham níveis elevados de sintomas autorrelatados de depressão e baixa autoestima. Não ficou claro, portanto, se esses erros cognitivos eram específicos dos problemas emocionais *per se* ou dos transtornos emocionais em particular. Igualmente, em uma amostra da comunidade,

Epkins (1996) descobriu que crianças com ansiedade social e sintomas depressivos relatavam mais erros cognitivos do que um grupo-controle não clínico. Além disso, as crianças socialmente ansiosas tendiam a apresentar mais distorções envolvendo supergeneralização e personalização. No entanto, embora as crianças com índice elevado de sintomas depressivos apresentassem mais abstração seletiva do que o grupo-controle, elas não diferiam significativamente do grupo ansioso. Por fim, em um estudo de comunidade, Leung e Poon (2001) observaram que a catastrofização estava associada tanto à ansiedade quanto à depressão, embora o foco específico da catastrofização fosse único para a condição. A catastrofização envolvendo ameaças estava relacionada à ansiedade, enquanto a que envolvia fracasso pessoal estava relacionada à depressão.

Embora esses estudos apoiem a associação entre os índices elevados de ansiedade e as distorções cognitivas, nenhum deles avaliou crianças com transtornos clínicos que preenchessem os critérios diagnósticos para transtornos de ansiedade e fobias. Essa questão foi abordada por Weems e colaboradores (2001), que avaliaram 251 crianças com transtornos de ansiedade encaminhadas a uma clínica especializada. Após o controle da depressão comórbida, as distorções cognitivas de supergeneralização, personalização e catastrofização eram comuns entre uma variedade de transtornos de ansiedade. Esses achados sugerem que, independente do transtorno de ansiedade específico, essas distorções podem ser importantes.

Finalmente, conforme mencionado, Epkins (2000) obteve relatos de crianças com transtornos internalizantes mostravam significativamente mais distorções de catastrofização, personalização, supergeneralização e abstração seletiva do que as com transtornos externalizantes. Esses achados fornecem apoio aos modelos cognitivos e às presumidas diferenças entre os transtornos internalizantes e externalizantes em termos de conteúdo e processamento cognitivo. Em termos de especificidade, o grupo internalizante incluía tanto crianças com ansiedade quanto com depressão. Não foi realizada uma comparação separada das distorções dentro de cada grupo e, portanto, não está claro se esses erros cognitivos eram específicos da ansiedade ou depressão.

Resultados como esses levaram alguns a concluir que, embora os transtornos emocionais estejam associados a distorções cognitivas particulares, há uma ausência de especificidade no conteúdo dessas cognições entre os transtornos discretos de ansiedade (Alfano et al., 2002). Epkins (2000) sugere que são necessários mais trabalhos para identificar quais cognições são especificamente *broad-band* (isto é, compartilhadas entre os transtornos internalizantes) e quais são especificamente *narrow-band* (isto é, restritas a transtornos de ansiedade específicos).

> Crianças com transtornos de ansiedade têm maior probabilidade de apresentar distorções cognitivas envolvendo supergeneralização, personalização e catastrofização. Não está claro se essas distorções são específicas dos transtornos de ansiedade ou se são generalizadas aos transtornos internalizantes.

TENDÊNCIAS DE *COPING*

Outro grupo de cognições que tem recebido atenção é o que está relacionado ao *coping*. Existe a hipótese de que as crianças ansiosas superestimam o perigo, bem como subestimam a sua habilidade de lidar com ele. Supõe-se que essa percepção de incapacidade de ter um desempenho bem-sucedido reforce e aumente as percepções posteriores de ameaça.

Bogels e Zigterman (2000) pediram a crianças que lhes foram encaminhadas com transtorno de ansiedade que classificassem como lidariam com várias situações hipotéticas. As crianças ansiosas tenderam a subestimar a sua competência e habilidade para enfrentar a ameaça de forma efetiva, em comparação a um grupo-controle clínico e outro grupo-controle não clínico. A percepção de autocompetência também foi avaliada por Spence e colaboradores (1999). As crianças diagnosticadas com fobia social foram solicitadas a realizar uma série de dramatizações, uma tarefa de leitura e completar uma variedade de medidas que avaliavam o autodiálogo, as expectativas de resultados e a autoavaliação. As comparações com um grupo não clínico pareado revelou que as crianças socialmente ansiosas tinham expectativas mais baixas quanto ao seu desempenho do que as crianças não ansiosas. Os autores também observaram que o desempenho das habilidades sociais das crianças com fobia social era menos competente do que o dos seus pares não ansiosos, sugerindo que o treinamento das habilidades sociais pode vir a ser uma intervenção apropriada. Esses resultados são consistentes com os de Alfano e colaboradores (2006), que demonstraram que crianças socialmente ansiosas tinham expectativas mais baixas quanto ao seu desempenho e também avaliaram o seu desempenho real como mais baixo em uma tarefa de interação social do que um grupo-controle. Nesse estudo, o desempenho das crianças foi avaliado também de forma independente por observadores cegos, que confirmaram que as crianças socialmente fóbicas tinham menos habilidades.

No entanto, a pesquisa não é consistente, uma vez que resultados diferentes foram relatados por Cartwright-Hatton e colaboradores (2005). Embora as crianças socialmente ansiosas tenham avaliado suas habilidades sociais como mais baixas do que as crianças socialmente menos ansiosas, observadores independentes não conseguiram distinguir entre os dois grupos. Isso levou os autores a sugerirem que as crianças extremamente ansiosas podem pensar em si mesmas como nervosas em vez de na verdade constatarem que não possuem as habilidades necessárias.

Por fim, foram estudadas as soluções escolhidas pelas crianças em resposta a situações ambíguas. Barrett e colaboradores (1996b) comprovaram que crianças ansiosas tinham maior probabilidade de escolher formas esquivas de lidar com os problemas potenciais, enquanto as crianças com oposição escolhem soluções agressivas. Essa tendência aumentou significativamente após uma discussão familiar, sugerindo que os pais podem reforçar e encorajar a esquiva em crianças ansiosas.

> As crianças ansiosas tendem a perceber a si mesmas como menos capazes de lidar com situações potencialmente ameaçadoras e a acreditar que são menos competentes.

PERCEPÇÃO DE CONTROLE

Barlow (2002) sugere que a percepção de uma falta de controle sobre eventos que induzem ao medo ou a reações corporais internas está na base do desenvolvimento dos transtornos de ansiedade. É a crença de que os eventos e situações relacionados à ansiedade sejam incontroláveis o que cria o sofrimento. Weems e colaboradores (2003) examinaram o papel das crenças de controle em transtornos de ansiedade, comparando crianças com transtorno de ansiedade de separação, fobia específica, fobia social ou transtorno de ansiedade generalizada com um grupo de comparação não encaminhado. As crianças responderam a uma série de perguntas para avaliar a própria percepção de controle sobre reações emocionais e corporais internas associadas à ansiedade (p. ex.: "Eu consigo dar conta e controlar meus sentimentos") e ameaças externas (p. ex.: "Eu geralmente consigo lidar com problemas difíceis"). Crianças com transtornos de ansiedade relataram uma percepção de controle mais baixo quanto a eventos externos relacionados à ansiedade e suas reações internas a esta do que o grupo de comparação. Esses achados são preliminares e precisam ser replicados, mas poderão ter implicações importantes para a terapia.

> O papel da percepção do controle no desenvolvimento e na manutenção da ansiedade em crianças requer ainda mais exploração.

CONCLUSÃO

As pesquisas que detalham a associação entre cognições, erros cognitivos e transtornos de ansiedade específicos em crianças são limitadas e os achados não são consistentes. Weems e Stickle (2005, p. 118) concluem que "inúmeros estudos mostraram que esses processos cognitivos estão associados à ansiedade e diferenciam os jovens com transtornos de ansiedade dos jovens não ansiosos". Outros são mais cautelosos e destacam as dificuldades metodológicas e conceituais que contribuíram para os achados inconsistentes e divergentes, resultando em uma literatura difícil de ser interpretada (Alfano et al., 2002).

Embora não esteja claro se distorções cognitivas particulares são específicas dos transtornos de ansiedade, é evidente que elas são observadas com frequência em crianças ansiosas. No entanto, é interessante observar que cognições específicas, predisposições da atenção e erros cognitivos que foram associados aos transtornos de ansiedade nem sempre são visados especificamente durante as intervenções. Conforme observado por Schniering e Rapee (2002, p. 1107), "o tratamento com adultos pode ser mais efetivo em um período de tempo mais curto, quando a intervenção visa os pensamentos automáticos e as distorções cognitivas especificamente associadas a um determinado transtorno, em comparação com a terapia cognitiva *standard*, que se direciona para uma condição mais geral". Se isso também poderia ser aplicado às crianças, não está claro. Alfano e colaboradores (2002, p. 1224) observam que a mudança nos sintomas cognitivos pode ser alcançada sem visar diretamente as cognições, e sugerem que "visar diretamente as cognições não é o fator crítico na mudança dos sintomas cognitivos das crianças". De fato, os autores observam que métodos cognitivos comumente utilizados, como aumentar as autoafirmações de enfrentamento, podem não ser facilitadores da tarefa uma vez que resultam em mudanças significativas na ansiedade. Alfano e colaboradores (2002) concluem, portanto, que são necessários mais trabalhos para comparar os efeitos dos componentes comportamentais e cognitivos de tratamento sobre as cognições e processos associados à ansiedade.

Outra questão que recebeu comparativamente pouca atenção é a das variações desenvolvimentais nas cognições associadas aos transtornos de ansiedade. O desenvolvimento cognitivo infantil pode ter como consequência o fato de que as crianças menores tenham habilidades metacognitivas menos desenvolvidas. Essa sugestão é consistente com os achados de Weems e colaboradores (2001), que observaram que os erros cognitivos de catastrofização e personalização estavam mais fortemente associados à ansiedade em adolescentes do que em crianças menores. Igualmente, Alfano e colaboradores (2006) descobriram que os autopensamentos negativos referentes ao desempenho estavam evidentes apenas em adolescentes com fobia social, não em crianças mais novas (ou seja, entre 7 e 11 anos).

Mais pesquisas são necessárias para documentar as variações desenvolvimentais no conteúdo e processamento cognitivo e para investigar associações específicas com transtornos de ansiedade em crianças menores e adolescentes. Isso ajudará a determinar a natureza e extensão das cognições e processos disfuncionais relativos aos transtornos de ansiedade, os quais, por sua vez, informariam o foco cognitivo da intervenção.

> Mais pesquisas são necessárias para determinar se as intervenções com crianças e adolescentes podem ser melhoradas visando-se especificamente as cognições associadas à ansiedade.

4

Comportamento Parental e Ansiedade na Infância

O papel da família no início dos sintomas e na manutenção dos transtornos de ansiedade na infância já foi objeto de muita atenção (veja as revisões de Bogels e Brechman-Toussaint, 2006; Creswell e Cartwright-Hatton, 2007; Wood et al., 2003). A pesquisa acumulada destacou uma série de questões complexas e sugere que a família pode ser um fator de risco e um fator protetor. Em termos de risco, existe uma transmissão genética de características de temperamento, como a inibição no comportamento, que aumenta a probabilidade de uma criança desenvolver um transtorno de ansiedade. Igualmente, a associação entre transtornos de ansiedade da criança e dos pais já foi bem documentada em estudos que examinam filhos de pais ansiosos e pais de filhos ansiosos (Last et al., 1987, 1991; Turner et al., 1987). Embora essa pesquisa destaque a importância dos fatores genéticos, também é evidente que nem todas as crianças com predisposição hereditária desenvolvem um transtorno de ansiedade. Na verdade, Eley e Gregory (2004) sugerem que a genética responde por aproximadamente um terço da variância e, dessa forma, os fatores ambientais parecem ser de igual ou maior importância. Portanto, as influências ambientais compartilhadas têm uma contribuição significativa para o desenvolvimento dos transtornos de ansiedade em crianças, e uma área que tem recebido atenção considerável é a da influência dos pais.

Rapee (2001) descreve um modelo teórico no qual propõe que crianças com uma vulnerabilidade genética para ansiedade têm probabilidade de exibir níveis elevados de excitação e emotividade. Os pais respondem a esse comportamento com um envolvimento e proteção aumentados para minimizar ou prevenir o sofrimento do filho. Por sua vez, o envolvimento e proteção excessivos servem para aumentar a percepção de ameaça da criança, reduzir seu senso de controle pessoal das situações ameaçadoras e aumentar a utilização de estratégias de esquiva. Assim, os pais que protegem seus filhos de experiências estressantes ou que assumem o controle em situações estressantes estão implicitamente ensinando seus filhos que o mundo é um lugar perigoso e que eles não são capazes de lidar sozinhos com isso. Diante dessas influências potencialmente importantes, o papel do controle excessivo, negatividade, modelagem, manejo e cognições parentais no desenvolvimento e na manutenção dos transtornos de ansiedade na criança será descrito resumidamente a seguir.

EXCESSO DE CONTROLE DOS PAIS

Controle excessivo é o grau com que os pais se intrometem na vida do seu filho e regulam seu comportamento e atividades. A intrusão parental serve para limitar as oportunidades da criança de dominar os problemas desafiadores e prejudica a sua autoeficácia (Wood et al., 2006). Assim, quando confrontadas com situações novas, as crianças ansiosas podem ter expectativas mais baixas sobre a sua capacidade de lidar com a dificuldade de forma independente e ficar em segurança e, dessa forma, acabam por experienciar ansiedade. Aprender a lidar com situações novas é uma tarefa comum e importante do desenvolvimento durante a infância. Dessa forma, uma história de aprendizado limitada ou mal-sucedida pode aumentar a ansiedade antecipatória.

Atualmente, existem evidências consideráveis detalhando a relação entre o envolvimento parental excessivo, controle excessivo e ansiedade na infância (Rapee, 1997; Wood et al., 2003). Por exemplo, Krohne e Hock (1991) observam que as mães de meninas com ansiedade elevada foram mais controladoras do que as das meninas com baixo nível de ansiedade em uma tarefa cognitiva. No que se refere a crianças clinicamente ansiosas, Hudson e Rapee (2001, 2002) observaram pais e filhos trabalhando juntos em uma tarefa de resolução de problemas. Os autores notaram que as mães das crianças com transtornos de ansiedade significativos eram mais intrusivas e mais envolvidas do que as mães de um grupo de comparação não clínico. O achado de que as mães de crianças clinicamente ansiosas concedem menos autonomia do que as mães de crianças não clínicas foi replicado em outros estudos observacionais (Mills e Rubin, 1998; Whaley et al., 1999).

Esses estudos sugerem que um estilo parental de envolvimento excessivo está associado à ansiedade, embora isso possa não ser específico dos transtornos de ansiedade. O controle parental também foi encontrado em pais de crianças com transtornos de oposição (Hudson e Rapee, 2001). O envolvimento excessivo dos pais pode não ser necessariamente um fator causal no desenvolvimento de transtornos de ansiedade, mas pode, no entanto, ser um fator de manutenção importante. Embora existam evidências que apoiem essa possibilidade, Bogels e Brechman-Toussaint (2006) observam que a relação entre controle excessivo e ansiedade pode não ser linear. O pouco controle parental, em que o filho recebe autonomia demais antes de estar preparado, também pode contribuir para o desenvolvimento de ansiedade.

> Existem evidências que enfatizam a relação entre controle parental excessivo e ansiedade na infância. Contudo, não está claro se isso é específico dos transtornos de ansiedade.

NEGATIVIDADE DOS PAIS

A negatividade parental é conceitualizada como crítica excessiva ou rejeição e ausência de acolhimento emocional. Um ambiente negativo e crítico pode resultar, para a criança, no desenvolvimento de cognições de que seu mundo é hostil e, através destas, aumentar sua sensibilidade a aspectos potencialmente ameaçadores da sua vida.

Estudos observacionais identificaram uma relação entre a negatividade dos pais e ansiedade na infância. Hudson e Rapee (2001) descobriram que as mães de crianças ansiosas eram mais negativas durante uma discussão com seu filho. No entanto, os resultados nem sempre são consistentes. Whaley e colaboradores (1999), por exemplo, observaram mães ansiosas conversando com seus filhos sobre uma situação que provoca ansiedade. As mães ansiosas de crianças ansiosas foram avaliadas como significativamente menos acolhedoras e positivas e mais críticas do que as mães não ansiosas de crianças não ansiosas. Entretanto, as mães ansiosas de crianças sem transtornos também apresentaram essa tendência. Igualmente, Siqueland e colaboradores (1996) não encontraram diferenças no acolhimento materno das mães ansiosas e crianças não ansiosas.

Concluindo, existem menos evidências consistentes para sugerir que a negatividade parental esteja associada especificamente à ansiedade na infância (Wood et al., 2003). Os resultados são variáveis e podem sugerir que a ansiedade da mãe *per se* é um fator importante que pode justificar o acolhimento e positividade materna reduzidos.

> A natureza da relação entre negatividade parental e ansiedade na infância está menos clara. A ansiedade dos pais pode desempenhar um papel importante na moderação ou explicação da relação entre negatividade parental e ansiedade do filho.

MODELAGEM PARENTAL

Outra forma pela qual os pais podem contribuir para o desenvolvimento da ansiedade do seu filho é através da modelagem do comportamento ansioso. Esse fator pode ser particularmente relevante quando o genitor tem um transtorno de ansiedade e verbaliza seus medos e modela reações ansiosas e de esquiva. A pesquisa é limitada, embora estudos observacionais recentes tenham mostrado que mães ansiosas tendem a catastrofizar, focar-se nos resultados negativos e a transmitir um sentimento de falta de controle (Moore et al., 2004). Igualmente, Whaley e colaboradores (1999) afirmam que mães ansiosas de filhos clinicamente ansiosos tinham mais probabilidade de discutir problemas de acordo com modos que enfatizavam uma ausência de controle e capacidade para lidar com a situação de forma efetiva. Mães ansiosas podem, portanto, sinalizar expectativas de que o filho não conseguirá lidar com as situações e, através da repetida verbalização das suas expectativas negativas, poderão modelar e reforçar um comportamento ansioso e o fracasso.

> Evidências limitadas sugerem que a modelagem parental do comportamento ansioso pode contribuir para o desenvolvimento e/ou manutenção da ansiedade em crianças.

REFORÇO PARENTAL DO COMPORTAMENTO DE ESQUIVA

Além de modelar o comportamento ansioso, os pais também podem reforçar a esquiva em seus filhos. Barrett e colaboradores (1996b) perguntaram a crianças como elas responderiam a um conjunto de situações ambíguas, antes e depois de uma pequena discussão em família. Um número significativo de crianças ansiosas mudou a sua resposta após conversar com seus pais, de respostas pró-sociais para respostas mais esquivas. A análise posterior revelou que os pais apoiaram e reforçaram as sugestões de esquiva dos seus filhos (Dadds et al., 1996). Um estudo posterior replicou esses achados e observou que os níveis mais elevados de sofrimento parental também estavam associados a um aumento na esquiva após uma discussão em família (Shortt et al., 2001). Devido ao incentivo parental da esquiva, pode-se ter como hipótese que os filhos terão menos oportunidades de aprender formas mais adaptativas de lidar com situações que provoquem medo e de desenvolverem uma história de aprendizagem positiva. Shortt e colaboradores (2001) sugerem que esses achados indicam a necessidade de se auxiliar os pais a superar seus próprios problemas de modo que sejam capazes de ajudar seus filhos a se aproximar de situações que provocam ansiedade.

> Os pais são propensos a incentivar respostas de esquiva nos seus filhos ansiosos.

CRENÇAS E COGNIÇÕES PARENTAIS

As crenças e cognições parentais afetarão o engajamento dos filhos e pais na terapia e poderão afetar as estratégias parentais que eles escolhem (Bogels e Brechman-Toussaint, 2006; Siqueland e Diamond, 1998). Mills e Rubin (1990, 1992, 1993) destacam como as mães de filhos ansiosos têm mais probabilidade de atribuir o retraimento social a uma predisposição e acreditar que esse é um comportamento difícil de mudar. Kortlander e colaboradores (1997) avaliaram as expectativas maternas sobre a capacidade do seu filho para lidar com uma tarefa estressante. Comparadas às mães de crianças não ansiosas, as mães do grupo clinicamente ansioso esperavam que seus filhos ficassem mais aflitos, fossem menos capazes de lidar com as dificuldades e tinham menos confiança na habilidade deles para desempenhar a tarefa.

As crenças sobre o grau de controle que os pais afirmam poder exercer nas situações durante a criação dos filhos é um importante determinante do seu comportamento de paternagem. Embora potencialmente importante, a extensão por meio da qual as cognições parentais fazem a mediação da mudança no comportamento parental e/ou na ansiedade do filho ainda não foi esclarecida. Entretanto, Bogels e Brechman-Toussaint (2006, p. 849) concluem que "existem evidências provisórias que sugerem que as crenças e atribuições que os pais fazem ao comportamento ansioso dos filhos, juntamente às suas percepções de controle pessoal, contribuem indiretamente para o desenvolvimento e manutenção da ansiedade infantil, aumentando a probabilidade de comportamentos parentais de controle excessivo ou fracasso em responder às respostas ansiosas dos filhos. Por sua vez, essas respostas parentais podem exacerbar ou pelo menos manter a ansiedade da criança, ao causarem impacto na sua autoeficácia pessoal".

> Embora as evidências sejam limitadas, as cognições e crenças parentais podem influenciar os comportamentos parentais, os quais contribuem para, ou mantêm, a ansiedade nos seus filhos.

O PAPEL DOS PAIS NO TRATAMENTO

O acúmulo de evidências que enfatizam a associação entre o comportamento parental e a ansiedade na infância levou alguns a observarem que as intervenções que não tentam modificar o comportamento dos pais provavelmente não seriam efetivas (Spence et al., 2000). De fato, considerando-se a forte associação entre a ansiedade do filho e ansiedade parental, pareceria importante incluir um componente de tratamento que abordasse e se voltasse especificamente para a ansiedade dos pais. Contudo, embora o envolvimento dos pais na TCC focada na criança pareça ter alguma consistência teórica e pragmática, o papel deles e a extensão do seu envolvimento varia consideravelmente. Os pais já foram envolvidos na TCC do filho com vários papéis, incluindo o de facilitador, coterapeuta ou eles mesmos como clientes (Stallard, 2002). O foco e a ênfase da intervenção variam desde o trabalho com base nos problemas do filho até sessões adicionais com os pais para ensiná-los novas habilidades, a fim de manejarem seus próprios problemas de saúde mental. Igualmente, houve variações no equilíbrio entre, e a forma pela qual, o trabalho dos pais e da família é conduzido e sequenciado.

O facilitador: psicoeducação

O papel mais limitado é o de facilitador, em que os pais recebem algum grau de educação sobre as justificativas subjacentes e o conteúdo da intervenção. Tipicamente, isso envolve duas ou três sessões paralelas durante as quais são explicadas as justificativas para o uso da TCC, e são dadas informações sobre as técnicas e estratégias que serão ensinadas à criança enquanto for executado o programa. O envolvimento dos pais dessa maneira aumenta a consciência deles e o seu comprometimento com o programa de tratamento. Os pais recebem as informações necessárias para ativamente facilitarem e incentivarem seu filho a usar as habilidades fora das sessões clínicas. O enfrentamento das dificuldades com coragem e de forma ativa pode ser estimulado e reforçado, e o envolvimento dos pais pode aumentar a probabilidade de uma continuação das mudanças, mesmo depois que a intervenção for encerrada.

O envolvimento parental é limitado e a criança permanece como o foco central da intervenção. O programa é, portanto, planejado para abordar os problemas da criança, e os comportamentos e cognições parentais importantes que possam ter contribuído para o início e desenvolvimento da sua ansiedade não são abordados diretamente. Esse modelo de envolvimento parental está exemplificado no programa *Coping Cat* (Kendall, 1994). O programa de 16 semanas é executado com a criança, sendo que a participação dos pais consiste de duas sessões separadas enfocando a psicoeducação.

O coterapeuta: desenvolve e apoia a aquisição de novas habilidades por parte da criança

Uma variante mais ampla do facilitador é a do coterapeuta. A ansiedade da criança continua a ser o foco primário da intervenção, que é concebida para ajudá-la a desenvolver as habilidades necessárias para superar com sucesso as suas dificuldades. No entanto, os pais estão envolvidos mais ativamente e participam da maioria ou de todas as sessões do tratamento, seja com seu filho ou em paralelo. Eles estão, assim, cientes do conteúdo específico de cada sessão e são incentivados a monitorar, estimular e reforçar o uso que seu filho faz das habilidades de enfrentamento fora das sessões do tratamento. Mendlowitz e colaboradores (1999) e Toren e colaboradores (2000) descrevem intervenções conjuntas pais/filhos para crianças com transtornos de ansiedade que incluem esse papel. Quanto ao facilitador, o comportamento/problemas dos pais não é abordado diretamente. O papel dos pais é apoiar a intervenção na redução do sofrimento psicológico do seu filho. A modificação dos comportamentos e cognições dos pais, que podem ter contribuído para o início e manutenção dos problemas da criança, não são abordadas diretamente.

Os pais como coclientes: abordagem do comportamento do filho e dos pais

Os programas que envolvem os pais como coclientes abordam diretamente os comportamentos parentais os quais se acredita contribuírem para o desenvolvimento e manutenção da ansiedade do seu filho. Enquanto a criança recebe a TCC para abordar os seus problemas, os pais/família adquirem novas habilidades para tratar de dificuldades familiares ou pessoais importantes. Cobham e colaboradores (1998), por exemplo, descrevem um programa em que crianças com transtornos de ansiedade recebem dez sessões e os pais recebem quatro sessões separadas. As sessões dos pais exploram o seu papel no desenvolvimento e na manutenção dos problemas do seu filho, como manejar a sua própria ansiedade e modelar estratégias apropriadas de manejo da ansiedade. Igualmente, o programa Family Anxiety Management (Manejo da Ansiedade Familiar), descrito por Barrett e colaboradores (1996a), treinou pais no manejo de contingências, solução de problemas e habilidades de comunicação e como se conscientizar do seu próprio comportamento de ansiedade. Isso se soma às sessões focadas na criança, que as ensina a identificar e manejar as suas cognições que aumentam a ansiedade e as respostas emocionais.

> O papel e os objetivos dos pais em programas para crianças com transtornos de ansiedade mudaram:
> - Os pais têm sido envolvidos como facilitadores ou coterapeutas para apoiar e encorajar a aquisição e uso de novas habilidades pelo seu filho.
> - Os pais têm sido envolvidos como coclientes para abordar problemas da sua própria ansiedade ou para aprenderem novas habilidades para manejo do comportamento.

MODELO DE MUDANÇA

A falta de clareza sobre o objetivo primário dos pais nos programas de TCC resultou no fato de que os pais foram envolvidos nas sessões de tratamento de diferentes formas. Os pais participaram de sessões de tratamento paralelas, geralmente separados do seu filho (Heyne et al., 2002). Em uma variação, no estudo de Spence e colaboradores (2002), o envolvimento parental consistiu dos pais observarem as sessões do filho através de uma tela. Nesses programas, pais e filhos trabalham o mesmo material, mas não participam de nenhuma sessão de tratamento juntos na mesma sala. Em outros programas, as sessões são dedicadas ao trabalho conjunto de pais e filhos (Barrett, 1998; Barrett et al., 1996a; Cobham et al., 1998).

O modelo teórico que detalha o processo pelo qual o envolvimento dos pais modifica o comportamento da criança e sua aquisição de habilidades raramente tem sido descrito. Barrett (1998) descreve como o clínico se une a pais e filhos durante as sessões conjuntas para formar um "time de especialistas". Isso requer o compartilhamento aberto de informações e a capacitação de pais e filhos através dos seus pontos fortes existentes, com o objetivo de resolver e tratar os problemas. Ginsburg e colaboradores (1995) descrevem um processo de transferência em que os conhecimentos e habilidades do clínico especializado são transferidos para os pais e para o filho. Por sua vez, isso informa o sequenciamento das sessões de tratamento com o objetivo de maximizar o sucesso da aplicação das habilidades. Assim, pais e filhos aprendem habilidades juntos, embora os pais sejam incentivados a ser os primeiros a implementar as habilidades. Depois de adquirido o domínio, o uso que os pais fazem das estratégias para redução da ansiedade encerra uma etapa e a criança é incentivada a usar estratégias de autocontrole.

> O processo pelo qual os pais facilitam a mudança ainda precisa ser esclarecido. É ele que irá informar se pais e filhos serão atendidos juntos ou separadamente.

O ENVOLVIMENTO DOS PAIS MELHORA A EFICÁCIA?

Dadas as diferentes formas pelas quais os pais podem ser envolvidos em uma TCC focada na criança, a questão-chave é se o envolvimento parental melhora a eficácia e, em caso positivo, qual é o melhor modelo de envolvimento. Essa questão é de suma importância para os clínicos no planejamento das intervenções e, no entanto, surpreendentemente, tem recebido pouca atenção. Os estudos que investigaram essa questão são resumidos a seguir.

Spence e colaboradores (2000)

Cinquenta crianças entre 7 e 14 anos com fobia social foram randomizadas para 12 sessões de TCC focada na criança, TCC envolvendo os pais ou um controle de lista de espera. Comparadas com o grupo-controle da lista de espera, as crianças de ambos os grupos de TCC apresentaram reduções significativas na ansiedade social e geral e um aumento significativo nas avaliações parentais de desempenho de habilidades sociais. Embora no pós-tratamento menos crianças no grupo com envolvimento dos pais tenham mantido o seu diagnóstico inicial (12,5%), em comparação com a TCC apenas para a criança (42%), esse achado não foi estatisticamente significativo. Igualmente, não houve diferenças significativas entre TCC com e sem envolvimento parental em qualquer medida, levando os autores a concluírem que "a participação parental no programa não teve um acréscimo significativo para a eficácia do tratamento apenas com a criança" (p. 724).

Heyne e colaboradores (2002)

A TCC apenas com a criança foi comparada a (1) treinamento pais/professores e (2) TCC com a criança mais treinamento criança/pais no tratamento de 61 crianças com recusa escolar entre 7 e 14 anos. Ocorreram mudanças estatística e clinicamente significativas em cada grupo, embora a TCC com a criança tenha sido a menos efetiva no aumento da frequência à escola. Na época do *follow-up* (em média 4,5 meses), não houve diferenças significativas entre os grupos de tratamento em qualquer medida. A participação e adaptação no grupo de TCC só para a criança foram similares às dos outros grupos. Heyne e colaboradores concluem que, "contrário às expectativas, a terapia combinada da criança com o treinamento dos pais/professores não produziu resultados melhores no pós-tratamento ou no *follow-up*" (p. 687).

Cobham e colaboradores (1998)

Sessenta e sete crianças entre 7 e 14 anos com transtornos de ansiedade foram randomizadas de acordo com o nível de ansiedade parental para TCC focada na criança ou TCC focada na criança mais o manejo da ansiedade dos pais. No pós-tratamento, aos 6 e 12 meses de *follow-up*, não houve diferenças estatisticamente significativas no número de crianças que satisfizeram os critérios diagnósticos, avaliações clínicas de melhora ou medidas de autorrelato da criança em qualquer um dos grupos. A ansiedade parental foi, entretanto, um fator importante. Quando pai e filho eram ansiosos, a TCC com envolvimento parental resultou em índices significativamente mais baixos de ansiedade diagnosticada na criança no pós-tratamento (39% *versus* 77%). Embora ainda fossem evidentes, essas diferenças se reduziram em 6 meses (44% *versus* 71%) e 12 meses (59% *versus* 71%) e já não eram mais significativas. Isso levou os autores a concluírem que "o fornecimento do componente adicional [envolvimento dos pais] não acrescentou nada à eficácia da TCC para a criança quando nenhum dos pais relatou níveis elevados do traço de ansiedade" (p. 903).

Mendlowitz e colaboradores (1999)

Sessenta e dois pais e filhos (entre 7 e 12 anos) com transtornos de ansiedade foram randomizados para uma intervenção de TCC de 12 semanas apenas com a criança, apenas com os pais ou com a criança e os pais. No pós-tratamento, todos os grupos demonstraram decréscimos no autorrelato de ansiedade e sintomas de depressão. Os pais do grupo de TCC que combinava filho e pais avaliaram seu filho como melhor; as crianças, por sua vez, relataram um uso maior de estratégias ativas para lidar com as dificuldades. Os autores concluíram que "o envolvimento paralelo dos pais aumentou o efeito das estratégias de enfrentamento" (p. 1223).

Barrett (1998)

Sessenta crianças entre 7 e 14 anos com transtornos de ansiedade foram randomizadas para 12 sessões de TCC em grupo focadas na criança, TCC em grupo mais manejo familiar ou um grupo-controle de lista de espera. As crianças dos dois grupos de intervenção melhoraram, em comparação ao controle da lista de espera. O envolvimento parental não teve nenhum efeito significativo sobre o *status* diagnóstico no pós-tratamento ou no *follow-up* de 12 meses. Contudo, o envolvimento parental resultou em mudanças significativamente maiores nas escalas de avaliação preenchidas pelo clínico, relatos dos pais e relatos de ansiedade da criança. Barrett concluiu que "a condição de grupo com o acréscimo do componente de treinamento familiar apresentou uma melhora pouco importante em uma série de medidas, em comparação com o tratamento de intervenção grupal cognitivo-comportamental" (p. 466).

Barrett e colaboradores (1996a, 2001)

Esses estudos relatam o *follow-up* aos 12 meses e outro de seis anos de crianças encaminhadas para TCC infantil, TCC mais manejo da família ou para uma condição de lista de espera. O estudo inicial envolvia 79 crianças entre 7 e 14 anos. No pós-tratamento, significativamente menos crianças nos grupos de intervenção preencheram os critérios diagnósticos, sendo que o envolvimento parental foi superior na TCC apenas com a criança (84% *versus* 57,1%), uma diferença que continuou a ser significativa aos 12 meses (95,6% *versus* 70,3%). Igualmente, TCC e manejo da família se mostraram superiores à TCC apenas com a criança no pós-tratamento e *follow-up* nas avaliações clínicas de mudança, autorrelato e medidas preenchidos pelos pais.

Foi realizada uma avaliação de longo prazo desse grupo e 52 crianças foram reavaliadas seis anos depois de concluírem o programa. Os ganhos estavam mantidos, com 85,7% não satisfazendo mais os critérios diagnósticos, embora o envolvimento parental não tenha melhorado o resultado. Não houve diferenças significativas entre os grupos em nenhuma medida. Os autores resumem que "contrariamente às predições, a condição TCC + FAM [envolvimento parental] não pareceu ser mais efetiva do que apenas a TCC" (p. 139).

Bernstein e colaboradores (2005)

Nesse estudo, 61 crianças entre 7 e 11 anos foram encaminhadas a um grupo de TCC, TCC em grupo mais treinamento parental simultâneo ou um controle de lista de espera. Dessas crianças, 46 satisfizeram os critérios do DSM-IV para transtorno de ansiedade de separação, transtorno de ansiedade generalizada e/ou fobia social. A intervenção de TCC focada na criança foi o programa FRIENDS, uma adaptação de nove sessões do programa *Coping Koala*. As crianças que receberam uma variante da TCC demonstraram melhoras significativas no pós-tratamento por meio de medidas avaliadas pela criança, pais e clínico, comparadas com a lista de espera. Entre as duas formas de TCC, os resultados foram variados. No grupo de TCC mais treinamento dos pais, a porcentagem de crianças que satisfaziam os critérios diagnósticos reduziu de 80 para 33% após o tratamento, resultado similar ao grupo de crianças encaminhadas apenas à TCC (de 82 para 29%). Os pais que receberam treinamento parental apresentaram mais melhoras em algumas medidas do que aqueles que não estavam envolvidos na intervenção.

Nauta e colaboradores (2001)

Nesse estudo-piloto, Nauta e colaboradores (2001) não encontraram benefícios adicionais por meio do acréscimo de um programa de treinamento parental com orientação cognitiva para TCC focada na criança. Dezoito crianças entre 8 e 15 anos foram designadas para 12 sessões de TCC focada na criança ou TCC focada na criança com treinamento cognitivo dos pais. A intervenção de TCC focada na criança foi uma adaptação de 12 sessões do programa *Coping Cat*. O treinamento cognitivo parental adicional envolveu sete sessões, nas quais foram abordados os pensamentos e sentimentos dos pais em relação ao seu filho. Foram descritas situações difíceis, acompanhando os sentimentos e pensamentos despertados e sendo detalhadas as consequências destes. Os pais foram ensinados a enfrentar seus pensamentos disfuncionais e encorajados a realizar uma série de experimentos comportamentais. No *follow-up* de três meses, 88% daqueles que receberam apenas TCC focada na criança não mais preenchiam os critérios diagnósticos para um transtorno de ansiedade, comparados aos 71% que também receberam treinamento cognitivo parental. Igualmente, não foram observados efeitos adicionais do envolvimento dos pais no pós-tratamento ou *follow-up* nos questionários preenchidos pelas crianças ou pelos pais.

Nauta e colaboradores (2003)

O papel dos pais foi investigado mais integralmente nesse estudo posterior envolvendo 79 crianças entre 7 e 18 anos que preenchiam os critérios diagnósticos para ansiedade de separação, fobia social, transtorno de ansiedade generalizada ou pânico. As crianças foram designadas para os grupos descritos acima, a saber, apenas TCC, TCC mais treinamento cognitivo parental ou grupo de lista de espera.

Segundo o *status* diagnóstico e os relatos dos pais, as crianças, nas duas intervenções ativas, tiveram ganhos significativos em relação ao grupo da lista de espera. Após a intervenção, 54% das crianças não satisfaziam o diagnóstico de ansiedade, comparadas a 10% no grupo da lista de espera. Contudo, não houve diferenças nas avaliações diagnósticas entre TCC com e sem envolvimento parental no pós-tratamento (59% *versus* 54%) e no *follow-up* de três meses (69% *versus* 68%). Igualmente, a adição do componente parental não resultou em diferenças significativas nas medidas relatadas pela criança ou pelos pais. Os autores concluem que o envolvimento dos pais não aumentou os efeitos da TCC, mas observam que mudanças potencialmente importantes nas cognições parentais não foram avaliadas.

Wood e colaboradores (2006)

Esse estudo comparou um programa de TCC focado na família (o programa *Building Confidence*) com a TCC tradicional focada na criança baseada na intervenção *Coping Cat*, de Kendall. Quarenta crianças entre 6 e 13 anos receberam de 12 a 16 sessões de terapia. Os dois grupos tiveram melhoras da ansiedade quando avaliados no *follow-up*. Mais crianças no programa de TCC focada na família estavam livres de diagnóstico (79%) no final do tratamento, comparadas à TCC focada somente na criança (53%), embora essa diferença não seja estatisticamente significativa. No entanto, os autores observaram que, de acordo com as avaliações parentais, os sintomas de ansiedade declinaram mais rapidamente no grupo familiar. Igualmente, o grupo de TCC familiar apresentou mais melhoras nas avaliações feitas por avaliadores independentes, embora não tenha havido diferenças nas medidas de autorrelato das crianças quanto à ansiedade. Os autores observam que os dois grupos de tratamento apresentaram melhoras em todas as medidas de resultados, mas concluem que "o relato dos pais e as avaliações do avaliador independente sugerem que, quando comparada com um tratamento individual focado na criança, a TCC familiar produziu uma redução maior dos sintomas e melhorou o funcionamento no pós-tratamento".

RESUMO

Os resultados desses estudos não fornecem apoio suficiente à crença clínica amplamente mantida de que o envolvimento parental fortalece a TCC focada na criança. No pós-tratamento, apenas um estudo concluiu que o envolvimento dos pais tenha resultado em índices diagnósticos significativamente mais baixos (Barrett et al., 1996a). Não houve diferenças significativas em nenhum estudo nas medidas dos relatos da criança, embora alguns estudos observem melhoras adicionais nas medidas preenchidas pelos pais (Bernstein et al., 2005; Mendlowitz et al., 1999; Wood et al., 2006). A possibilidade de uma distorção de resposta positiva não pode ser excluída e a significância dessas diferenças não está clara. De fato, embora alguns estudos tenham relatado diferenças estatisticamente significativas entre a TCC com e sem o envolvimento parental nas subescalas específicas do questionário, o número que continua a ter escores acima do ponto de corte clínico não apresentou uma mudança significativa (Barrett, 1998; Barett et al., 1996a).

Os dados mais consistentes que sugerem o papel de destaque dos pais na TCC focada na criança provêm do trabalho de Barrett e colaboradores (1996a). Embora os autores observem inúmeros benefícios no pós-tratamento, a abrangência destes foi ficando menos marcante com o passar do tempo. Quando avaliado, seis anos depois da intervenção, o envolvimento parental não resultou em diferenças adicionais significativas em relação à TCC apenas com as crianças. No entanto, a pesquisa de longo prazo é limitada. São necessários mais estudos para explorar os possíveis benefícios de longo prazo associados ao envolvimento parental na TCC focada na criança.

Bogels e Siqueland (2006) destacam inúmeras razões para a ausência de ganhos adicionais com o envolvimento parental. Os autores sugerem que o componente parental pode precisar ser mais intenso nos contextos clínicos, onde os problemas são frequentemente comórbidos e mais graves. Igualmente, as intervenções podem não ser suficientemente adequadas para as necessidades individuais de famílias específicas. Resultados importantes, como as mudanças na cognição parental ou no funcionamento familiar, foram avaliados muito poucas vezes. Além disso, a amplitude das dificuldades parentais e o grau em que elas requerem uma intervenção direta foram avaliados em apenas um estudo. O trabalho de Cobham e colaboradores (1998) sugere que isso é importante e que as intervenções direcionadas aos pais serão mais importantes se o genitor também tiver problemas significativos de ansiedade. Em um estudo separado avaliando a TCC familiar, Bogels e Siqueland (2006) observam que, após a intervenção, os níveis de ansiedade dos pais reduziram significativamente, embora esse efeito não tenha se evidenciado com as mães. Isso levou os autores a sugerirem que o pai pode ser crucial para ajudar os adolescentes a vencerem seus medos e sugere que eles sejam incluídos nos programas de tratamento.

Cobham e colaboradores (1998) especulam se a falha em encontrar os benefícios adicionais esperados do envolvimento parental pode ser devido ao período de duração da intervenção. As sessões com os pais podem não ser suficientemente influentes para assegurar e manter reduções significativas no *status* diagnóstico no pós-tratamento. O conteúdo real das sessões com os pais também variou, e poderá ser mais efetivo se o programa abordar diretamente o comportamento e as cognições parentais associadas à ansiedade na infância, em vez de técnicas gerais de manejo comportamental. De fato, apesar dos estudos de Nauta e colaboradores (2001, 2003) não terem detectado benefícios adicionais, os autores observam que podem ter ocorrido mudanças nas cognições parentais que não tenham sido avaliadas.

Por fim, a forma como são realizadas as sessões com a criança e os pais tem recebido surpreendentemente pouco interesse. Em muitos programas, o envolvimento parental consiste de sessões separadas que acontecem em paralelo com as do filho. Esse fato levou alguns a sugerirem que o envolvimento parental pode ser enfatizado através do trabalho conjunto, em que pais e filhos sejam incluídos juntos nas sessões de tratamento (Ginsburg e Schlossberg, 2000). A necessidade de prestar mais atenção ao processo de mudança e, portanto, como os pais estão envolvidos na intervenção, também foi sugerida por Bogels e Siqueland (2006). Portanto, é importante que se esclareçam como as habilidades e conhecimentos são transferidos do clínico para a criança (Ginsburg et al., 1995). O esclarecimento enfatizará os principais comportamentos parentais mantenedores e impeditivos e, por sua vez, informará o sequenciamento e a participação nas sessões de tratamento. Na verdade, os estudos que relataram os maiores benefícios do envolvimento parental realizaram sessões conjuntas pais/filho (Barrett, 1998; Barrett et al., 1996a).

CONCLUSÃO

Comparativamente, tem sido dada pouca atenção para a definição do papel dos pais no tratamento da ansiedade na infância e na avaliação do impacto causado pelo envolvimento destes nos resultados. As evidências são limitadas, embora na sua metanálise, Cartwright-Hatton e colaboradores (2004) concluam que existem poucas evidências para apoiar a crença amplamente difundida de que o envolvimento parental na TCC focada na criança aumenta a eficácia do tratamento. Essa conclusão é contrária à visão clínica estabelecida e sugere que existe a necessidade de mais trabalho para se determinar a forma máxima de envolvimento dos pais na TCC focada na criança. Esse fator é particularmente importante diante das implicações quanto aos recursos consideráveis que o envolvimento dos pais pode requerer. Os programas que desenvolvem sessões separadas com pais e filhos quase que dobram a quantidade do tempo terapêutico necessário, levantando, assim, um questionamento se os ganhos secundários produzidos representam um bom uso dos recursos limitados.

> Existem razões teóricas e clínicas para que os pais sejam envolvidos no tratamento da ansiedade na infância.
>
> Existem variações no propósito e na natureza do envolvimento parental.
>
> Os benefícios adicionais do envolvimento parental ainda não foram demonstrados de forma consistente.

5

Avaliação e Formulação do Problema

Preocupações e medos são comuns durante a infância. Assim, o clínico deve avaliar com cuidado a extensão, natureza e significado clínico da ansiedade na criança para determinar se uma intervenção será apropriada ou necessária. Existe à disposição uma variedade de entrevistas e questionários padronizados para auxiliar na avaliação sistemática e quantificação dos sintomas e transtornos de ansiedade. Tais ferramentas podem ser um coadjuvante útil para a entrevista clínica, muito embora tenham suas limitações. Silverman e Ollendick (2005), por exemplo, destacam uma série de aspectos que vão desde a psicometria de determinados questionários e entrevistas até sua utilidade e sensibilidade clínica. Essas limitações devem ser reconhecidas quando se utilizam e interpretam os resultados dessas medidas.

O diagnóstico e a avaliação dos transtornos de ansiedade em crianças devem estar baseados em uma entrevista clínica completa e no uso de métodos e fontes múltiplos, levando em conta informações provenientes de diferentes contextos. Os métodos múltiplos podem incluir entrevistas, observações e escalas de mensuração que exemplificam e captam as diferentes formas pelas quais os transtornos e sintomas de ansiedade podem estar presentes. Esses métodos precisam ser adaptados ao desenvolvimento da criança. Por exemplo, com crianças menores poderá não ser tão útil o uso de questionários de autorrelato, mas haverá uma confiabilidade muito maior na observação e relato de terceiros. Igualmente, recursos múltiplos proporcionam mais oportunidades de comparação e contraste de diferentes perspectivas do comportamento da criança. No entanto, a concordância entre os avaliadores, particularmente quando avaliam estados e sintomas internos de ansiedade, é frequentemente baixa. As observações e avaliações de terceiros podem demonstrar uma variação considerável, refletindo a forma como as crianças se apresentam nas diferentes situações e com pessoas diferentes.

A ENTREVISTA CLÍNICA

A entrevista inicial é planejada para oferecer uma visão geral da criança, dos seus problemas atuais e do contexto. Durante a entrevista inicial, o clínico terá a oportunidade de obter um conhecimento básico de vários aspectos da criança e da sua vida, incluindo:

- personalidade e temperamento;
- desempenho acadêmico, relações sociais e comportamento na escola;
- estrutura familiar, relações familiares e conhecimento básico da dinâmica da família;
- eventos significativos, como traumas, mudanças/transições difíceis, questões de saúde ou problemas no desenvolvimento;
- eventos significativos para os pais, como problemas de relacionamento, demissão, preocupações financeiras ou de moradia, problemas de saúde mental;
- amizades, interesses e vida social do jovem;
- pontos fortes pessoais e atributos positivos.

A primeira parte da entrevista de avaliação proporciona, portanto, um conhecimento geral do jovem e seu contexto. A segunda parte conduz a uma avaliação mais detalhada dos seus problemas psicológicos específicos e irá incluir:

- uma descrição clara de cada problema e preocupação atual – precisa ser específica e detalhada; discutir em profundidade um exemplo recente que possa ser útil;
- um conhecimento da resposta emocional da criança e algum sinal de ansiedade particularmente forte que ela perceba;
- um conhecimento básico da natureza e conteúdo dos pensamentos preocupantes fortes e recorrentes e de fatos ou situações que os desencadeiam;
- como a criança reage e lida com suas preocupações e a sua percepção do quanto ela acha que esses métodos são úteis para lidar com o problema;
- as tentativas prévias que a criança usou para lidar com a situação e se algumas destas teve maior ou menor sucesso;
- início, gravidade, intensidade e frequência das preocupações e sintomas de ansiedade;
- exploração da presença de outras condições comórbidas, tais como outros transtornos de ansiedade, depressão e transtorno de estresse pós-traumático (TEPT);
- motivação para mudar e crença na possibilidade de sucesso.

A entrevista clínica inicial também proporciona a oportunidade de exemplificar de imediato os aspectos-chave da TCC e enfatizar o papel central e ativo da criança no processo. Deve ser explicitado que o clínico quer ouvir o que a criança tem a dizer; que a sua visão e contribuições são importantes; que o seu entendimento pode ser diferente do de seus pais e que tudo o que ela disser será levado em conta com seriedade. O processo envolve a garantia de que a criança estará envolvida na entrevista, que as perguntas serão dirigidas a ela, que ela terá a oportunidade de discordar do que foi dito. Este último ponto pode ser difícil para crianças ansiosas; portanto, as perguntas devem ser formuladas de forma a ajudá-las a expressar o seu ponto de vista. A introdução de perguntas com uma breve premissa pode auxiliar a facilitar o processo. Premissas como "às vezes os jovens olham as coisas de uma forma diferente daquela dos seus pais" ou "geralmente existem muitas formas diferentes de se pensar sobre isso" podem ajudar. O clínico também precisa estar consciente de que a entrevista pode provocar ansiedade, especialmente em uma criança ansiosa. Assim, ele deve estar atento a algum possível sinal de que a criança esteja ansiosa e reconhecê-lo. A incerteza pode ser reduzida no início da entrevista através da descrição do que irá acontecer, sobre o que você pretende conversar e o tempo que a entrevista irá durar. Se a criança ficar ansiosa durante a entrevista, o clínico poderá validar seus sentimentos e reconhecer o quanto isso deve ser difícil para ela. Também poderá ser concedido um certo grau de controle ao jovem, dando-lhe algumas opções. Se, por exemplo, ele estiver achando difícil conversar sobre um problema particular, você poderá perguntar se ele gostaria que a mãe ou o pai o ajudasse. Igualmente, as áreas básicas da entrevista podem ser mapeadas e a criança terá oportunidade de escolher a ordem em que elas serão discutidas. A questão principal é garantir que a ansiedade e o sofrimento da criança sejam contidos de modo que as discussões sobre as situações e eventos que provocam tais sentimentos possam acontecer e não sejam evitados.

ENTREVISTAS DIAGNÓSTICAS ESTRUTURADAS

As entrevistas gerais podem ser complementadas por entrevistas diagnósticas focadas. Essas entrevistas semiestruturadas possibilitam uma forma sistemática de avaliar a presença de sintomas em relação aos critérios diagnósticos, tipicamente o DSM-IVTR (APA, 2000). Para alguns clínicos, a questão de a criança satisfazer ou não critérios diagnósticos específicos é menos importante do que uma análise mais funcional que propicia uma boa compreensão do início dos sintomas e a manutenção das suas dificuldades. No entanto, as entrevistas diagnósticas fornecem ao clínico uma forma útil e sistemática de avaliar de modo abrangente uma gama de transtornos e sintomas de ansiedade. Isso não exclui o desenvolvimento de uma análise mais funcional ou uma formulação do problema. Igualmente, embora as entrevistas possam ajudar a esclarecer se uma criança satisfaz os critérios diagnósticos, é importante que se usem tais métodos com flexibilidade. As crianças, por exemplo, podem não preencher todos os critérios diagnósticos e, no entanto, apresentarem sintomas subliminares que ainda geram prejuízos significativos e indicam que o tratamento é necessário.

Inúmeras entrevistas diagnósticas estão disponíveis, embora muitas sejam genéricas e avaliem uma ampla gama de transtornos de saúde mental, como apresentamos a seguir.

Anxiety Disorders Interview Schedule (ADIS-C/P: Silverman e Albano, 1996; Silverman et al., 2001)

Com base nos critérios diagnósticos do DSM-IV, o ADIS foi concebido especificamente para avaliar uma gama de transtornos de ansiedade. Ele tem sido amplamente utilizado e em geral é encarado como a entrevista "padrão ouro" para avaliação da ansiedade em crianças. Existem versões completas paralelas para crianças (C) e pais (P) e elas podem ser usadas com crianças entre 6 e 18 anos. O ADIS-C/P é sensível às fases do desenvolvimento e avalia respostas cognitivas, fisiológicas e comportamentais dentro de inúmeras situações que poderiam ser percebidas como potencialmente ameaçadoras (p. ex., situações com os pares, separações). Além de identificar os sintomas específicos associados a transtornos de ansiedade particulares, também é avaliado o grau de prejuízo. O entrevistador classifica a gravidade dos sintomas e seu grau de interferência na vida diária usando uma escala Lickert de oito pontos (0 = nenhuma; 8 = gravemente incapacitante). Uma avaliação clínica de 4 ou mais (definitivamente perturbadora/incapacitante) é considerada clinicamente significativa, com os baixos escores sugerindo sintomas subliminares.

O ADIS-C/P tem boa confiabilidade de teste-reteste e tem se revelado sensível a mudanças de tratamento (Barrett et al., 1996a; Kendall et al., 1997; Silverman et al., 2001). Contudo, embora tenha muitos pontos fortes, o ADIS consome muito tempo e pode levar 1 hora e meia para ser preenchido.

Diagnostic Interview for Childrem and Adolescents (DICA-R: Herjanic e Reich, 1982)

A DICA foi modelada com base na Diagnostic Interview Schedule para adultos, desenvolvida para uso em estudos epidemiológicos (Robins et al., 1982). Foi concebida para uso por entrevistadores leigos e pode ser usada com crianças e jovens entre 6 e 18 anos para avaliar diagnósticos do DSM-III-R ou DSM-IV. Existem versões para pais, crianças (6 a 12 anos) e adolescentes (13 a 18 anos) e um método computadorizado de administração também se encontra disponível. A DICA leva entre uma e duas horas para ser concluída e abrange uma ampla gama de transtornos mentais, incluindo os transtornos de ansiedade. Cada item geral é lido conforme está escrito e pontuado como sim (1) ou não (0). Se respondido afirmativamente, são usadas perguntas mais aprofundadas para se obter mais informações que são, então, usadas para fazer um diagnóstico de toda a vida. Isso pode ser particularmente útil em estudos genéticos, nos quais a confiabilidade e validade da DICA é geralmente boa (veja Reich, 2000). Contudo, estudos iniciais mostram pouca concordância entre pais e filhos. As meninas adolescentes, por exemplo, relataram mais transtornos internalizantes do que as suas mães (Herjanic e Reich, 1982).

NIMH Diagnostic Interview Schedule for Children (NIMH DISC: Shaffer et al., 1996, 2000)

A NIMH DISC é uma entrevista diagnóstica estruturada que, assim como a DICA, foi originalmente desenvolvida para uso por pesquisadores leigos em pesquisas epidemiológicas em grande escala. Ela é uma entrevista estruturada que evoluiu para diferentes versões desde o seu desenvolvimento no começo da década de 1980. A versão atual, a DISC IV, pode ser usada com crianças e jovens entre 6 e 17 anos e possui versões paralelas para pais e filhos completarem. É uma entrevista extensa, contendo aproximadamente 3.000 perguntas, avaliando mais de 30 transtornos do DSM e da

CID. A entrevista avalia primeiro se sintomas específicos estiveram presentes durante o último ano e, em caso positivo, perguntas de *follow-up* verificam a sua presença durante as quatro últimas semanas. As respostas da maioria das perguntas da DISC são codificadas como Não (0), Não Aplicável (8) e Não Sei (9). Para avaliar os critérios de prejuízos do DSM-IV, uma série de perguntas está incluída no final de cada seção de diagnóstico. Elas avaliam possíveis prejuízos quanto ao relacionamento com os pais/cuidadores, participação nas atividades da família, participação nas atividades com os pares, funcionamento acadêmico/ocupacional, relações com os professores e sofrimento atribuível aos sintomas. Depois de averiguada a presença de prejuízos, é avaliada a sua gravidade.

Kiddie – Schedule for Affective Disorders and Schizophrenia (K-SADS: Kaufman et al., 1997)

A K-SADS foi desenvolvida a partir de uma escala adulta e submetida a inúmeras revisões ao longo dos anos para assegurar a sua compatibilidade com a evolução dos sistemas diagnósticos. A versão atual, K-SADS-P-IVR, é compatível com o DSM-III-R/IV e pode ser usada com crianças entre 6 e 18 anos para fornecer um diagnóstico de vida (nos últimos 12 meses) e atual (última semana). Existem versões que são preenchidas pelos pais e pelos filhos, as quais levam entre 1 hora e 1 hora e meia para concluir. Durante a entrevista, os vários sintomas de cada diagnóstico do DSM são pontuados em uma escala de 0 a 4 ou 0 a 6 de gravidade/frequência dos sintomas, como, por exemplo: absolutamente não, ligeiramente (ocasional), leve (às vezes), moderada (com frequência), grave (a maior parte do tempo) e extrema (o tempo todo).

- As entrevistas diagnósticas estruturadas tendem a avaliar uma gama de transtornos mentais e são amplamente baseadas nos critérios do DSM.
- As entrevistas diagnósticas são minuciosas, mas consomem tempo.
- A ADIS-C/P enfoca mais os transtornos de ansiedade e é geralmente considerada o "padrão ouro" para avaliação dos transtornos de ansiedade em crianças.

QUESTIONÁRIOS DE AUTORRELATO

Uma abordagem alternativa à entrevista diagnóstica é avaliar e quantificar sistematicamente a natureza e extensão da ansiedade do jovem através do uso de questionários de autorrelato. A comorbidade dentro de transtornos de ansiedade específicos, e entre a ansiedade e a depressão, apresenta problemas particulares para a avaliação válida e confiável da ansiedade em crianças. Weems e Stickle (2005, p. 110) enfatizam que geralmente existe pouca concordância entre as avaliações da criança, dos pais, professores e do clínico. Eles observam que isso pode se dever a diferenças situacionais no comportamento, diferença entre os métodos de avaliação, procedimentos inadequados de avaliação ou fraca validade do constructo. Eles concluem que são necessárias mais pesquisas "que detalhem as características das medidas individuais da ansiedade e uma contagem do quanto as diferentes modalidades de avaliação (p. ex., autorrelato, relato dos pais, entrevistas, observação comportamental, medidas fisiológicas) se relacionam umas com as outras" (p. 110).

A complexidade da ansiedade sugere a necessidade de se avaliar cognições, comportamento e respostas fisiológicas nos diferentes contextos, usando-se uma gama de métodos provenientes de múltiplos informantes (Greco e Morris, 2002). Stallings e March (1995) recomendam que os instrumentos de avaliação devem:

- ser válidos e confiáveis nos múltiplos domínios;
- discriminar entre os grupos de sintomas;
- avaliar tanto a frequência como a gravidade dos sintomas;
- incorporar observações múltiplas;
- ser sensíveis aos efeitos do tratamento.

Muitas das medidas anteriores da autoavaliação da ansiedade seriam extensões decrescentes de medidas adultas de ansiedade (p. ex., Revised Children's Manifest Anxiety Scale; Fear Survey Scale for Childrem – Revised; State-Trait Anxiety Inventory for Children). Embora exista uma considerável sobreposição entre a apresentação dos sintomas de ansiedade em adultos e crianças, existem considerações desenvolvimentais tanto na natureza (p. ex., transtorno de ansiedade de separação) quanto na apresentação dos sintomas (Spence, 1998). Uma segunda limitação é a falha de muitas medidas em distinguir entre transtornos de ansiedade específicos. Assim, embora os escores totais possam sugerir a presença de uma reação de ansiedade significativa, a natureza dessa reação e as situações em que ela é evocada frequentemente não são especificadas. Por fim, as escalas anteriores não se relacionam com as classificações diagnósticas atuais dos transtornos de ansiedade, resultando que a sua utilidade clínica seja questionada (Muris et al., 2002).

Embora as escalas de ansiedade possam não ser capazes de distinguir a confiabilidade entre transtornos de ansiedade específicos e possam se sobrepor aos transtornos depressivos, elas são, no entanto, úteis no contexto clínico, ao proporcionarem uma forma rápida e útil de se quantificar os sintomas de ansiedade. A seguir, apresentamos algumas das escalas mais comumente usadas.

Revised Children's Manifest Anxiety Scale (RCMAS: Reyolds e Richmond, 1978)

A RCMAS, também conhecida como a escala "O Que Eu Penso e Sinto", é amplamente utilizada para avaliar a ansiedade global. Ela consiste de 37 itens que avaliam as dimensões de preocupação/sensibilidade excessiva, sintomas fisiológicos de ansiedade e medo/problemas de concentração (Reynolds e Paget, 1981). Para cada item, a criança decide se a afirmação é verdadeira para ela (Sim = 1, Não = 0). Toda a quarta questão constitui uma escala de mentira (oito itens) e esses itens são excluídos do sistema geral de pontuação. Um ponto de corte total de 19 é usado para identificar crianças com transtornos de ansiedade.

A RCMAS fornece uma boa medida da ansiedade geral e tem boa validade simultânea com outras escalas de ansiedade como o State-Trait Anxiety Inventory for Children (Dierker et al., 2001). As limitações incluem uma performance deficiente, se comparada com escalas mais recentes; estrutura fatorial limitada e o fato de o sistema dicotômico de pontuação poder diminuir a sua força e sensibilidade aos efeitos do tratamento (Myers e Winters, 2002). A capacidade discriminatória da RCMAS também é pobre e não consegue diferenciar adequadamente crianças com ansiedade de outros transtornos internalizantes e externalizantes (Perin e Last, 1992). Portanto, apesar da sua ampla utilização, a RCMAS pode não ser uma medida absoluta da ansiedade e sim mais uma medida do sofrimento geral.

Fear Survey Schedule for Children – Revised (FSSC-R: Ollendick, 1983)

A Fear Survey Schedule for Children inicial foi adaptada de uma escala adulta e revisada por Ollendick (1983) para utilização em crianças entre 7 e 18 anos. A FSSC-R é uma escala de autorrelato com 80 itens que avalia uma variedade de fobias na infância. As crianças classificam o seu nível de medo para cada item em uma escala de três pontos (1 = nenhum; 2 = algum; 3 = muito), com os escores sendo somados para produzir um escore total. São avaliadas cinco áreas principais: medo de errar e de críticas (p. ex., ter notas fracas no trabalho escolar), medo do desconhecido (p. ex., perder-se em um lugar estranho), medo de pequenos machucados e de animais pequenos (p. ex., aranhas), medo do perigo e da morte (p. ex., cair de lugares altos) e medos médicos (p. ex., receber injeção de um médico ou enfermeira). Todos os itens estão altamente inter-relacionados, questionando assim a utilidade das subescalas diferentes.

As propriedades psicométricas da escala são boas, demonstrando possuírem boa confiabilidade e validade concorrente e discriminativa (King e Ollendick, 1992). A FSSC-R demonstrou que discrimina crianças fóbicas dos controles e entre fobias específicas (Last et. al., 1989; Weems et al., 1999).

Multidimensional Anxiety Scale for Children (MASC: March et al., 1997)

A MASC é uma medida de autorrelato desenvolvida empiricamente, consistindo de 39 itens que avaliam os domínios afetivo, físico, cognitivo e comportamental da ansiedade. Seis itens adicionais formam um índice de inconsistência que avalia o preenchimento desleixado ou incoerente. A MASC pode ser usada com jovens entre 8 e 19 anos. Cada item é classificado em uma escala de quatro pontos (0 = nunca, 1 = quase nunca, 2 = às vezes, 3 = frequentemente). O questionário é somado para produzir um índice total do transtorno de ansiedade e escores nas quatro subescalas que avaliam sintomas físicos (tenso/inquieto e autonômico somático, p. ex., "meu coração acelera ou bate descompassadamente"), ansiedade social (medos de humilhação/rejeição e desempenho em público, p. ex., "eu me pergunto o que as outras pessoas pensam de mim"), ansiedade de separação (p. ex., "a ideia de ir embora para o campo me apavora") e esquiva de danos (perfeccionismo e modo ansioso de lidar com as situações, p.

ex., "eu me afasto das coisas que me perturbam"). Duas dessas subescalas correspondem aos diagnósticos do DSM-IV de fobia social e ansiedade de separação, enquanto o escore total corresponde ao transtorno de ansiedade generalizada.

A confiabilidade interna e no teste-reteste é boa e se mantém entre os gêneros e idades (Baldwin e Dadds, 2007; March et al., 1997; Rynn et al., 2006). A escala possui validades convergente e divergente aceitáveis. A MASC se correlaciona significativamente com a Revised Children's Manifest Anxiety Scale e tem baixa correlação com a depressão (Dierker et al., 2001). As subescalas e os escores totais discriminam entre crianças com e sem transtornos de ansiedade com até 88% de precisão (March et al., 1997; Myers e Winters, 2002; Rynn et al., 2006).

Screen for Child Anxiety Related Emotional Disorders – Revised (SCARED-R: Birmaher et al., 1997; Muris et al., 1999)

Essa escala de autorrelato de 41 itens mede os sintomas do transtorno do pânico (p. ex., sensação de desmaio), transtorno de ansiedade generalizada (p. ex., preocupação com o futuro), transtorno de ansiedade de separação (p. ex., dormir sozinho), fobia social (p. ex., nervosismo diante de estranhos) e fobia escolar (p. ex., medo de ir para a escola). Todos os itens são avaliados em uma escala de frequência de três pontos (0 = quase nunca, 1 = às vezes, 2 = frequentemente), que são somados para produzir um escore total e cinco escores de subescala.

Existem versões paralelas para pais e filhos da SCARED-R que possuem boas propriedades psicométricas, consistência interna e confiabilidade teste-reteste e níveis moderados de concordância pais-filhos. A SCARED-R discrimina entre crianças com e sem transtornos de ansiedade e se correlaciona fortemente com outras medidas de ansiedade, incluindo a RCMAS, STAIC e FSSC-R (Birmaher et al., 1997; Muris et al., 1999). Entretanto, a capacidade da SCARED-R de discriminar entre transtornos de ansiedade específicos é limitada (Muris et al., 2004).

Spence Children's Anxiety Scale (SCAS: Spence, 1997, 1998)

Essa escala foi desenvolvida para ser preenchida pelas crianças e consiste de 45 itens; 38 deles avaliam a ansiedade e 7 a necessidade social. Os itens de ansiedade avaliam as seis categorias de ansiedade generalizada do DSM-IV (p. ex., "eu me preocupo com as coisas"), fobia social (p. ex., "eu tenho medo de ser ridicularizado na frente das pessoas"), ansiedade de separação ("eu me preocupo quanto a me separar dos meus pais"), transtorno de pânico/agorafobia (p. ex., "de repente, sinto como se não conseguisse respirar quando não existe razão para isso"), transtorno obsessivo-compulsivo (p. ex., "eu preciso ter pensamentos especiais [como números ou palavras] para impedir que aconteçam coisas ruins") e medo de danos físicos (p. ex., "eu tenho pavor de cães"). Cada item é classificado em uma escala de quatro pontos que avalia a frequência (0 = nunca, 1 = às vezes, 2 = frequentemente, 3 = sempre).

A SCAS foi padronizada para crianças entre 8 e 12 anos e demonstrou boa consistência interna e confiabilidade no teste-reteste; os escores totais estão fortemente

Ansiedade **77**

correlacionados com a RCMAS e existe uma correspondência alta entre os sintomas de ansiedade e os critérios de ansiedade do DSM-IV (Spence, 1997). Por fim, os escores totais da SCAS distinguem crianças ansiosas de crianças não clínicas.

State-Trait Anxiety Inventory for Children (STAI-C: Spielberger et al., 1973)

O STAI-C foi adaptado de uma escala adulta e é também conhecido como o "Questionário de Como eu me sinto". Ele compreende escalas separadas de autorrelato para medir dois conceitos distintos de ansiedade: estado de ansiedade (*S-anxiety*, na sigla em inglês) e traço de ansiedade (*T-anxiety*). A escala de 20 itens avalia inúmeros sintomas de ansiedade, tais como: "tenho uma sensação engraçada no estômago" e "estou apavorado". Os indivíduos respondem a cada item dentro de uma escala de três pontos, marcando uma das três alternativas que lhes descreve melhor ou que indica a frequência da ocorrência (1= quase nunca, 2 = às vezes, 3 = frequentemente). Embora seja construído especialmente para medir a ansiedade em crianças de 9 a 12 anos, o STAI-C também pode ser usado com crianças menores que tenham habilidade média ou acima da média para a leitura e com crianças maiores que estejam abaixo da média nessa habilidade.

O STAI-C tem sido amplamente utilizado com amostras da comunidade, e as propriedades psicométricas da escala são em geral fracas. A confiabilidade interna e teste-reteste é mais alta na subescala "estado" e para meninas (Myers e Winters, 2002).

- As medidas tradicionais de ansiedade – SSRC, RCMAS e STAI-C – tendem a avaliar níveis gerais de sofrimento não específico dos transtornos de ansiedade.
- Medidas mais recentes – MASC, SCARED e SCAS – relacionam-se melhor com os critérios diagnósticos atuais do DSM.
- Os questionários de ansiedade são em geral fracos para distinguir entre transtornos de ansiedade específicos.

FORMULAÇÕES DO PROBLEMA

As entrevistas diagnósticas e os questionários estruturados podem confirmar a presença de transtornos de ansiedade e levam o clínico a sugerir a utilização de um programa de tratamento padronizado da ansiedade. No entanto, haverá outras ocasiões em que será mais apropriado adequar a intervenção especificamente para as necessidades/problemas particulares do jovem. Nessas ocasiões, o clínico precisa estabelecer uma formulação clara do problema segundo a TCC.

A formulação do problema serve de base e informa a intervenção, fornecendo a hipótese explícita, compartilhada e articulada que determina o conteúdo específico do plano de tratamento. Se não for desenvolvida uma formulação, a terapia poderá ficar desconexa, já que as sessões se modificam e o foco se desloca de forma incoerente e descoordenada. A formulação, portanto, propicia uma estrutura sobre a qual as cognições e emoções do indivíduo, associadas a eventos específicos, podem ser organizadas. Drinkwater (2004) sugere que as formulações devem ser parcimoniosas, proporcionando um bom conhecimento que seja fácil de explicar e também útil tanto para a criança quanto para o clínico.

As formulações do problema surgem a partir da avaliação e são desenvolvidas em parceria. O conteúdo é, assim, obtido durante a entrevista de avaliação e é fornecido pela criança e seus cuidadores. Este consiste tipicamente das descrições dos sentimentos, sintomas fisiológicos, cognições e significados que eles atribuem a eventos ocorridos. É, portanto, importante que se utilizem as palavras e a terminologia da criança.

O clínico fornece um modelo que é usado como estrutura para detalhamento e destaque das relações entre as cognições, sentimentos e comportamento. Os diagramas e desenhos fornecem meios consistentes de compartilhar as informações com as crianças e os jovens. O diagrama passa a ser uma representação visual permanente para a qual se pode recorrer durante cada sessão e, por conseguinte, ser revisada. Isso mantém o foco e o momento terapêutico. A formulação também possui uma importante função psicoeducacional que auxilia a criança a reconhecer o papel das suas cognições disfuncionais no desenvolvimento e manutenção dos seus problemas. Fornecer às crianças e jovens uma cópia da formulação facilita o desenvolvimento da autoeficácia, proporcionando à criança a oportunidade de refletir sobre a formulação para considerar o quanto os padrões inúteis atuais podem ser mudados.

Formulações da manutenção

Como regra geral, as formulações devem se manter simples e o clínico precisa evitar incluir muitas informações. A inclusão excessiva de formulações frequentemente resulta em representações visuais que se tornam muito complicadas. Em vez de facilitar a compreensão, a inclusão excessiva de formulações pode sobrecarregar e confundir a criança e seus pais.

Para o terapeuta inexperiente, as formulações da manutenção são as mais fáceis. Elas devem focar as cognições principais e recorrentes e não devem tentar incluir todas as cognições que a criança expressa durante a entrevista de avaliação. Existe uma tendência de tentar ser inclusivo demais, o que resulta em uma formulação desordenada, sem foco e sobrecarregada. O clínico deve se assegurar de que a formulação se mantém simples, de modo que ela auxilie em vez de atrapalhar o entendimento. É, portanto, importante que se incluam apenas as informações que são diretamente relevantes para o problema da ansiedade. Isso pode incluir: experiências ou acontecimentos que levaram diretamente ao desencadeamento da ansiedade, acontecimentos ou comportamentos específicos que o mantém, cognições específicas que surgem quando a criança fica ansiosa, sentimentos e sintomas fisiológicos que a criança nota.

As formulações da manutenção, como a descrita a seguir, são as mais simples e proporcionam uma maneira de demonstrar que os eventos desencadeantes produzem cognições, as quais geram sentimentos que afetam o comportamento.

Mike (7 anos) foi encaminhado com um problema antigo de ansiedade de separação. Durante a avaliação inicial, discutiu-se uma situação recente em que sua mãe havia planejado sair certa noite. Ela se lembra de Mike chorando quando ela estava saindo de casa e, antes que entrasse no carro, ele saiu correndo de casa e se agarrou com força a ela. Ele se queixou de estar se sentindo doente e, quando ela perguntou o que sentia, enumerou uma série de sintomas. Durante a sessão, foi pedido a Mike que se reportasse àquele acontecimento e imaginasse sua mãe saindo de casa e fechando a porta atrás de si. Ele foi ajudado a identificar o que estava se passando na sua mente, conforme mostra, a seguir, a Figura 5.1.

Essa formulação foi particularmente útil para destacar a ligação entre pensamentos e sentimentos e ajudou a começar o processo de educação de Mike e sua mãe sobre os sintomas fisiológicos de ansiedade.

Formulações iniciais

Dependendo do grau de entendimento necessário, diferentes níveis de cognições, como as crenças centrais/esquemas, pressupostos ou pensamentos automáticos, podem ser especificados na formulação. Para muitos, uma formulação da manutenção

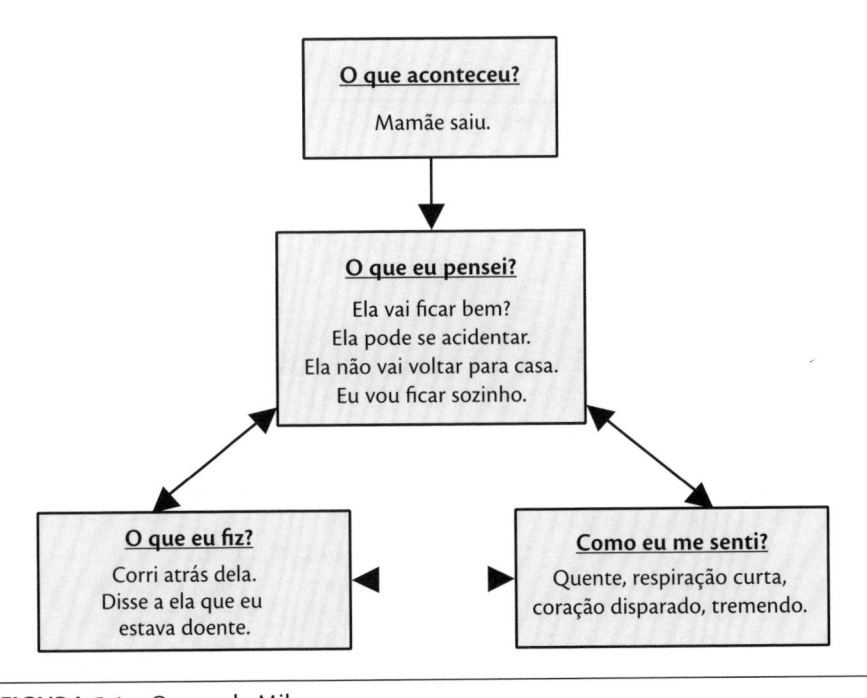

O que aconteceu?
Mamãe saiu.

O que eu pensei?
Ela vai ficar bem?
Ela pode se acidentar.
Ela não vai voltar para casa.
Eu vou ficar sozinho.

O que eu fiz?
Corri atrás dela.
Disse a ela que eu estava doente.

Como eu me senti?
Quente, respiração curta, coração disparado, tremendo.

FIGURA 5.1 O caso de Mike.

fornecerá informações suficientes para auxiliar a entender e começar o processo de experimentação e mudança. Outros vão querer entender como esses problemas ocorreram; para eles, será útil uma formulação mais detalhada do início, especificando experiências centrais e os diferentes níveis de cognição.

As formulações do problema fundamentam as intervenções individuais, embora, inicialmente, possam ser difíceis para clínicos inexperientes desenvolverem. É, portanto, importante permanecer consciente do modelo cognitivo teórico e das cognições e processos disfuncionais que foram identificados como importantes no início e na manutenção dos transtornos de ansiedade. Estas são as cognições as quais se presume que impulsionem as emoções e comportamentos e que serão o foco principal da intervenção cognitiva.

Uma segunda dificuldade para clínicos inexperientes é o problema de desemaranhar os diferentes níveis de cognições. Padesky e Greenberger (1995) enfatizam que isso é importante, uma vez que serão necessárias intervenções diferentes para cada nível cognitivo. Dessas cognições, os pensamentos automáticos são os mais acessíveis e representam a vertente de consciência que flui pela mente da criança. Muitos deles são descritivos e se referem aos pensamentos a respeito de si (p. ex., "ninguém gosta de mim"), do mundo (p. ex., "as pessoas querem me magoar") e do futuro (p. ex., "eu nunca vou ter amigos"). Nas crianças, os pensamentos automáticos geralmente são citados como "autodiálogo" e podem ser positivos (úteis e funcionais) ou negativos (inúteis e disfuncionais).

Os pressupostos cognitivos são as "regras para a vida" e representam a estrutura cognitiva que um indivíduo utiliza para entender o seu mundo e predizer o que irá acontecer. Essas regras assumem tipicamente duas formas principais: declarações do tipo "se/então", por exemplo, "se eu quiser ter sucesso, então eu preciso estudar muito" ou "se eu tiver amigos, então eles sempre vão me deixar", e declarações do tipo "dever", por exemplo, "eu devo ser popular". Os pressupostos raramente são verbalizados, mas podem ser identificados ao se oferecer situações à criança e pedir a ela que identifique o que acha que irá acontecer. Uma forma útil de enfrentar e mudar os pressupostos cognitivos é através de experimentos comportamentais. Eles são designados para testar os pressupostos da criança e oferecem um modo objetivo de enfrentar e reavaliar as suas cognições.

As cognições mais profundas são as crenças centrais e os esquemas. São cognições fortes, simples, gerais e duradouras, desenvolvidas durante a infância e moldadas por acontecimentos significativos ou experiências recorrentes. A parentalidade negativa e crítica podem, por exemplo, levar uma criança a desenvolver uma crença central do tipo "ninguém me ama". Igualmente, uma criança que passou longos períodos de tempo sendo cuidada no hospital poderia desenvolver uma crença do tipo "eu preciso de outras pessoas para conseguir sobreviver".

As crenças centrais podem não ser verbalizadas diretamente, mas identificadas através da técnica da seta descendente. Com esse método, identifica-se um dos pensamentos automáticos negativos comuns da criança e então este é desafiado repetidamente pela pergunta "E então, o que aconteceria?", até que surja a crença central subjacente. Isso é feito na forma de uma discussão amigável, mas é útil registrar cada passo descido por escrito, quando este surge.

Alice tinha 11 anos e muitas preocupações quanto a se separar da mãe. Uma das preocupações comuns que Alice verbalizava com frequência era: "eu fico realmente preocupada quando mamãe tem que sair de carro sozinha". O método "e então" foi usado para discutir esse pensamento e Alice verbalizou o que estava no centro das suas preocupações, a sua crença central, conforme mostra a Figura 5.2 a seguir.

As crenças centrais e os esquemas são fortes e resistentes à mudança e a informações novas ou conflitantes. As intervenções nessas cognições são concebidas para se desenvolver crenças alternativas, em vez de tentar refutá-las diretamente ou contrariá-las. Assim, a crença que emerge enfatiza as limitações da crença existente. Por exemplo, uma crença forte de que "eu sempre falho no meu trabalho escolar" pode ser limitada pelo desenvolvimento de uma nova crença de que "eu estou bem em matemática". Isso indiretamente desafia a crença existente através da construção de um novo conjunto de cognições que reconhece a exceção àquela regra.

"Eu fico realmente preocupada quando mamãe tem que sair de carro sozinha."

ENTÃO O QUE você acha que vai acontecer?

↓

"Mamãe pode sofrer um acidente."

ENTÃO O QUE aconteceria?

↓

"Mamãe poderia ficar muito machucada."

ENTÃO O QUE aconteceria?

↓

"Ela poderia acabar indo para o hospital e morrer."

ENTÃO O QUE aconteceria?

↓

"Mamãe não estaria por perto para cuidar de mim."

ENTÃO O QUE aconteceria?

↓

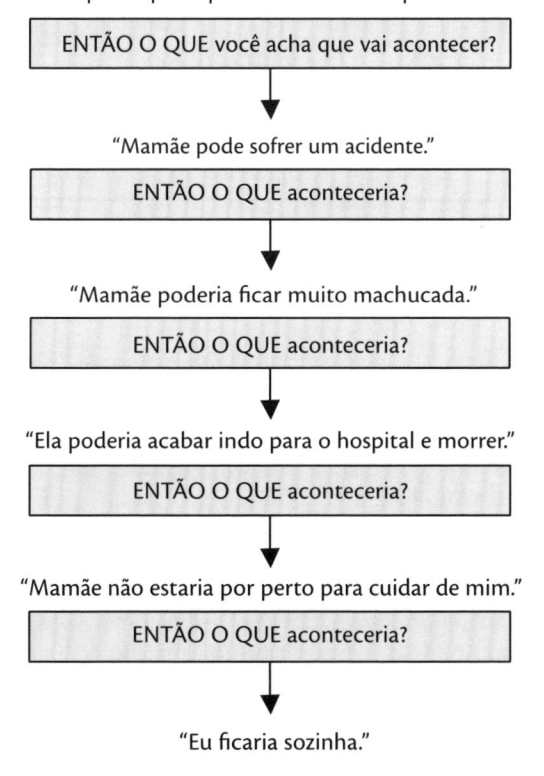

"Eu ficaria sozinha."

FIGURA 5.2   Técnica da seta descendente para o caso de Alice.

Incorporação dos fatores familiares

Além de especificar os diferentes níveis de cognição, os acontecimentos significativos e os fatores familiares podem ser incorporados a formulações mais sofisticadas sobre o início da ansiedade. Tais formulações podem se revelar muito úteis por destacarem a gama de fatores e eventos importantes que podem ter contribuído para o desenvolvimento das cognições da criança. No exemplo a seguir, a formulação possibilita uma abordagem objetiva, sem acusações, que identificou como o comportamento compreensivo e bem-intencionado dos pais contribuiu para o desenvolvimento e manutenção dos problemas do seu filho. A formulação também é capacitante e oferece um caminho para os pais e seu filho pensarem sobre o que precisa ser diferente para provocar a mudança.

> *James (9 anos) vivia com sua mãe e irmão mais novo. Ele foi encaminhado pelo seu clínico com sintomas graves de ansiedade que o impediam de sair com seus amigos. James sempre parecia estar doente no dia de uma viagem e frequentemente acabava chorando, queixando-se de dores de cabeça e de uma sensação esquisita na barriga. O início da sua vida tinha sido muito difícil, com violência doméstica frequente entre seus pais, algumas das quais ele havia testemunhado. Seus pais se separaram quando ele tinha 4 anos, e foi durante essa época que sua mãe ficou muito deprimida e retraída. James e sua mãe foram cuidados por sua avó materna durante os três anos seguintes. Quando James tinha 7 anos, um aquecedor elétrico superaqueceu e incendiou a casa. No ano seguinte, sua mãe se envolveu em uma séria colisão no trânsito, embora felizmente não tenha tido danos físicos.*
>
> *Durante a entrevista, a mãe de James estava muito interessada em explorar o seu papel no desenvolvimento e manutenção das dificuldades do seu filho. Ela se sentia muito culpada quanto aos acontecimentos do passado e também responsável pela ansiedade de James. Ela descreveu a necessidade que tinha de tornar as coisas mais fáceis para James e garantir que ele não perdesse nenhum convite. Se ele não se sentisse capaz de sair com os amigos, ela então o levava. A formulação na Figura 5.3, a seguir, foi desenvolvida para explicar essa situação e ajudou a mãe de James a entender que o seu comportamento cuidadoso estava contribuindo para os problemas do seu filho.*

A formulação que emerge é discutida, testada e revisada até que seja obtida uma explanação com a concordância mútua. A formulação deve ser compartilhada tão logo seja possível. Ela enfatiza a natureza colaborativa da intervenção e maximiza as oportunidades de a criança contribuir e dar uma forma ao modelo. Quando não se tem a informação, podem ser usados pontos de interrogação para enfatizar que está faltando alguma coisa importante. A formulação em desenvolvimento se transforma na hipótese articulada, que é a justificativa e informa a intervenção. A formulação é dinâmica e irá se desenvolver e modificar durante o curso da intervenção, à medida que novas informações forem assimiladas ao modelo. As formulações são, portanto, uma alternativa útil para as classificações diagnósticas estáticas e oferecem uma forma funcional, coerente e testável de se reunir variáveis importantes que expliquem o começo das dificuldades da criança e/ou os fatores de manutenção atuais.

Ansiedade 83

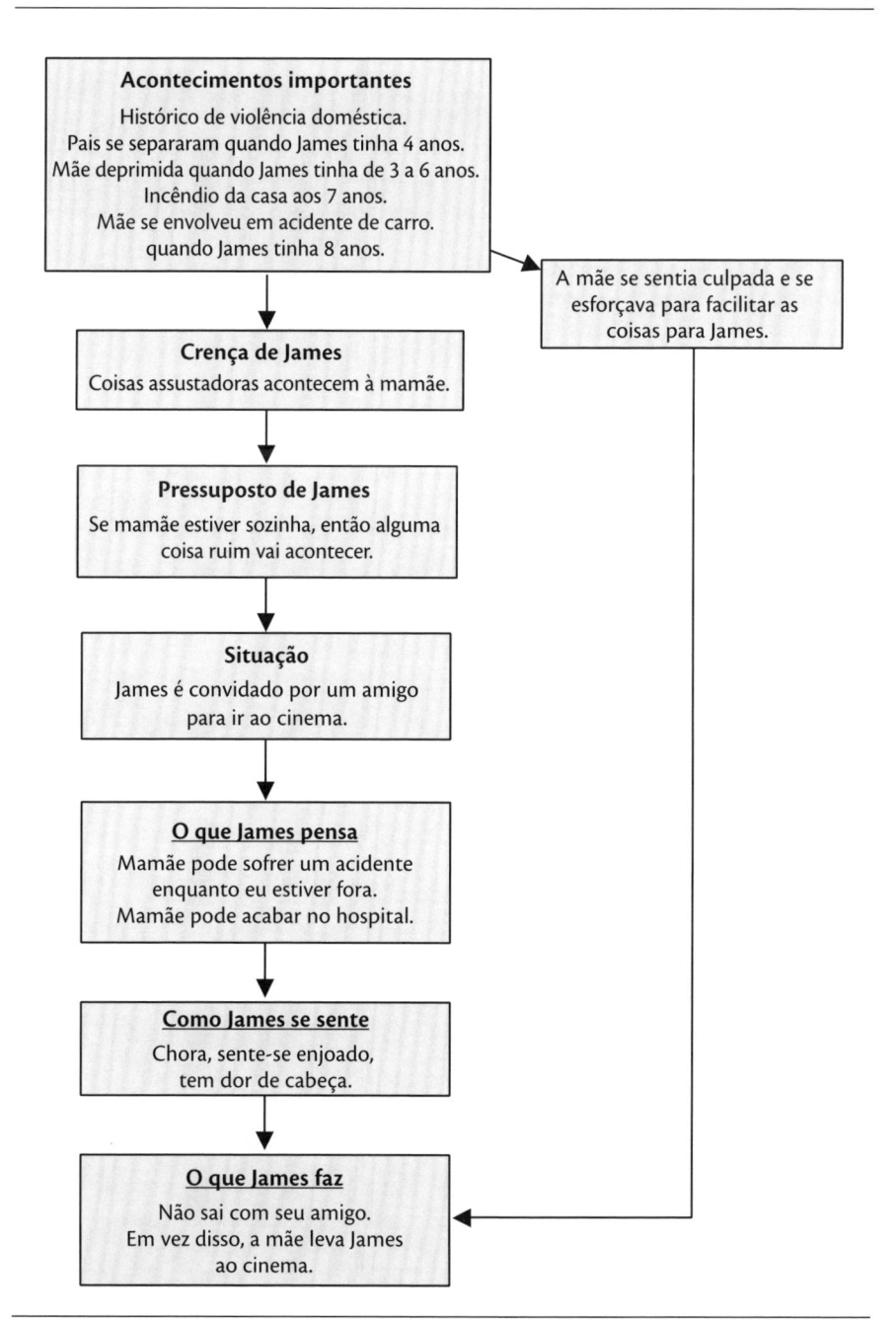

Acontecimentos importantes
Histórico de violência doméstica.
Pais se separaram quando James tinha 4 anos.
Mãe deprimida quando James tinha de 3 a 6 anos.
Incêndio da casa aos 7 anos.
Mãe se envolveu em acidente de carro.
quando James tinha 8 anos.

A mãe se sentia culpada e se esforçava para facilitar as coisas para James.

Crença de James
Coisas assustadoras acontecem à mamãe.

Pressuposto de James
Se mamãe estiver sozinha, então alguma coisa ruim vai acontecer.

Situação
James é convidado por um amigo para ir ao cinema.

O que James pensa
Mamãe pode sofrer um acidente enquanto eu estiver fora.
Mamãe pode acabar no hospital.

Como James se sente
Chora, sente-se enjoado, tem dor de cabeça.

O que James faz
Não sai com seu amigo.
Em vez disso, a mãe leva James ao cinema.

FIGURA 5.3 Formulação para o caso de James.

- As formulações possibilitam um entendimento compartilhado a respeito dos problemas da criança.
- A formulação é desenvolvida colaborativamente e proporciona um entendimento compartilhado a respeito do início ou manutenção da ansiedade.
- As formulações da manutenção são as mais simples e destacam a relação entre os acontecimentos, pensamentos, sentimentos e comportamento.
- As formulações do começo da ansiedade proporcionam um entendimento dos fatos significativos que contribuíram para o desenvolvimento do transtorno de ansiedade e podem identificar diferentes níveis de cognição.

6

Psicoeducação, Definição de Objetivos e Formulação do Problema

A resposta de ansiedade é complexa e envolve reações fisiológicas, respostas comportamentais e elementos cognitivos. A percepção de perigo desencadeia várias alterações fisiológicas, quando então o corpo se prepara para uma reação de "luta ou fuga". Os sintomas fisiológicos comuns incluem suor nas mãos, nervosismo, dores de barriga, dificuldade de concentração, irritabilidade, coração acelerado, respiração curta, garganta seca, pernas moles, voz trêmula, rubor, sensação de desmaio, visão turva e vontade de ir ao banheiro. Sintomas fisiológicos como esses podem passar despercebidos pela criança ou por seus pais como evidência de que ela não está bem ou está doente. No entanto, independentemente de estarem associados a crenças relacionadas à doença, esses sintomas são desagradáveis e levam a criança a ter comportamentos que visam minimizar a sua intensidade. Uma resposta comportamental comum é a esquiva, em que as situações e acontecimentos que desencadeiam respostas fisiológicas fortes são evitados. A expressão específica da esquiva dependerá do estressor. Na ansiedade de separação, isso pode resultar na recusa da criança em ir à escola, sair sozinha ou dormir na casa de familiares ou amigos. Ela pode se mostrar excessivamente apegada, desejando estar constantemente com seus pais ou pode ter uma crise, se a separação for forçada. Nas fobias simples, a esquiva é específica para alguns objetos, eventos, lugares temidos e aos estímulos a eles associados. Assim, uma criança que tem medo de cães pode evitar parques ou passar na frente de casas que tenham cães. Na ansiedade social, o medo está relacionado a conhecer, conversar e estar com pessoas, resultando na esquiva da criança de situações sociais. Finalmente, crianças com transtorno de ansiedade generalizada podem buscar constantemente uma tranquilização quanto às preocupações, evitando muitas atividades ou situações difíceis.

Na base dessas respostas fisiológicas e comportamentais, encontram-se processos cognitivos importantes. Eles determinam a forma como a criança observa e percebe os acontecimentos e também o julgamento que ela faz quanto à possível ameaça ou ao perigo que pode surgir. Os modelos cognitivos da ansiedade sugerem que a forma como as informações são selecionadas, observadas e processadas está sujeita a um determinado grau de distorção e que são essas distorções que contribuem para o início e manutenção dos transtornos emocionais (Beck et al., 1985).

As intervenções cognitivo-comportamentais para crianças com transtornos de ansiedade tendem a envolver uma série de elementos que têm como alvo cada um dos três domínios centrais, ou seja, cognitivo, emocional e comportamental. Esses elementos-chave estão resumidos na Figura 6.1 a seguir.

Depois que a criança e seus pais se **envolveram** no processo da TCC e estão comprometidos com a exploração da possibilidade de mudança, será então possível iniciar a intervenção. A ordem, o conteúdo específico e a ênfase terapêutica serão informados pela *formulação* do problema. Esta é desenvolvida em parceria com a criança e seus pais, fornecendo a justificativa para a intervenção e informando o conteúdo e o foco. A intervenção envolverá, inevitavelmente, alguma forma de ***psicoeducação,*** na qual a

```
                        Envolvimento
                             │
                             ▼
                        Psicoeducação
                     Formulação do problema
       ┌─────────────────────┼─────────────────────┐
       ▼                     ▼                     ▼
 Domínio COGNITIVO     Domínio EMOCIONAL    Domínio COMPORTAMENTAL
```

Domínio COGNITIVO
– Identificação de cognições disfuncionais que aumentam a ansiedade
– Identificação de armadilhas comuns de pensamento
– Teste de cognições disfuncionais
– Desenvolvimento de cognições funcionais alternativas

Domínio EMOCIONAL
– Identificação de sinais de ansiedade no corpo
– Automonitoramento e avaliação
– Identificação de desencadeantes da ansiedade
– Desenvolvimento de habilidades para manejo da ansiedade

Domínio COMPORTAMENTAL
– Identificação da hierarquia do medo
– Exposição gradativa
– Desenvolvimento de habilidades para solução de problemas
– Experimentos comportamentais

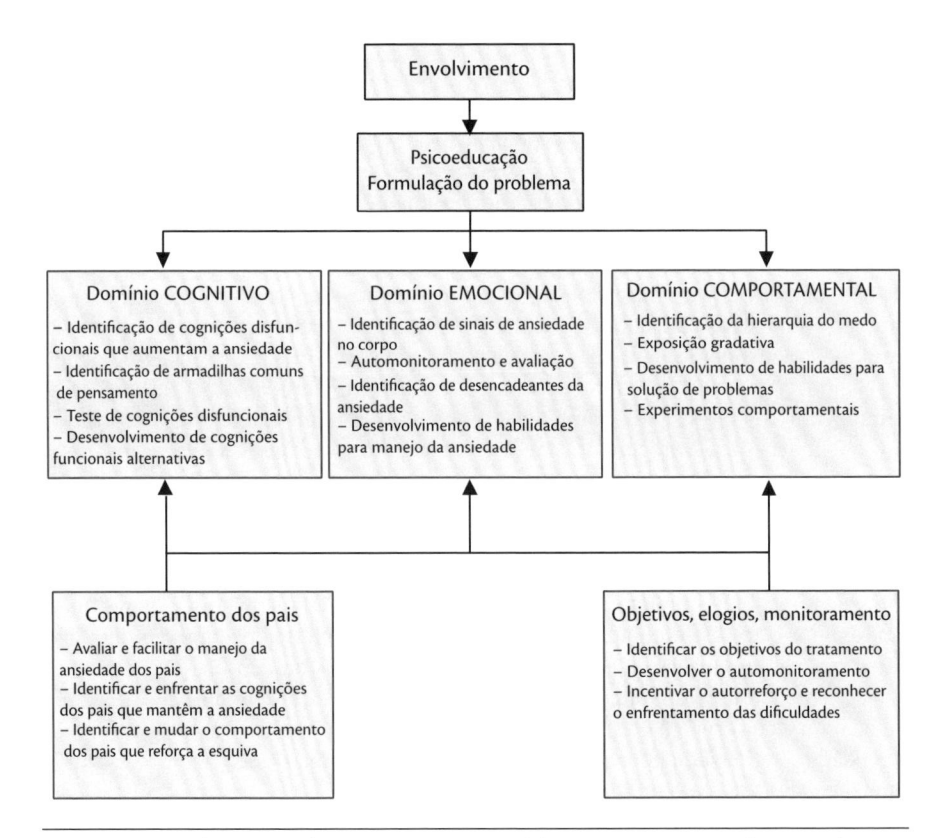

Comportamento dos pais
– Avaliar e facilitar o manejo da ansiedade dos pais
– Identificar e enfrentar as cognições dos pais que mantêm a ansiedade
– Identificar e mudar o comportamento dos pais que reforça a esquiva

Objetivos, elogios, monitoramento
– Identificar os objetivos do tratamento
– Desenvolver o automonitoramento
– Incentivar o autorreforço e reconhecer o enfrentamento das dificuldades

FIGURA 6.1 Elementos das intervenções cognitivo-comportamentais com crianças.

criança e sua família recebem uma explicação cognitiva a respeito dos sintomas presentes e da intervenção. O terapeuta vai destacar os três domínios principais da TCC (isto é, cognitivo, emocional e comportamental) e irá enfatizar a importante relação entre eles. O processo da TCC será descrito e, em particular, serão realçados os aspectos de participação colaborativa e ativa. A intervenção se encaminha tipicamente para o **domínio emocional**, em que a criança é ajudada a identificar suas diferentes emoções e os sinais que seu corpo utiliza para indicar ansiedade. Depois que a criança consegue identificar seus sinais de ansiedade, ela é encorajada a **monitorar a ocorrência destes e avaliar a sua força**. Isso facilita a sua compreensão sobre as situações e acontecimentos que desencadeiam a sua ansiedade. Por fim, a criança é ajudada a descobrir novas habilidades de relaxamento para auxiliá-la a **manejar** seus sentimentos ansiosos.

A intervenção irá então se deter no **domínio cognitivo,** em que a criança é ajudada a identificar a relação entre os pensamentos e os sentimentos. São identificados os pensamentos comuns que aumentam a ansiedade e realçadas as **armadilhas cognitivas** subjacentes que neles estão impregnadas. A criança é, então, ajudada a experimentar **testar** ativamente a realidade dos pensamentos que aumentam sua ansiedade. Através desse processo, ela começa a enfrentar os pensamentos que aumentam sua ansiedade e a desenvolver formas alternativas de pensar que sejam **equilibradas** e mais úteis.

O foco no **domínio comportamental** permite que a criança pratique suas novas habilidades cognitivas e emocionais e explore se elas são úteis na abordagem dos seus problemas. É desenvolvida uma **hierarquia** das situações temidas e, começando pelo que provoca menos ansiedade, a criança **confronta sistematicamente** cada uma por vez. Também podem ser ensinadas **habilidades para a solução de problemas,** com o objetivo de preparar a criança para resolver dificuldades futuras. Durante esse processo, a criança será encorajada a identificar, **elogiar e recompensar** a si mesma por tentar usar as suas novas habilidades.

Embora ainda precisem ser documentados os benefícios particulares e o papel favorável dos pais na TCC com crianças ansiosas, continua a existir uma crença disseminada entre os clínicos de que eles devem estar envolvidos na intervenção. No mínimo, esse envolvimento deve ser psicoeducacional, de modo que eles, assim como seus filhos, sejam educados no modelo cognitivo e sejam capazes de entender e apoiar integralmente a intervenção. Em inúmeras situações, os próprios pais podem ter **problemas relacionados com a ansiedade** que contribuam para a manutenção ou início das dificuldades do seu filho. Se esses problemas forem significativos, os pais podem precisar ser incentivados a buscar uma ajuda especializada para eles mesmos ou, então, podem ser convidados a **praticar e usar** as ideias que seu filho está desenvolvendo para manejar a própria ansiedade.

As **crenças parentais** que podem interferir ou impedir o progresso do filho precisam ser abordadas e enfrentadas. Elas podem estar relacionadas com as expectativas dos pais quanto a acontecimentos negativos ou quanto à prontidão e habilidade do seu filho para lidar com as dificuldades. Igualmente, os **comportamentos dos pais** que mantêm a ansiedade do filho, como o ensaio de preocupações, oportunidades limitadas de praticar ou superproteção, precisam ser trabalhados.

A intervenção ocorre dentro de uma estrutura terapêutica que encoraja o *automonitoramento* como forma de aumentar o entendimento e a quantificação dos sintomas. Os *objetivos e metas* são regularmente identificados e revisados para demonstrar as mudanças e o progresso. Por fim, a criança e seus pais são encorajados a reconhecer e *recompensar* as tentativas de lidar com as dificuldades e a enfrentar as situações que provocam ansiedade.

ENVOLVIMENTO

A tarefa inicial se refere ao desenvolvimento da relação terapêutica, sendo dada uma atenção particular ao processo de envolvimento e de psicoeducação.

Muitas crianças parecem inicialmente ambivalentes ou ansiosas quanto a participar das sessões terapêuticas. Em muitos aspectos, isso não é de causar surpresa.

- As crianças, tipicamente, não buscam ajuda por conta própria e frequentemente participam de um tratamento devido a preocupações de outros profissionais ou dos seus pais.
- Elas podem não perceber que têm preocupações ou sintomas de ansiedade significativos e, assim, não veem a necessidade de receber ajuda de algum especialista.
- Elas podem ter uma percepção de que a razão para alguma ansiedade identificada reside em outra pessoa, como, por exemplo, um professor.
- Elas podem ter vivido com as suas ansiedades e preocupações por tanto tempo que estas se tornaram parte central das suas vidas. Portanto, fica difícil para elas imaginarem como as coisas poderiam ser diferentes.
- Elas podem ficar ansiosas quanto ao que irá acontecer durante a terapia e temer que as suas preocupações não sejam entendidas ou que lhes será pedido para fazerem coisas que lhes causam medo.

Inicialmente, as crianças podem não ter conhecimento das dificuldades, minimizar o seu significado ou gravidade ou podem parecer apreensivas, desinteressadas ou desmotivadas para obter mudanças. A atenção ao processo de envolvimento permite que essas questões sejam discutidas e é precursora do processo ativo de mudança que ocorre durante a TCC. O fracasso em abordar essas questões resultará na continuidade da ambivalência ou desmotivação da criança, ficando comprometidos a sua disposição e o compromisso para participar de um processo ativo de mudança.

Identificar uma área potencial de mudança

O primeiro passo do envolvimento requer que a criança reconheça que tem um problema. Assim, o clínico precisa enfatizar a importância de que se entenda a perspectiva da criança e a encoraje a expressar o seu ponto de vista:

- "Você está feliz com a sua vida ou existe alguma coisa que você gostaria que fosse diferente?"

- "O que poderia ser diferente na escola para que você se sentisse menos ansioso?"
- "Qual é a coisa com que você mais se preocupa?"
- "Existe alguma coisa que você gostaria de fazer, mas que não consegue por causa da sua ansiedade?"
- "O que teria que acontecer para que você percebesse que as suas preocupações ficaram tão grandes que é preciso fazer alguma coisa a respeito?"
- "Alguma vez as suas preocupações impediram você de fazer uma coisa de que gostaria muito?"

> Assegurar o reconhecimento de um problema.

Avaliar a disposição para mudar

Perguntas como essas ajudam a criança a reconhecer que podem ter áreas em sua vida que ela gostaria de mudar. Depois que a criança conseguiu reconhecer isso, precisa ser explorada a sua visão em relação a embarcar em um processo ativo de mudança. O reconhecimento de uma dificuldade não implica necessariamente que a criança deseja fazer algo a respeito. Ela pode se sentir ambivalente ou insegura sobre o quanto será difícil mudar. Para avaliar esse ponto, os "custos da mudança" e as barreiras potenciais precisam ser explorados.

- "Qual seria a coisa mais difícil ao tentar mudar isso?"
- "O que poderia dar errado?"
- "Qual a pior coisa que poderia acontecer?"
- "Qual é o momento certo para tentar?"
- "De que ajuda você precisaria para ter sucesso?"

O clínico precisa estabelecer uma relação segura por meio da qual a criança possa começar a identificar e reconhecer seus problemas e identificar os objetivos potenciais e as áreas de mudança que ela gostaria de atingir. O envolvimento é obtido através do desenvolvimento de habilidades básicas de acolhimento, empatia, escuta reflexiva e respeito. Essas habilidades comunicam à criança que ela é importante, que ela dá contribuições importantes, que o seu ponto de vista é ouvido e suas experiências, pensamentos e sentimentos são reconhecidos e validados. Através dessa relação em desenvolvimento, a criança é encorajada a explorar e identificar os aspectos da sua vida que são problemáticos e que ela gostaria de mudar. O clínico tenta aumentar a motivação e interesse pela mudança, enfatizando a diferença entre a situação atual e as aspirações da criança. As dificuldades potenciais e barreiras ao envolvimento em um ativo processo de mudança precisam ser discutidas e reconhecidas. A obtenção da mudança requer investimento e trabalho adicional da criança. Existe o perigo do fracasso: de que ela tente, mas não obtenha sucesso. Igualmente, o tempo pode ser um aspecto importante porque, embora seja desejável uma mudança, esse pode não ser o momento certo para tentar. Essas questões precisam ser discutidas com cuidado e resolvidas antes que a criança esteja pronta para participar ativamente de um processo de mudança.

> Estabelecer um compromisso com a mudança.

Explicar o modelo cognitivo básico da ansiedade

O reconhecimento de um problema e a identificação da necessidade de mudança são importantes, embora o processo de envolvimento também exija que a criança aceite que tanto a forma de ajuda que lhe está sendo oferecida possa provocar mudança quanto o clínico é capaz de facilitar o desenvolvimento das habilidades de que ela precisa. Inicialmente, esse processo pode ser desenvolvido através do fornecimento de informações em que a criança e sua família são:

- apresentadas ao modelo cognitivo básico da ansiedade;
- informadas sobre a eficácia da TCC no tratamento da ansiedade;
- conscientizadas de que a criança terá um papel central e ativo no processo de obtenção de mudança.

A psicoeducação fornece à criança e aos cuidadores um modelo explanatório da ansiedade dentro de uma estrutura da TCC. Tipicamente, ela destaca vários aspectos, os quais incluem:

- normatização da ansiedade como uma resposta comum e normal;
- compreensão das respostas de "luta ou fuga" diante da percepção de perigo;
- descrição das mudanças corporais comuns que acompanham a ansiedade;
- destaque da ligação existente entre as cognições e os sinais corporais de ansiedade;
- conscientização das distorções cognitivas e preconceitos associados à ansiedade;
- especificação dos efeitos no comportamento em termos de esquiva, perda da motivação e desempenho ansioso.

Esse conhecimento estará inicialmente em um nível geral e poderá ser compartilhado com a criança e seus pais de diferentes formas. A "armadilha da ansiedade", ilustrada na Figura 6.2, apresenta uma visualização básica da ligação entre pensamentos, sentimentos e comportamento e enfatiza como eles estão relacionados.

Outras vezes, o clínico poderá querer enfatizar o papel potencial das cognições em mais detalhes. O "ciclo da esquiva", apresentado na Figura 6.3 a seguir, mostra a relação simples entre as cognições que aumentam a ansiedade e as que a reduzem. Esses esquemas podem servir como uma introdução para a criança e seus pais sobre a importância de pensar sob diferentes maneiras. Embora a esquiva possa trazer um alívio temporário, não ajuda a criança a "reaver a sua vida". O ciclo se repetirá sempre que ela tiver que enfrentar uma situação nova ou desafiadora.

Ansiedade **91**

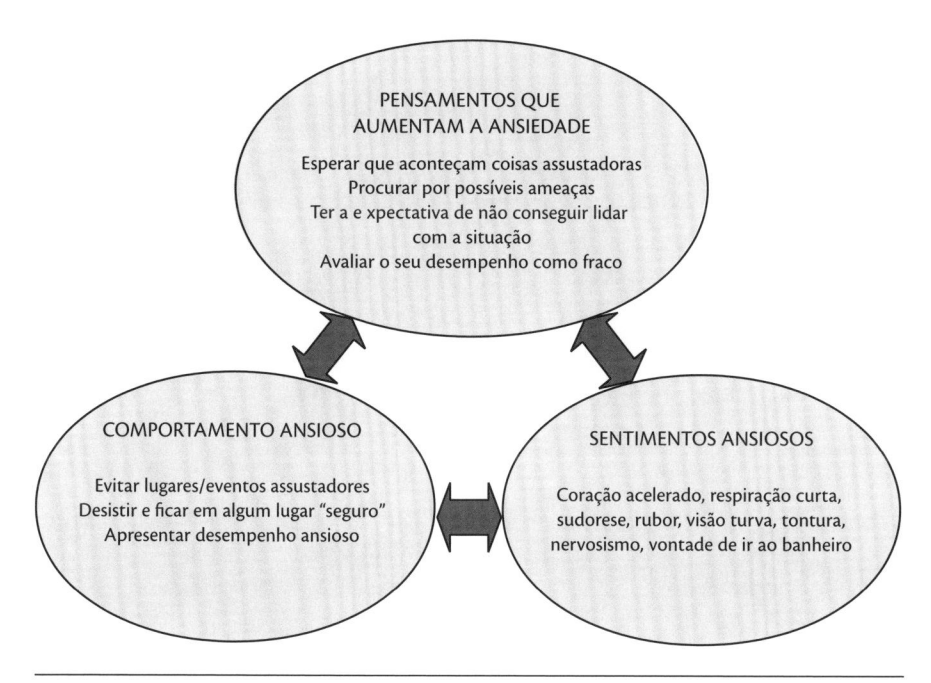

PENSAMENTOS QUE AUMENTAM A ANSIEDADE
Esperar que aconteçam coisas assustadoras
Procurar por possíveis ameaças
Ter a e xpectativa de não conseguir lidar com a situação
Avaliar o seu desempenho como fraco

COMPORTAMENTO ANSIOSO
Evitar lugares/eventos assustadores
Desistir e ficar em algum lugar "seguro"
Apresentar desempenho ansioso

SENTIMENTOS ANSIOSOS
Coração acelerado, respiração curta, sudorese, rubor, visão turva, tontura, nervosismo, vontade de ir ao banheiro

FIGURA 6.2 A armadilha da ansiedade.

Esses modelos gerais serão individualizados com o tempo, à medida que as dificuldades e pensamentos, sentimentos e comportamentos específicos da criança forem identificados e incorporados ao modelo.

O fornecimento inicial de informações como essas é muito importante. Elas validam e reconhecem as dificuldades da criança, oferecem uma forma de entender a sua ansiedade e a educam quanto ao modelo da TCC. E também começam a destacar, em um estágio inicial, como o ciclo da ansiedade pode ser mudado e dissipar mitos como "eu devo estar ficando louco", "eu estou doente" ou "eu sou a única pessoa que se sente assim".

> Fornecer informações sobre a TCC e sua provável eficácia.

O clínico esperançoso e otimista

A parte final do processo de envolvimento requer que a criança tenha confiança na intervenção proposta e no clínico. Esse precisa se apresentar otimista e com esperança e transmitir um sentimento de que existe uma boa chance de redução da ansiedade da criança. Essa mensagem é importante e servirá para facilitar o envolvimento, aumentar o comprometimento da criança e de seus pais para que participem dos

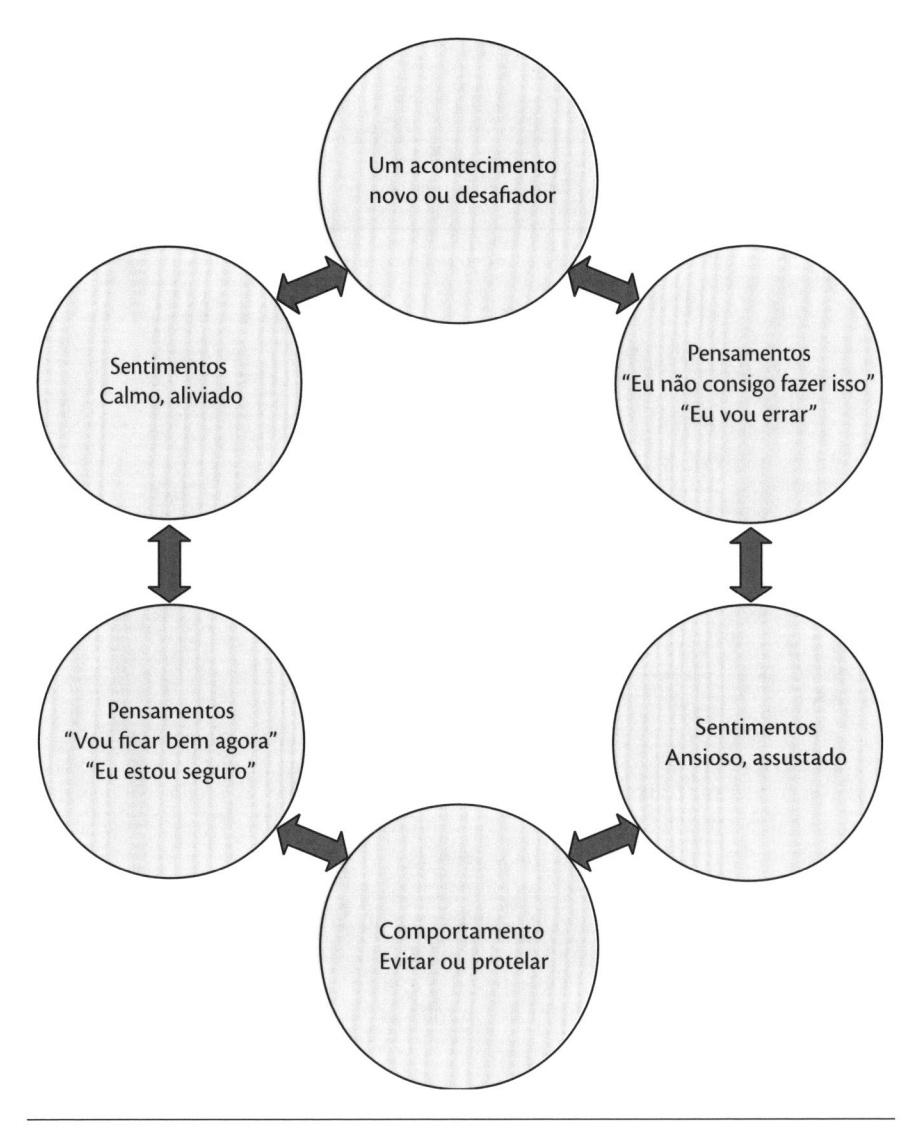

FIGURA 6.3 O ciclo da esquiva.

Ciclo (sentido horário a partir do topo):
- Um acontecimento novo ou desafiador
- Pensamentos: "Eu não consigo fazer isso" / "Eu vou errar"
- Sentimentos: Ansioso, assustado
- Comportamento: Evitar ou protelar
- Pensamentos: "Vou ficar bem agora" / "Eu estou seguro"
- Sentimentos: Calmo, aliviado

encontros e a sua motivação para experimentar ideias novas. Esse clima otimista é alcançado através do fornecimento de informações, como a de que o clínico já viu muitas crianças com problemas parecidos que aprenderam a enfrentar e superar a sua ansiedade. Igualmente, a criança e a família precisam saber que existem evidências de que a TCC é uma intervenção efetiva nos problemas de ansiedade.

O entusiasmo do clínico precisa ser equilibrado, a fim de que a criança esteja consciente de que, embora a TCC seja efetiva, ela não funciona para todo mundo. Para monitorar essa possibilidade, o progresso terapêutico deve ser revisado regularmente, permitindo, assim, que sejam identificadas as possíveis dificuldades e sua discussão em um estágio precoce. Se, depois de um período combinado, a intervenção não tiver sucesso, então poderá ser necessário o encaminhamento para uma intervenção alternativa.

> Despertar esperança e a confiança no clínico.

Explicar o processo da TCC

A terapia cognitivo-comportamental está baseada em vários princípios básicos que informam o processo terapêutico. A ênfase nas características principais do processo durante o encontro inicial é importante e prepara a criança e seu cuidador para os seus papéis ativos nas sessões posteriores. Igualmente, conforme mencionado acima, o processo terapêutico oferece um meio pelo qual o clínico desperta um sentimento de esperança e promove a autoeficácia. Esse aspecto é particularmente importante para crianças, em geral encaminhadas para a ajuda por terceiros e podem ter apenas uma noção parcial dos seus problemas presentes; elas têm assim um investimento, ou compreensão, limitado a respeito do seu papel na obtenção da mudança. Igualmente, algumas crianças já vivem há vários anos com seus problemas e acharão difícil considerar até mesmo alguma possibilidade de mudança, e muito menos o seu papel central para realizá-la.

Embora os princípios sobre os quais a TCC esteja baseada façam parte da literatura profissional, sem dúvida as crianças e seus pais não estarão familiarizados com eles, a menos que estes sejam explicitados.

Colaboração

A TCC é uma parceria colaborativa entre o clínico, a criança e seus pais. Ela é, portanto, muito diferente da relação "especialista/profissional" que muitas crianças e famílias podem ter vivenciado. Isso precisa ser reconhecido, pois o clínico se diferencia dos outros profissionais e adultos com quem a criança e sua família já se encontraram. É preciso que seja declarado claramente que a criança, seus pais e o clínico são parceiros iguais na relação terapêutica. Cada um contribui com as suas próprias experiências, conhecimento e ideias que podem ser usados para informar, desenvolver e avaliar o uso de habilidades e comportamentos alternativos. A criança é a especialista nas suas próprias experiências e interesses. Os pais fornecem uma perspectiva alternativa e informações sobre o que pode ou não ajudar, enquanto o clínico fornece uma estrutura na qual as ansiedades da criança podem ser organizadas e compreendidas. A colaboração requer a criação de um processo terapêutico em que a criança se sente importante e no qual as suas ideias são encorajadas, ouvidas e valorizadas. Isso pode parecer incomum para muitas crianças, e não é raro que inicialmente haja alguma apreensão ou suspeita.

Papel ativo

Implícito no conceito de colaboração está a expectativa de que cada parceiro terá contribuições importantes a fazer. A criança e seus pais terão, portanto, um papel ativo na terapia. Em vez de receber passivamente conselhos e sugestões do clínico, a criança e seus cuidadores estarão envolvidos ativamente na geração, identificação, testagem e avaliação das novas estratégias e habilidades. Para muitas crianças, esse será um conceito novo.

Capacitação

A TCC é uma terapia de capacitação concebida para desenvolver os pontos fortes da criança e facilitar o autodesenvolvimento e a eficácia. Não há dúvida de que haverá ocasiões em que a criança terá conseguido lidar melhor com suas dificuldades ou usará estratégias que lhe possibilitem algum grau de ajuda. A autorreflexão e a solução de problemas são usadas para ajudar a criança e seus cuidadores a descobrirem as habilidades e ideias que já foram úteis anteriormente. Elas são, então, desenvolvidas e utilizadas para promover processos e comportamentos mais adaptativos.

Abertura

Para que se desenvolva uma parceria colaborativa, a relação deve ser aberta, com as informações sendo compartilhadas livremente e de forma acessível. As sessões devem ser adaptadas ao respectivo nível de desenvolvimento da criança, e com crianças menores poderão ser necessários mais métodos e materiais não verbais. Deve-se prestar atenção ao uso da linguagem para garantir que ela seja simples sem ser padronizada, compreensível e sem jargões. A quantidade de informações fornecida deve ser suficiente para garantir uma compreensão clara, mas não deve se tornar desnecessariamente detalhada, a fim de evitar que a criança e seus cuidadores fiquem sobrecarregados.

Autodescoberta

É preciso que seja adotada uma atitude terapêutica aberta de acordo com a qual seja promovido um clima de curiosidade e experimentação. Isso reforça a importante mensagem de que não existe uma resposta "certa ou errada" e também desafia alguns pensamentos dicotômicos que são particularmente comuns entre os adolescentes. Através desse processo, as crianças descobrem que existem muitas formas diferentes de se pensar e lidar com os problemas, e que métodos individuais podem nem sempre ser efetivos. A tarefa é, portanto, experimentar métodos para identificar os que são mais úteis.

Os encontros iniciais fornecem informações consideráveis à criança e ao seu cuidador. Assim, é útil fornecer por escrito resumos e folhetos que possam ser levados para casa e lidos sem pressa ou compartilhados com aqueles que não puderam comparecer à sessão. Exemplos de materiais psicoeducacionais para crianças e cuidadores são apresentados no Capítulo 12. ***Aprendendo a Vencer a Ansiedade*** é um folheto para pais que fornece informações introdutórias sobre ansiedade, a justificativa para a TCC e o que os pais podem fazer para apoiar seus filhos durante e após a intervenção. Um folheto similar planejado para as crianças fornece um conhecimento básico da ansiedade, apresenta a criança à natureza e ao foco da TCC e, em particular, destaca o processo ativo e colaborativo.

> Destacar a natureza colaborativa e ativa da TCC com a criança e o clínico, trabalhando em parceria.

COMBINAR OS OBJETIVOS DO TRATAMENTO

O processo inicial de envolvimento e psicoeducação irá elucidar a disposição da criança e sua família em embarcar no processo ativo de mudança. A tarefa seguinte é buscar um entendimento claro dos objetivos na direção que a criança e o clínico irão trabalhar. O esclarecimento dos objetivos é importante no começo da terapia. Esses objetivos fornecerão um conjunto explícito e compartilhado de expectativas sobre o que a TCC pode e não pode alcançar. Os objetivos devem, portanto, ser escolhidos cuidadosamente, uma vez que, se estes forem excessivamente ambiciosos ou pouco definidos, podem resultar na ausência de um sucesso mensurável. Isso pode ser desmoralizante e também reforçar cognições negativas na criança ou na família sobre impotência, desesperança ou desamparo, uma situação que deve ser evitada.

Há uma série de fatores a serem considerados quando se combinam bons objetivos de tratamento, os quais são representados pelo acrônimo SMART. Ele enfatiza que os objetivos devem ser específicos (*specific*), mensuráveis (*mensurable*), realizáveis (*achievable*), realistas (*realistic*) e orientados no tempo (*time-oriented*).

Objetivos específicos

Os objetivos apropriados devem ser positivos e específicos. Os objetivos do tratamento precisam enfatizar positivamente o que será realizado, em vez do que será interrompido. Objetivos como "não me se sentir ansioso" ou "não me preocupar muito" devem ser expressos de uma forma positiva. Uma ênfase positiva é mais capacitante e, por ser orientada para a ação, enfatiza aquilo em que a criança está trabalhando, isto é, "ir sozinho para a escola" ou "dormir fora de casa na festa de aniversário do meu amigo".

Os objetivos do tratamento também devem ser específicos de modo que sejam claros e compreensíveis para todos os envolvidos. Clareza e especificidade ajudam a reduzir a ambiguidade potencial e definem o contexto ou as circunstâncias em que o objetivo será atingido. Por exemplo, o objetivo de um jovem de ir para a cidade com um amigo é muito diferente de ir sozinho para a cidade.

Objetivos mensuráveis

Embora nem sempre seja possível, geralmente é útil combinar metas que possam ser avaliadas objetivamente. Por exemplo, fica muito claro se uma criança quer "ir à escola sozinha", mas um objetivo como "sentir-se mais confiante no *playground*" é mais difícil de avaliar de forma independente. Nessa situação, o clínico precisaria questionar o que os outros observassem ou de que modo a criança demonstraria um comportamento diferente, caso se sentisse mais confiante.

Em muitos casos, a intervenção provocará mudanças na frequência, duração ou intensidade dos pensamentos e sentimentos ansiosos, em vez da sua erradicação total. Para quantificar essa relativa mudança, é importante usar regularmente o automonitoramento, para que as mudanças possam ser verificadas ao longo do tempo. Isso é particularmente importante se os objetivos estiverem relacionados a estados subjetivos, como "me sentir mais calmo antes da escola", em que o uso regular de escalas de avaliação deve ser sempre encorajado.

Objetivos realizáveis

A realização dos objetivos precisa estar sob o controle ou influência do jovem. Os objetivos sobre os quais o jovem não tem controle, como "para que toda a família fique mais relaxada" ou "para mamãe ficar menos estressada", devem ser evitados. A realização bem-sucedida destes dependerá de muitos fatores que estão fora do controle do jovem e, geralmente, além do foco específico da intervenção.

Os objetivos do tratamento também precisam ser combinados por todos os envolvidos. Essa "assinatura" enfatiza a natureza colaborativa da TCC e, mais uma vez, destaca o papel central e importante da criança e de seus pais. Entretanto, inevitavelmente, haverá momentos em que os pais e as crianças irão identificar objetivos diferentes. Essas diferenças têm que ser reconhecidas e priorizadas, de forma que os objetivos maiores ou de prazo mais longo fiquem "estacionados" até que os objetivos mais fáceis ou mais imediatos tenham sido garantidos.

Objetivos realistas

Como já foi mencionado, "não ter mais preocupações" seria tanto irrealista quanto inatingível. As preocupações ou sentimentos ansiosos vão continuar, de modo que o objetivo da terapia é assegurar que eles ocorram com menos frequência, sejam menos intensos e menos problemáticos. Portanto, a criança e sua família precisam ter expectativas realistas e possíveis quanto ao que o tratamento pode atingir e o que ele não pode.

Objetivos orientados no tempo

O período de tempo em que os objetivos do tratamento serão atingidos deve ser especificado. Inevitavelmente, isso envolverá algum grau de predição o qual precisará ser reavaliado. No entanto, é um meio de oferecer ao jovem a "melhor previsão" sobre o período de tempo da possível duração do tratamento e os objetivos que podem ser alcançados em curto, médio e longo prazo. Essa estrutura também ajuda a contrapor expectativas irrealistas quanto a mudanças imediatas e oferece um alvo em relação ao qual o progresso pode ser monitorado.

> Combinar objetivos que sejam positivos, realizáveis, claros e mensuráveis

DIVIDIR OS OBJETIVOS EM ALVOS

Para cada objetivo, haverá uma série de passos ou alvos que podem ser identificados. A criança que deseja atingir o objetivo de ir sozinha para a escola, por exemplo, pode identificar os seguintes alvos:

- Caminhar até a escola no fim de semana com mamãe.
- Caminhar até a escola na terça-feira à tarde com mamãe.
- Caminhar até a escola na quinta-feira de manhã com mamãe.
- Caminhar até a escola com mamãe e entrar na recepção.
- Caminhar até os portões da escola com mamãe e entrar sozinho na recepção.
- Caminhar até o fim da rua com mamãe e depois entrar sozinho na recepção.
- Caminhar sozinho até a escola.

O processo de desenvolvimento de alvos e a formação de uma hierarquia das dificuldades serão discutidos em mais detalhes em capítulo posterior. No entanto, é importante que o clínico seja claro quanto a quais alvos podem ser de curto prazo e o período de tempo que eles podem levar para ser alcançados.

Combinar objetivos e alvos claros proporciona uma forma de avaliar a mudança e garantir que o clínico e a criança estejam trabalhando na direção da conquista dos resultados combinados.

> Os objetivos devem ser divididos em alvos que são ordenados conforme a dificuldade.

A FORMULAÇÃO

A avaliação inicial, em geral, se encerra com o desenvolvimento da formulação do problema. A formulação é desenvolvida e combinada colaborativamente e fornece uma compreensão compartilhada da ansiedade da criança dentro de uma estrutura de TCC. A formulação fornece um resumo visual da relação entre acontecimentos importantes, pensamentos e sentimentos, e como tal pode ser uma forma muito poderosa de ajudar a criança e seus pais a entenderem a sua ansiedade. As formulações também são muito capacitantes, uma vez que, depois que é entendida a relação entre os aspectos-chave, a criança e seus pais podem começar a considerar o que elas precisam fazer para realizar a mudança.

Como regra geral, as formulações devem ser simples. Elas precisam fornecer as informações de que a criança e seus pais precisam para entender seus problemas e não devem ser excessivamente detalhadas ou inclusivas. A formulação desenvolvida e compartilhada com a criança será diferente daquela de que o clínico necessita. A formulação do clínico precisará especificar em detalhes a natureza e o tipo das cognições da criança, ser comparada a modelos teóricos explanatórios e deverá ser avaliada durante a supervisão. Esse nível de detalhamento não é necessário para a criança ou seus pais.

Formulações da manutenção

As formulações são dinâmicas, mantendo-se em evolução e desenvolvimento ao longo do tempo à medida que novas informações são identificadas e assimiladas. Existem tipos diferentes de formulações, sendo que as mais acessíveis e mais fáceis são as formulações da manutenção. Elas servem simplesmente para destacar as relações entre os eventos desencadeantes, pensamentos automáticos, sentimentos e comportamento.

> *Jane (8 anos) tinha medo de germes e doenças. O início dos seus sintomas de medo coincidiu com um incidente em que ela descobriu no jardim um pássaro morto que estava coberto de moscas. Jane contou a sua mãe, que lhe disse para não chegar perto ou tocá-lo para não pegar germes. Jane, então, tornou-se muito preocupada com moscas e pássaros, temendo ser infectada com germes se eles se aproximassem dela. Jane começou a ficar dentro de casa e, embora fosse verão, mantinha as janelas e as portas fechadas. Se um pássaro se aproximasse dela no jardim ou uma mosca entrasse na casa, ela gritava, entrava em pânico e hiperventilava. A Figura 6.4 a seguir representa uma formulação simples da manutenção, que destaca o que acontece quando Jane vê um pássaro ou uma mosca.*

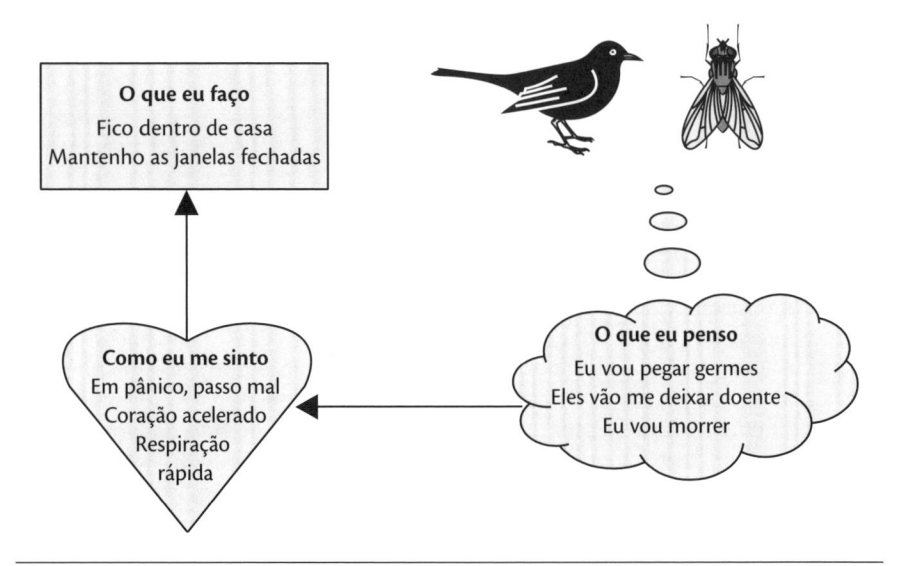

FIGURA 6.4 Uma formulação da manutenção de Jane.

> As formulações da manutenção captam as relações entre
> pensamentos, sentimentos e comportamento.

Formulações de início

Em outras ocasiões, a criança e seus pais podem querer ter um melhor entendimento de como e por que as ansiedades se desenvolveram. Os principais acontecimentos que influenciaram o desenvolvimento de crenças mais profundas e que fornecem a estrutura para filtragem e compreensão do seu mundo podem precisar ser desenvolvidos. Neste aspecto, as formulações de início geralmente incluem a especificação de cognições mais profundamente enraizadas como, por exemplo, crenças centrais ou esquemas e os pressupostos cognitivos através dos quais essas crenças são operacionalizadas.

As crenças centrais são crenças rígidas e fixas que desenvolvemos sobre nós mesmos (p. ex., "eu sou um fracasso", "ninguém vai me amar"), nosso mundo (p. ex., "as pessoas querem me magoar") ou sobre o futuro (p. ex., "eu preciso que as pessoas ajudem a me manter"). Essas crenças são desenvolvidas durante a infância por meio de acontecimentos importantes que fornecem a estrutura para a interpretação dos eventos que ocorrem. As crenças centrais são as cognições mais profundas e menos acessíveis. Elas são prevalentes e sustentam a forma como a criança pensa a respeito de muitas situações e acontecimentos.

As crenças centrais são operacionalizadas através dos pressupostos cognitivos ou predições. Elas são as regras de vida que as pessoas adotam e, frequentemente, são caracterizadas por afirmações "se/então". A criança que tem uma crença central de que ela é "um fracasso" pode assumir que "se ela tentar, vai fracassar". A crença de que "ninguém vai me amar" pode ser operacionalizada pelo pressuposto de que "se eu me aproximar de alguém, ele vai me abandonar". Os pressupostos são, portanto, as predições da criança sobre o que acontecerá e, por sua vez, vão influenciar e moldar seus pensamentos automáticos.

Os pensamentos automáticos são as cognições mais acessíveis e geralmente são referidos como "autodiálogo". São pensamentos que estão passando constantemente pela nossa cabeça. Muitos deles são descritivos, alguns são sobre nós mesmos ("todo mundo vai achar que eu pareço um idiota com esses *jeans*"), nosso desempenho ("ah, não, eu não devia ter dito aquilo ao Mike") e sobre o futuro ("aposto como o meu professor vai implicar comigo amanhã"). Os pensamentos de particular interesse são os preconceitos e as distorções que já se sabe que estão associados aos transtornos de ansiedade.

> *Joe (11 anos) sempre foi um menino sensível, embora durante o último ano as suas preocupações tivessem se tornado mais frequentes. Em diversas ocasiões, essas preocupações resultaram em ansiedade extrema e ele parecia cada vez mais preocupado consigo mesmo. Joe desenvolveu preocupações quanto à saúde – a sua, mas particularmente a da sua mãe. Em decorrência disso, ela tinha de passar um tempo considerável tranquilizando seu filho de que não estava doente. A família não entendia as preocupações de Joe com a saúde.*

Todos gozavam de boa saúde e não havia problemas importantes nesse sentido. No entanto, durante a discussão, a mãe de Joe recordou um acontecimento, ocorrido um ano antes, quando ela passou mal de repente e teve que ir para o hospital para ser examinada e monitorada. Esse acontecimento foi visto inicialmente como sem importância pela mãe de Joe, que estava visivelmente em boa forma, sentindo-se bem e continuava assim desde então. Contudo, a discussão revelou como esse acontecimento abalou repentinamente as crenças de Joe a respeito do seu mundo. A garantia de que seus pais sempre estariam ali para cuidar dele foi colocada em dúvida. Joe passou a acreditar cada vez mais que seus pais, particularmente sua mãe, morreriam. Essa crença o levou a desenvolver vários pressupostos ou predições e a achar que, se ele ficasse com sua mãe, conseguiria impedir que isso acontecesse. Essas crenças e pressupostos eram ativados quando ele tinha que sair de perto da mãe, como na hora de ir para a escola. Joe então se envolvia em uma busca considerável de tranquilização e se queixava de não estar se sentindo bem a fim de que pudesse ficar em casa com sua mãe. Isso foi representado na formulação de início apresentada na Figura 6.5.

> As formulações de início identificam os acontecimentos importantes que levaram ao desenvolvimento de crenças e pressupostos cognitivos os quais estão na base da ansiedade.

Quatro formulações do sistema

O modelo básico da TCC tende a se concentrar nos três domínios principais de pensamentos, sentimentos e comportamento. Por vezes, é útil transformá-los em quatro sistemas, para que os sintomas corporais e os sentimentos possam ser separados. A experiência clínica com crianças ansiosas sugere que a separação dos sentimentos e sintomas nem sempre é necessária, e na verdade pode se revelar uma tarefa difícil. No entanto, essa divisão é particularmente útil quando a criança tem uma percepção errada dos seus sintomas de ansiedade, entendendo-os como sinais de uma doença física séria. A identificação dos sintomas psicológicos e a oferta de uma explicação alternativa à resposta de ansiedade a essa ocorrência pode ser muito tranquilizadora.

Sara tinha muitas preocupações relacionadas à saúde, acreditando que estava gravemente enferma. Ela havia se submetido a muitos exames e os pediatras estavam certos de que não havia razão física para seus sintomas. Os registros de automonitoramento identificaram uma relação clara entre determinadas situações (escola), momentos do dia (primeira coisa da manhã nos dias de semana), seus pensamentos e a presença dos seus sintomas. Em particular, Sara se preocupava com sua aceleração cardíaca e a respiração rápida, o que ela percebia como sinais de uma doença física grave.

Ansiedade **101**

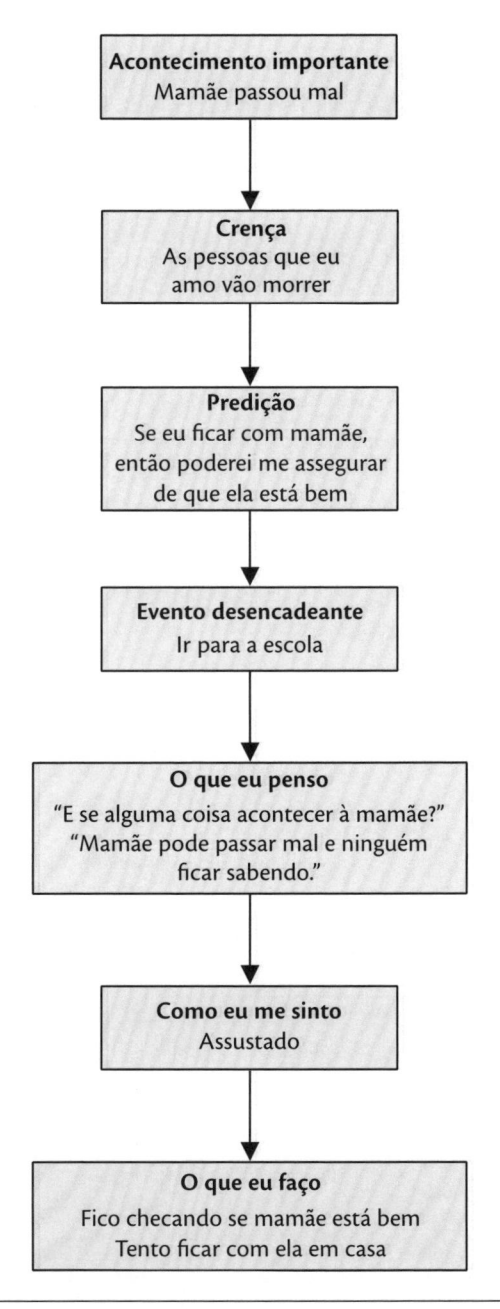

```
┌─────────────────────────┐
│ Acontecimento importante│
│    Mamãe passou mal     │
└───────────┬─────────────┘
            ▼
   ┌─────────────────┐
   │     Crença      │
   │ As pessoas que eu│
   │  amo vão morrer │
   └────────┬────────┘
            ▼
┌─────────────────────────┐
│       Predição          │
│  Se eu ficar com mamãe, │
│ então poderei me assegurar│
│   de que ela está bem   │
└───────────┬─────────────┘
            ▼
   ┌─────────────────┐
   │Evento desencadeante│
   │  Ir para a escola │
   └────────┬────────┘
            ▼
┌─────────────────────────┐
│      O que eu penso     │
│"E se alguma coisa acontecer à mamãe?"│
│ "Mamãe pode passar mal e ninguém │
│      ficar sabendo."    │
└───────────┬─────────────┘
            ▼
   ┌─────────────────┐
   │ Como eu me sinto│
   │    Assustado    │
   └────────┬────────┘
            ▼
┌─────────────────────────┐
│      O que eu faço      │
│Fico checando se mamãe está bem│
│ Tento ficar com ela em casa │
└─────────────────────────┘
```

FIGURA 6.5 Uma formulação de início para Joe.

A Figura 6.6 a seguir representa uma das formulações da TCC desenvolvidas para ajudar Sara a entender que seus sintomas estavam relacionados à ansiedade, influenciados por seus pensamentos. Outras situações foram acompanhadas de forma similar para identificar esse padrão repetitivo, o que ajudou Sara a reavaliar sua crença de que não estava bem.

> A separação dos sentimentos e sintomas pode ser útil quando os sintomas estão sendo mal-interpretados.

Incorporação dos fatores parentais

Em outras ocasiões, pode ser necessário incluir na formulação comportamentos ou cognições parentais importantes. Isso ajuda a destacar como os problemas se desenvolveram e o que precisaria mudar na criança e nos pais para que a situação melhore.

Anna (12 anos) foi encaminhada com transtorno de ansiedade generalizada. Ela sempre foi preocupada, mas isso se tornou particularmente difícil desde que

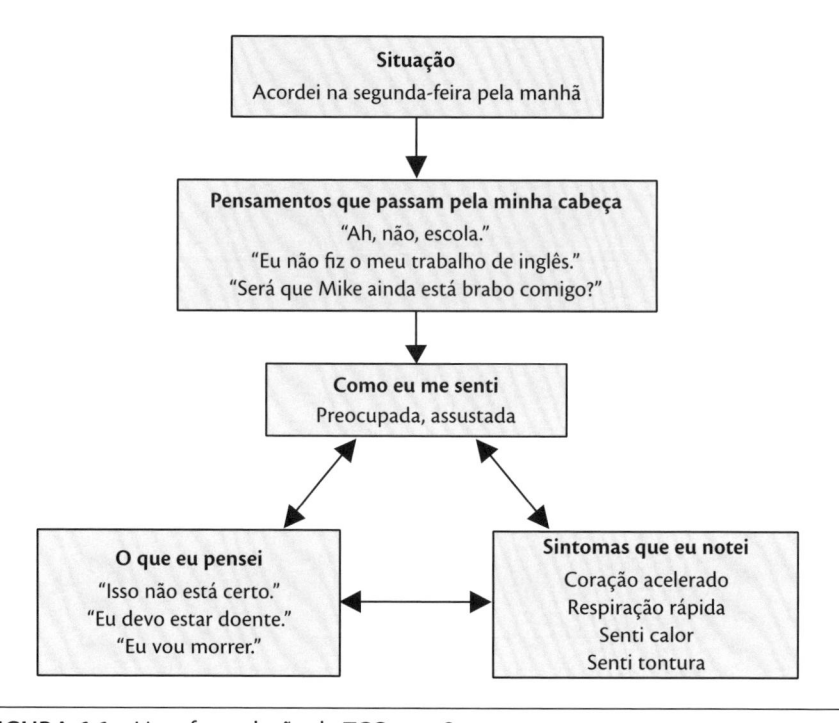

Situação
Acordei na segunda-feira pela manhã

Pensamentos que passam pela minha cabeça
"Ah, não, escola."
"Eu não fiz o meu trabalho de inglês."
"Será que Mike ainda está brabo comigo?"

Como eu me senti
Preocupada, assustada

O que eu pensei
"Isso não está certo."
"Eu devo estar doente."
"Eu vou morrer."

Sintomas que eu notei
Coração acelerado
Respiração rápida
Senti calor
Senti tontura

FIGURA 6.6 Uma formulação da TCC para Sara.

passou para a escola secundária. Agora, esse problema estava afetando a sua capacidade de fazer seu trabalho escolar e entregar as tarefas de casa. Quando Anna recebia algum trabalho, pensava imediatamente que não conseguiria dar conta ou concluir a tarefa. Anna descreveu que sua mente ficava em branco e não conseguia decidir por onde começar. Ela recorda que entrava em pânico, sentia calor, tontura e o coração acelerado. Buscava constantemente a tranquilização do seu professor/mãe para se certificar de que estava fazendo a coisa certa e que seu trabalho estava correto.

Em termos do desenvolvimento inicial, Anna nasceu com um coágulo sanguíneo e passou as primeiras seis semanas de vida no hospital. Essa foi uma época difícil para sua mãe, que não sabia se a sua filha iria sobreviver. Felizmente, isso não resultou em um prejuízo cognitivo significativo, mas levou a uma relação muito próxima com sua mãe. Esta descreveu como Anna se transformara em uma menina muito preciosa e como ela havia se tornado superprotetora com a filha. A mãe de Anna também sofria de um transtorno de ansiedade e era muito sensível a qualquer sinal de sofrimento de sua filha. Isso parece ter incentivado em Anna um sentimento de dependência do seu passado, e que atualmente há uma Anna que se sente incapaz de experimentar qualquer coisa sem a sua mãe, como mostra a Figura 6.7.

> **As cognições e crenças parentais importantes podem ser incluídas nas formulações.**

As formulações devem ser desenvolvidas de uma maneira aberta e objetiva, com o devido cuidado para evitar temas negativos e inúteis, tais como "culpa". Os comportamentos superprotetores ou controladores dos pais, por exemplo, podem ser discutidos como uma "preocupação" pela qual o genitor tenta minimizar o sofrimento do seu filho. O processo de psicoeducação irá, contudo, ajudá-lo a reconhecer que tal comportamento "preocupado" pode não mais ser útil, pois a criança precisa desenvolver independência e autonomia.

Para facilitar o processo aberto e colaborativo da TCC, é útil que se compartilhe a formulação assim que possível. O clínico não precisa ter todas as informações antes de dar início a esse processo, mas pode oferecer uma estrutura na qual as informações possam ser adicionadas. A falta ou desconhecimento de informações podem ser destacados com um quadro vazio ou um ponto de interrogação, o que poderá depois se tornar o foco de encontros futuros. Portanto, as formulações devem ser vistas como dinâmicas e em desenvolvimento, e como tal devem ser regularmente avaliadas e atualizadas.

A formulação fornece um resumo útil da situação atual, a qual, por sua vez, informa a natureza e o foco da intervenção e as habilidades que a criança e seus pais precisam desenvolver.

> **As formulações são dinâmicas e fornecem um resumo visual que fornece informações à intervenção.**

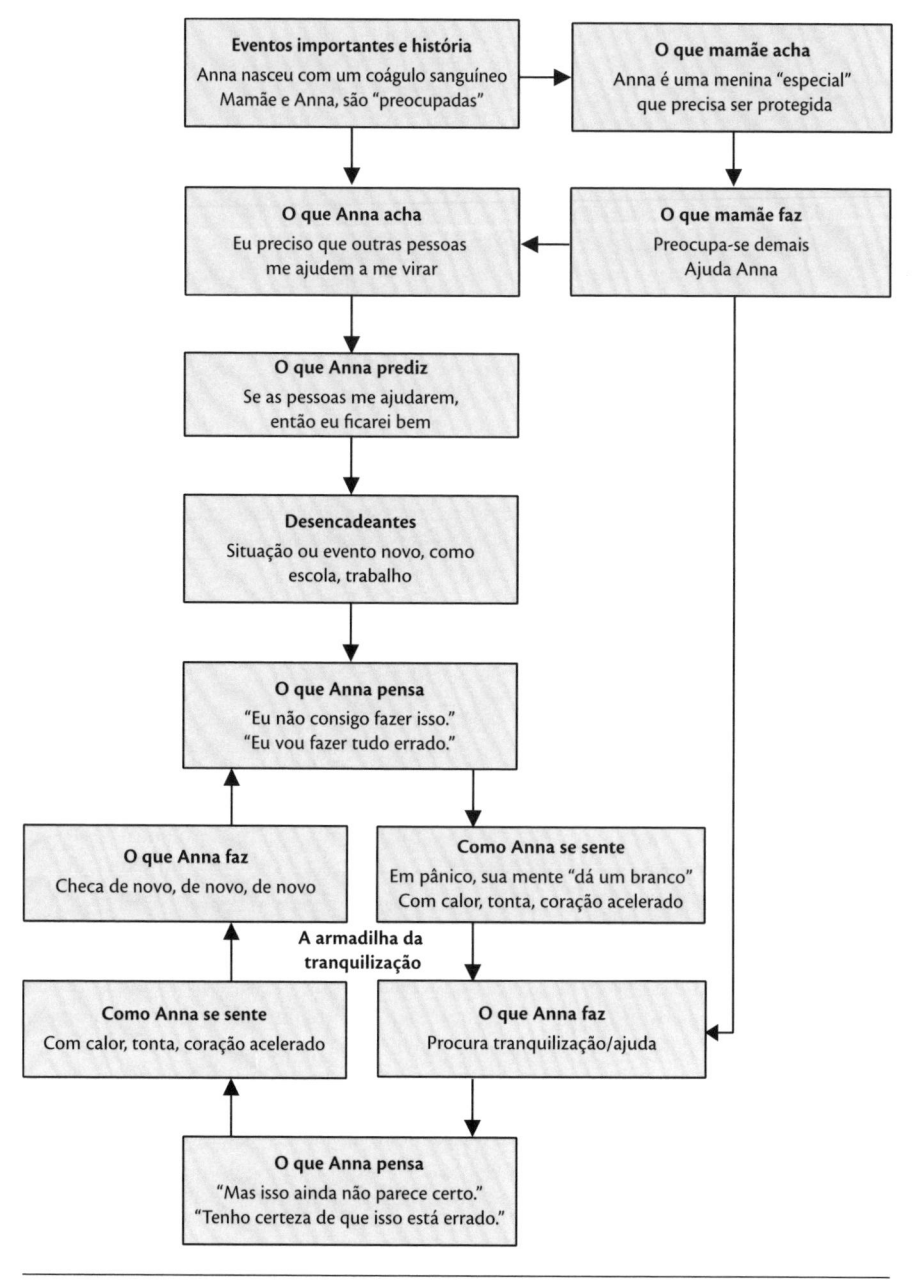

```
┌─────────────────────────────────────┐        ┌─────────────────────────────────────┐
│   Eventos importantes e história    │        │         O que mamãe acha            │
│ Anna nasceu com um coágulo sanguíneo│──────▶ │    Anna é uma menina "especial"     │
│  Mamãe e Anna, são "preocupadas"    │        │      que precisa ser protegida      │
└─────────────────────────────────────┘        └─────────────────────────────────────┘
                  │                                              │
                  ▼                                              ▼
┌─────────────────────────────────────┐        ┌─────────────────────────────────────┐
│         O que Anna acha             │        │         O que mamãe faz             │
│    Eu preciso que outras pessoas    │◀────── │        Preocupa-se demais           │
│        me ajudem a me virar         │        │             Ajuda Anna              │
└─────────────────────────────────────┘        └─────────────────────────────────────┘
                  │
                  ▼
       ┌─────────────────────────┐
       │    O que Anna prediz    │
       │  Se as pessoas me ajudarem,
       │    então eu ficarei bem │
       └─────────────────────────┘
                  │
                  ▼
       ┌─────────────────────────┐
       │      Desencadeantes     │
       │  Situação ou evento novo, como
       │      escola, trabalho   │
       └─────────────────────────┘
                  │
                  ▼
       ┌─────────────────────────┐
       │     O que Anna pensa    │
       │  "Eu não consigo fazer isso."
       │  "Eu vou fazer tudo errado."
       └─────────────────────────┘
              │            │
              │            ▼
              │   ┌─────────────────────────────────────┐
              │   │        Como Anna se sente           │
              │   │  Em pânico, sua mente "dá um branco"│
              │   │  Com calor, tonta, coração acelerado│
              │   └─────────────────────────────────────┘
              │                      │
┌─────────────────────────┐          │
│     O que Anna faz      │          │
│ Checa de novo, de novo, │          │
│        de novo          │          │
└─────────────────────────┘          │
              ▲         A armadilha da
              │         tranquilização
┌─────────────────────────┐   ┌─────────────────────────────────────┐
│   Como Anna se sente    │   │         O que Anna faz              │
│ Com calor, tonta,       │   │    Procura tranquilização/ajuda     │◀──┐
│ coração acelerado       │   └─────────────────────────────────────┘   │
└─────────────────────────┘                    │                         │
              ▲                                ▼                         │
       ┌─────────────────────────────────────────────┐
       │              O que Anna pensa               │
       │   "Mas isso ainda não parece certo."        │
       │   "Tenho certeza de que isso está errado."  │
       └─────────────────────────────────────────────┘
```

FIGURA 6.7 Formulação para Anna, incorporando os fatores parentais.

7
Envolvimento dos Pais

Os benefícios adicionais de se envolver os pais nos programas de TCC com crianças ainda não foram demonstrados de forma consistente. No entanto, a visão clínica dominante, que é endossada pelos parâmetros práticos produzidos pela American Academy of Child and Adolescent Psychiatry (2007), é a de que os pais devem ser envolvidos no programa de tratamento. O seu envolvimento promove oportunidades para se abordar os comportamentos parentais que já foram identificados como associados à ansiedade em crianças. Embora essas associações possam não ser específicas da ansiedade, encontrou-se que os pais de filhos ansiosos:

1. são excessivamente intrusivos e controladores, limitando assim as oportunidades do filho de aprender a enfrentar e superar os desafios;
2. encorajam a esquiva dos filhos em situações que despertam medo;
3. podem ser mais negativos e críticos a respeito do desempenho do filho;
4. podem modelar o comportamento ansioso do filho.

O envolvimento dos pais na intervenção propicia, portanto, oportunidades de redução da ansiedade parental, facilita a autonomia adequada da criança e a capacidade de lidar com os problemas e desenvolve habilidades parentais que reforçam um comportamento mais corajoso para enfrentar as dificuldades, enquanto minimizam a atenção recebida devido a um comportamento ansioso e de esquiva. O foco e os resultados do trabalho com os pais estão resumidos na Figura 7.1.

AVALIAÇÃO DA MOTIVAÇÃO DOS PAIS E DISPOSIÇÃO PARA A MUDANÇA

Existem dois fatores que precisam ser avaliados antes que os pais sejam envolvidos ativamente na intervenção. O primeiro deles é a sua motivação e disposição para a

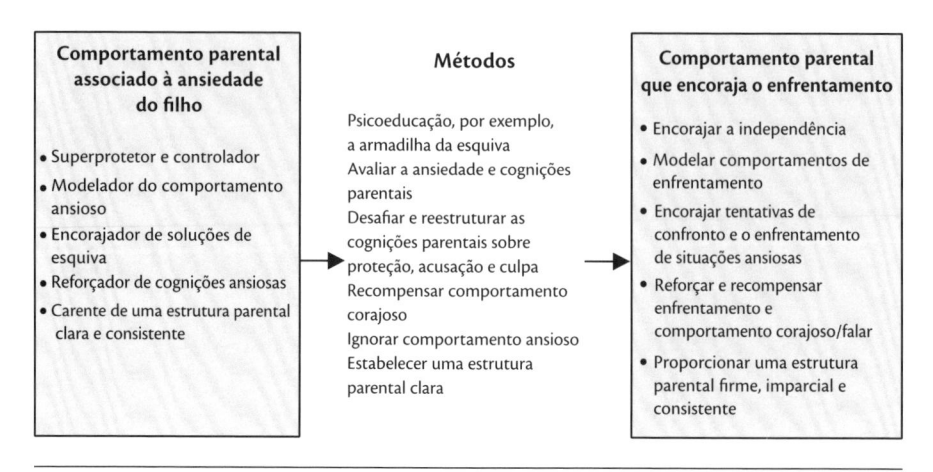

Comportamento parental associado à ansiedade do filho	Métodos	Comportamento parental que encoraja o enfrentamento
• Superprotetor e controlador • Modelador do comportamento ansioso • Encorajador de soluções de esquiva • Reforçador de cognições ansiosas • Carente de uma estrutura parental clara e consistente	Psicoeducação, por exemplo, a armadilha da esquiva Avaliar a ansiedade e cognições parentais Desafiar e reestruturar as cognições parentais sobre proteção, acusação e culpa Recompensar comportamento corajoso Ignorar comportamento ansioso Estabelecer uma estrutura parental clara	• Encorajar a independência • Modelar comportamentos de enfrentamento • Encorajar tentativas de confronto e o enfrentamento de situações ansiosas • Reforçar e recompensar enfrentamento e comportamento corajoso/falar • Proporcionar uma estrutura parental firme, imparcial e consistente

FIGURA 7.1 Foco e resultados do trabalho com os pais.

mudança. O segundo é a natureza e extensão dos seus problemas de ansiedade e, em particular, até que ponto estes podem interferir ou impedir o tratamento do seu filho. Os pais que não estão prontos, propensos ou capazes de se engajar no processo da TCC não terão condições de apoiar seu filho. Se o genitor sofre de ansiedade significativa, esse fator poderá interferir na sua capacidade de encorajar a exposição e a prática de tarefas ou de modelar um comportamento corajoso de *coping*. Igualmente, a ansiedade parental pode restringir as oportunidades para a criança aprender a lidar com situações que provocam ansiedade.

Motivação e disposição para a mudança

Durante a avaliação inicial, é importante que se preste atenção às cognições parentais que possam contribuir para a ansiedade da criança ou tenham condições de afetar o comprometimento dos pais de se envolverem em um programa ativo de tratamento. As cognições parentais podem indicar possível acusação/culpa ("eu não devia tê-lo levado para a creche tão cedo"), desesperança ("ele tem esse problema há tanto tempo que eu não estou certo de que possa mudar"), expectativas irreais ("eu disse a ele que ficaria tudo bem se ele simplesmente relaxasse"), inutilidade ("já tentamos inúmeras coisas, mas nada funciona") ou falta de comprometimento com a utilização da TCC ("nós já falamos sobre isso e eu acho que medicação seria realmente de mais utilidade").

Conforme mencionado anteriormente, o clínico deve combater a ambivalência e a incerteza apresentando-se otimista e esperançoso. As informações novas para os pais, referentes ao conhecimento do clínico sobre o trabalho com crianças que têm problemas de ansiedade, devem ser compartilhadas para contestar cognições relativas à desesperança e ao desamparo. O profissional deve enfatizar que muitas crianças aprendem a manejar sua ansiedade com sucesso e que a TCC demonstrou ser uma intervenção efetiva para os problemas de ansiedade. Pode também argumentar contra os temas de acusação e culpa dando informações sobre como a ansiedade se desenvolve e é mantida. Através desse processo, pode destacar que, embora os acontecimentos passados não possam ser desfeitos, ainda é possível haver mudança.

Fornecer novas informações através da psicoeducação pode ajudar os pais a enfrentar algumas das suas crenças, pressupostos e comportamentos. Informações sobre o ciclo da esquiva podem, por exemplo, ajudar os pais a reconhecerem que, embora a esquiva possa apresentar um alívio de curto prazo, a ansiedade do filho persiste e continua a afetar sua vida diária com a evitação de situações e eventos. Isso pode ajudar os pais a entenderem que, para o filho recuperar sua vida, ele precisa ser ajudado a confrontar e enfrentar seus medos e aprender a lidar com situações que lhe provocam ansiedade.

As crenças e os pressupostos dos pais a respeito da capacidade do seu filho para lidar com as dificuldades, e o significado que eles atribuem ao sofrimento deste, também podem precisar ser explorados. Perguntas como "você acha que seu filho conseguirá superar a ansiedade?", "como você lida com a situação, quando ele está angustiado?", "quando ele fica perturbado, que significado isso tem para você?", por exemplo, podem fornecer informações úteis. Elas podem identificar cognições sobre a necessidade de proteger a criança de possíveis males (p. ex., "ele é tão sensível e não consegue se sair bem sem a minha ajuda"), identificar a habilidade dos pais para lidarem com o sofrimento (p. ex., "eu não aguento vê-lo assim, tão estressado") ou que o sofrimento é uma indicação de se é um pai "mau" ou "descuidado". Cognições como essas devem ser discutidas, reconhecidas, enfrentadas e reestruturadas. Os pais precisam ser ajudados a entender que nem sempre eles podem proteger seu filho de um perigo possível. Conforme a criança cresce, ela vai precisar se tornar gradualmente independente e aprender a fazer as coisas sem os seus pais. Ela terá que ir dormir fora de casa, ir à escola, se socializar com os amigos, lidar com situações de provocação ou que lhe despertem medo. Portanto, permitir que a criança aprenda a enfrentar e superar os desafios de uma forma controlada (isto é, através da exposição e prática) é positivo e a ajuda a desenvolver habilidades essenciais para a vida.

Igualmente, os pais precisam reconhecer e aceitar que as tentativas de seu filho de ter domínio sobre as coisas podem nem sempre ser tão hábeis ou efetivas como eles gostariam. No entanto, é através desse aprendizado de tentativa e erro que as habilidades de enfrentamento se desenvolverão. Os pais também precisam entender que o desempenho nem sempre precisa ser excelente. Em muitos casos, tudo o que é necessário é apenas um desempenho suficientemente bom.

Por fim, é preciso explorar importantes pressupostos básicos dos pais, como: "se eu deixar meu filho ficar angustiado, é porque sou um mau pai" ou "se o meu filho ficar angustiado, mais tarde ele vai desenvolver problemas na vida". Através dessa discussão, os pais devem ser ajudados a questionar e desafiar tais pressupostos; eles também precisam reconhecer que os filhos rapidamente evitarão enfrentar situações difíceis ou desafiadoras, a menos que sejam encorajados e apoiados para enfrentá-las. Nessas situações, a criança poderá apresentar algum grau de angústia, mas isso terá curta duração e não será uma indicação de angústia significativa ou duradoura. Através dessas discussões, os pais podem ser ajudados a reconhecer que apoiar seu filho a confrontar e lidar com as situações, em vez de encorajá-los a evitar a angústia, é uma abordagem positiva e útil.

> As cognições parentais que podem causar impacto no processo da terapia precisam ser identificadas, discutidas e reavaliadas.

A extensão e a natureza da ansiedade dos pais

Ao identificar a associação entre a ansiedade dos pais e a do filho, o clínico precisa avaliar a possível extensão e influência da ansiedade dos pais sobre o programa de tratamento. Se o genitor tem um transtorno de ansiedade significativo e incapacitante, então ele poderá precisar ser encaminhado para tratamento antes de ser ativamente envolvido na ajuda a seu filho. Se isso não for possível, ou o genitor não estiver disposto, então o clínico deve considerar se outra figura adulta significativa pode ser envolvida no programa. Isso é particularmente importante quando se consideram as tarefas práticas que envolvem exposição. O auxiliar adulto deve ser capaz de encorajar a criança a enfrentar e confrontar as situações temidas em vez de abrir possibilidade para fechar os olhos ou inadvertidamente reforçar a esquiva. Portanto, o auxiliar adulto precisa ser capaz de servir de modelo para o comportamento corajoso, e não espelhar ou ampliar a ansiedade da criança.

> *Josh (9 anos) tinha medo de viajar em carros. Ele evitava andar de carro e, nas ocasiões em que tinha que viajar, ficava muito ansioso durante todo o trajeto, temendo que sofressem um acidente. Foi-lhe perguntado se mais alguém tinha preocupações parecidas e ele imediatamente respondeu: "Sim, mamãe: ela é muito pior do que eu". Posteriormente, surgiu a informação de que a mãe de Josh havia se envolvido em uma colisão no trânsito, e desde então ela evitava carros. Se fosse forçada a viajar em um carro, ela ficava extremamente ansiosa e hipervigilante, fazendo comentários constantes com o motorista a respeito de perigos potenciais. Compreensivelmente, isso aumentou a ansiedade de Josh sobre a possibilidade de se envolver em algum acidente. Também foi identificado que a esquiva de Josh era reforçada pela sua mãe. Quando Josh expressava suas ansiedades quanto a viagens de carro, sua mãe imediatamente se oferecia para ficar em casa com o filho.*

Se a ansiedade dos pais for moderada, eles e seus filhos podem aprender a enfrentar e superar seus medos juntos. Embora a maior parte da intervenção seja focada na criança, o genitor poderá ser encorajado a se adaptar às ideias e aplicá-las aos seus próprios problemas. Assim, os pais podem ser conscientizados a respeito dos sinais da sua própria ansiedade e aprender a ser um modelo de enfrentamento e resolução de problemas, quando então aprendem a se aproximar das situações temidas. Pode ser muito tranquilizador para as crianças saberem que seus pais também têm preocupações e descobrirem que elas podem se sair tão bem quanto ou até melhor do que eles.

> *Wayne (12 anos) havia combinado praticar a sua imagem mental ("meu lugar relaxante") pelo menos duas vezes durante a semana seguinte. Sua mãe também era uma pessoa preocupada: ela concluiu que também se beneficiaria*

desenvolvendo suas próprias habilidades de relaxamento e concordou em praticá-las nessas duas vezes semanais. Durante a reunião seguinte, Wayne estava satisfeito em descobrir que ele havia praticado em cinco ocasiões, enquanto sua mãe havia conseguido apenas uma.

> A ansiedade dos pais, que pode estar contribuindo para o início ou manutenção da ansiedade da criança, precisa ser avaliada.

Questionar as crenças parentais de que a esquiva é um recurso útil

Durante a intervenção, as crianças vão precisar se defrontar com situações que as deixam ansiosas. Será nesses momentos que os pais provavelmente voltarão ao seu estilo anterior de responder e tentarão minimizar o sofrimento do seu filho, assumindo o controle ou incentivando a esquiva. Portanto, os pais precisam estar preparados para essa possibilidade. As crenças catastróficas sobre a hiperventilação do filho, desmaio ou ficar doente terão de ser discutidas. A ambivalência quanto a dar incentivo ao filho para lidar com as dificuldades precisa ser reconhecida. As crenças parentais sobre a necessidade de minimizar o sofrimento imediato do filho devem ser questionadas à medida que forem sendo enfatizados os ganhos a curto prazo e os custos a longo prazo.

Através dessas discussões, os pais podem ser tranquilizados de que o incentivo ao seu filho para confrontar e enfrentar suas preocupações é útil: ele poderá ficar preocupado e se sentindo inseguro diante da ideia de enfrentar seus medos, mas isso é compreensível. O pensamento de que eles podem estar contribuindo para o sofrimento do seu filho ao encorajarem a exposição deve ser reestruturado positivamente. Os pais precisam ser tranquilizados de que o sofrimento tem curta duração e que, por meio do incentivo e do apoio ao seu filho para que enfrente o seu medo, eles o estão ajudando a recuperar a sua vida.

> Os pais devem ser auxiliados a encorajar seus filhos para que enfrentem e aprendam a lidar com situações que provocam medo.

AVALIAR O MANEJO DOS PAIS

Durante o curso da avaliação, pode se tornar evidente que o manejo dos pais sobre o comportamento do filho também esteja contribuindo para a ansiedade da criança.

- É possível que haja uma carência de regras e limites importantes por parte dos pais. Isso pode fazer com que a criança não consiga aprender os limites do seu mundo, o que, por consequência, faz com que ela se sinta insegura.

- As regras podem não ser claras ou então são aplicadas de forma inconsistente, contribuindo para o surgimento de crenças de que o seu mundo é incontrolável e imprevisível.
- Os pais podem dar uma atenção excessiva às preocupações do seu filho. Esse ensaio e repetição de pensamentos e sentimentos ansiosos sinalizam à criança que suas preocupações são importantes, e é possível que, por isso, sua ansiedade seja validada e aumentada.
- Os pais podem proteger seu filho e incentivar respostas de esquiva. Isso tende a manter as crenças da criança de que seu mundo é assustador e que ela não conseguirá enfrentá-lo.

O manejo parental que não é claro, é inconsistente ou resulta no reforço do comportamento ansioso precisa ser abordado e substituído por uma abordagem que seja firme, razoável, consistente e útil. Esse processo envolve o desenvolvimento de práticas parentais dotadas de regras e limites claros que sejam reforçados de maneira firme e consistente. Os pensamentos e comportamentos ansiosos recebem atenção mínima por parte dos pais, enquanto as tentativas de enfrentamento das dificuldades e de situações que causam ansiedade são recompensadas.

O cuidado parental com base nesses princípios será benéfico. Os limites proporcionam segurança e, ao ajudarem a criança a entender seus limites, criam uma sensação de proteção. Com crianças ansiosas, esse fator é particularmente importante, uma vez que são as preocupações quanto às incertezas e ao desconhecido que contribuem de forma significativa para o seu sofrimento. A consistência reduz a incerteza, ao mesmo tempo em que maximiza a transparência e a imparcialidade. Portanto, uma abordagem firme, consistente e objetiva ajuda a desafiar as distorções cognitivas comuns que a criança pode ter, particularmente personalizações como, "é sempre de mim que ficam falando" ou "você sempre implica comigo". Igualmente, garantir que o comportamento ansioso da criança receberá uma atenção mínima transmite uma mensagem clara que questiona, em vez de validar, a importância e o significado que ela atribui às suas preocupações e sentimentos ansiosos.

Para estabelecer uma parentalidade que seja benéfica, o significado que os pais atribuem à noção de um manejo parental firme, justo e consistente deverá ser explicitado e discutido. Para alguns pais, a ideia de ser firme equivale a uma prática rigorosa, punitiva e sem afeto. Tais crenças são inevitavelmente influenciadas pelas próprias experiências quando crianças e podem estar firmemente estabelecidas e ser resistentes à mudança. Essas crenças precisam ser exploradas e os eventos e situações que influenciaram seu desenvolvimento devem ser entendidos. Depois de identificados os significados dessas crenças para os pais, o clínico pode ajudá-los a se questionarem e a desafiarem as suas crenças. Por exemplo:

- limites claros não requerem a introdução de inúmeras regras;
- consistência não requer precisão mecânica;
- "firme" não implica que o lar se transforme em um ambiente frio e sem afeto;
- a imposição de limites não significa que o genitor deva ser rígido ou pouco afetivo.

Discussões como essas podem trazer novas informações para a atenção parental e ajudar os cuidadores a entender que a parentalidade é complexa e está baseada em um *continuum* de prática, em vez de ser uma simples dimensão dicotômica – por exemplo, "ou temos regras ou não as temos". Significados importantes que moldam as crenças parentais podem ser desvendados e questionados; por exemplo, ser firme e claro é diferente de ser punitivo e autoritário.

Depois que as cognições dos pais foram identificadas e reavaliadas, a viabilidade de estabelecer uma parentalidade firme, justa e consistente pode ser discutida. A abordagem irá requerer o estabelecimento de algumas regras importantes que sejam razoáveis, simples e facilmente compreensíveis por todos os envolvidos. A consistência pode ser facilitada através do desenvolvimento de uma boa comunicação apoiadora entre os pais. Inicialmente, isso pode exigir discussões diárias e avaliações em que os pais possam conversar abertamente sobre a sua prática parental de forma honesta e não ameaçadora. A prática parental pode ser melhor desenvolvida por meio de aprendizado de habilidades para solução de problemas, as quais podem ser aplicadas para lidar com problemas e desafios futuros.

Estabelecer uma estrutura parental positiva, firme e consistente.

REFORÇAR O COMPORTAMENTO DE ENFRENTAMENTO

Depois que os pais conseguiram introduzir uma estrutura positiva e consistente, o elemento seguinte envolve assegurar que o comportamento inadequado ou ansioso da criança receba uma atenção mínima, enquanto o seu comportamento adequado e corajoso ganha máxima atenção e reforço.

O comportamento parental que está focado e atende aos sinais de ansiedade, ou que pode estar reforçando a esquiva da criança, precisa ser abordado. Em particular, os pais podem precisar alterar o equilíbrio da sua atenção de modo que o comportamento positivo corajoso seja reforçado e o comportamento ansioso inadequado seja ignorado.

Atenção ao comportamento corajoso

Pais ansiosos podem inadvertidamente aumentar a ansiedade do seu filho, dando atenção e comentando sobre os seus primeiros sinais de ansiedade. Comentários aparentemente inocentes, como "você está muito pálido Mike, tem certeza de que está bem?" ou "Claire, eu sei que você vai ficar muito preocupada com isso", tendem a atrair a atenção da criança para seus sinais de ansiedade e acabam por aumentá-la. A tendência dos pais ansiosos de criticarem seus filhos, enfatizarem seus sinais de ansiedade e encorajarem a esquiva pode ser abordada através da solicitação de que eles procurem e prestem atenção ao comportamento positivo e corajoso. Inicialmente, isso pode precisar ser realizado de uma forma estruturada pela qual se peça aos pais para manterem um "diário de estar sendo valente". Eles são instruídos a registrar pelo menos um exemplo por dia de uma situação em que seu filho tenha feito alguma tentativa de enfrentar seus medos. Os exemplos podem incluir que a criança:

- maneje com sucesso a sua ansiedade;
- execute uma tarefa nova ou corajosa;
- pratique novas habilidades;
- converse positivamente sobre um desafio futuro.

Diários assim objetivam redirecionar a atenção dos pais, afastando-a dos sinais de ansiedade e preocupações da criança, incentivando-os a dirigi-la para comportamentos de enfrentamento. As crenças parentais sobre a incapacidade do seu filho para lidar com as dificuldades são desafiadas diretamente. Os primeiros sinais de ansiedade são respondidos de uma forma atenciosa, mas, depois, são ignorados e minimizados quando os pais colocam o foco no enfrentamento por parte do filho. Contudo, inicialmente, isso pode não ser fácil para alguns pais e, assim, eles podem precisar de um treinamento preparatório.

Julie (11 anos) tinha ansiedade social, com muitas preocupações sobre o que as outras crianças pensavam dela e se seria capaz de se juntar a elas nas discussões. Ela estava para começar a escola secundária na semana seguinte, e sua mãe estava falando sobre como Julie estava realmente preocupada e não iria conseguir lidar com a situação. Mary falou sobre o quanto a escola era grande, o quanto seria fácil de se perder, que havia quatro vezes mais crianças do que na última escola de Julie e que havia muitos meninos rudes e barulhentos na sua faixa etária. Julie mencionou em voz baixa que Anna, uma menina da sua antiga escola, também estava começando na sua turma e que ela era alguém com quem já tinha conversado antes. No entanto, isso não foi ouvido por sua mãe, que continuou a explicar como ela havia planejado ter um tempo livre para poder buscar sua filha na escola se (quando) ela entrasse em pânico.

> Incentivar os pais a observarem em seus filhos o comportamento corajoso de enfrentamento.

Reforço positivo

Depois que os pais conseguem reconhecer as tentativas do seu filho de enfrentar e superar seus medos, eles precisam se assegurar de que esses esforços e o uso das novas habilidades sejam reforçados. O processo de reforço serve para aumentar a motivação da criança para fazer tentativas futuras de enfrentar situações e eventos temidos. O reforço deve ser contingente às tentativas de enfrentamento e não somente quando for alcançado um resultado de sucesso. Isso proporciona uma forma de se contrapor a expectativas excessivamente altas ao enfatizar que, independentemente do resultado, o que deve ser recompensado é a tentativa, em vez do sucesso.

O reforço pode assumir muitas formas, incluindo comentários verbais e não verbais (dizer "muito bem", abraçar, sorrir), recompensas materiais (DVDs, balas, dinheiro extra), atividades físicas (nadar, jogar boliche, andar de bicicleta), saídas (cinema, ir a um parque especial, assistir a um jogo de futebol), uma hora especial (tempo extra com um dos pais, ficar acordado até tarde) ou prazer (como um longo banho, uma telentrega ou jantar enquanto assiste a TV). As recompensas não precisam ser em dinheiro e, na verdade, as melhores incluem pais e filhos passando um tempo juntos, envolvendo-se em atividades como jogos, leituras ou preparar um bolo especial. Se forem utilizados reforçadores materiais, os pais precisam decidir quanto ao valor e sobre o que é e o que não é apropriado. Tipicamente, os reforçadores materiais devem ser pequenos e apresentados bem próximos do desafio que a criança está enfrentando.

Mike estava preocupado por ter que ir à universidade para pegar um formulário de inscrição. Esse era o primeiro grande degrau na sua escada para conduzi-lo à universidade, e ele estava preocupado. Mike já havia adiado isso por muitas vezes e então concluiu que precisava de alguma coisa para encorajá-lo. Ele queria um novo CD que havia na loja de discos perto da universidade e decidiu que seria o seu presente. Ele iria comprá-lo depois de ir à universidade para pegar o formulário.

As recompensas fornecidas externamente são muito úteis nos estágios iniciais do programa e podem proporcionar um incentivo extra para encorajar a criança a enfrentar seus medos. No entanto, é importante que, ao mesmo tempo, a criança se reconheça e autoelogie, aprendendo a se focar nos seus pontos fortes. Esse processo pode ser encorajado pelo clínico, solicitando-se à criança ao jovem que mantenha um diário positivo no qual ela escreva todos os dias uma ou duas coisas positivas que lhe aconteceram. Estas podem ser:

- coisas boas que outras pessoas tenham dito sobre ela, por exemplo, "você é realmente uma pessoa ótima e compreensiva para se conversar";
- atividades ou tarefas nas quais ela ache que teve um bom desempenho, por exemplo, "eu acho que joguei bem naquela partida";
- um desafio que ela enfrentou, por exemplo, "estou muito satisfeito por ter ido falar com Mike na escola hoje";
- pensamentos bons sobre si própria, por exemplo, "eu fico bem com esses *jeans*";
- um *feedback* positivo de outra pessoa, por exemplo, "Mary disse que eu me saí bem naquele trabalho de matemática".

O diário ajuda a criança a focalizar nos seus pontos fortes e proporciona uma boa maneira de ajudá-la a reconhecer seu sucesso. Ele também é um lembrete permanente que pode ser uma maneira objetiva de contrapor alguma distorção ou dúvida negativa. Contudo, inicialmente, é algo que pode ser difícil para algumas crianças e jovens que não estejam acostumados a identificar e reconhecer os seus postos fortes. Assim, nos estágios iniciais, pode ser importante envolver os pais ou amigos mais próximos para facilitar esse processo. Igualmente, as crianças em geral não conseguem reconhecer a importância ou significado do que elas conseguiram realizar. Isso pode ser resultante de distorções cognitivas, como a abstração seletiva ou expectativas irrealistas, fazendo com que pequenas conquistas positivas sejam negadas ou pouco valorizadas.

> *Judy havia conseguido sair de casa e caminhar até o portão do jardim pela primeira vez em cinco semanas. Quando o fato foi discutido no encontro seguinte, ela estava desvalorizando muito as suas conquistas, dizendo: "Não faz muito tempo, eu podia sair sempre que queria. Eu podia ir à cidade, pegar um ônibus ou ver meus amigos; então, ir até o portão não é nada para ser comemorado".*

Nessas ocasiões, será útil reconhecer as frustrações quanto à mudança e como pode levar tempo para recuperar a vida e superar os problemas. Um método útil para auxiliar as crianças a observarem suas conquistas atuais é distinguir entre o passado e o presente. Assim, embora no passado Judy pudesse fazer todas aquelas coisas, ela não conseguia fazê-las durante as cinco últimas semanas. Ir até o portão pela primeira vez em cinco semanas foi um importante passo adiante.

> Elogiar e recompensar o comportamento corajoso e as tentativas de mudança.

Ignorar o comportamento ansioso

A atenção dos pais deve ser redistribuída de modo que a redução da atenção dada ao comportamento ansioso seja compensada por um aumento da atenção ao comportamento corajoso. Os pais, portanto, precisam aprender a ignorar a conversa, sintomas, esquiva e queixas ansiosas do filho.

Muitos pais ficam presos à armadilha de responder ao comportamento ansioso do seu filho e, inicialmente, podem achar isso algo difícil de mudar. A preparação requer que seja dada uma justificativa clara que questione as crenças dos pais sobre o quanto é benéfico dar uma atenção incondicional ao filho. Ao contrário, os pais precisam entender que dar atenção ao comportamento ansioso reforça e incentiva a continuidade deste. Perguntar abertamente aos pais se proporcionar tranquilização reduz a ansiedade ou os sintomas ansiosos do seu filho terá geralmente uma resposta negativa. Isso poderá então levar a uma discussão sobre o quanto a atenção ativa a tais comportamentos pode na verdade aumentar sua ansiedade. A atenção dos pais a um sintoma de ansiedade de baixa intensidade, como "estou com aquela sensação engraçada na barriga de novo", pode aumentar o foco interno da criança e deixar os sintomas mais fortes ou piores. Isso é geralmente feito de modo inocente, através de comentários como "você também está com aquela sensação de insegurança?" ou "venha ganhar um abraço e me diga se melhora". O foco nesses comportamentos também sinaliza à criança que o que ela está sentindo ou pensando é importante. Pais ocupados não falariam sobre essas coisas, a menos que elas fossem importantes; a atenção pode, portanto, aumentar a força das preocupações.

Ignorar de modo planejado é uma forma de reduzir essa possibilidade e inclui a resposta do genitor aos comportamentos ansiosos do filho com uma atenção mínima. Os pais são instruídos a ouvir e responder empaticamente às queixas do seu filho na primeira vez, mas, se a queixa continuar, são encorajados a direcioná-lo para uma estratégia alternativa para lidar com a situação e a desviar sua atenção. Assim, as queixas dos sintomas são recebidas com uma tranquilização positiva, como "oh, querido, eu tenho certeza de que vai melhorar". Se a criança continua a falar sobre seus sintomas ou preocupações, o genitor é instruído a não responder, mas a direcioná-la para estímulos neutros e externos. Isso pode ser feito de uma forma gentil, embora firme, através de comentários como "venha me ajudar a cozinhar" ou "você pode encontrar o seu livro de histórias para mim?". Comentários como esses dão à criança uma tarefa que ajuda a redirecionar para fora o foco da sua atenção e a se manter longe das suas preocupações ou sentimentos ansiosos.

Haverá situações em que essa estratégia terá muito sucesso, enquanto em outras a criança persistirá e poderá ficar ansiosa. O genitor precisa estar preparado para essa possibilidade, estimulando seu filho a experimentar algumas das novas técnicas aprendidas para lidar com a ansiedade. Mais uma vez, o genitor deve se manter calmo e no controle e transmitir uma sensação de otimismo acerca de que as técnicas funcionarão e a ansiedade se reduzirá. Por fim, os pais precisam estar preparados para o pior caso possível e entenderem que comentários como "você não se importa" ou "você não me ama" são protestos compreensíveis de cólera, mais do que crenças genuínas e profundamente enraizadas.

> Minimizar a atenção dada ao comportamento ansioso, ignorando-o e focalizando a atenção no exterior.

COMO OS PAIS DEVEM SER ENVOLVIDOS NO PROGRAMA?

Esse processo inicial ajudará a esclarecer a extensão e a natureza do envolvimento dos pais nas sessões de tratamento. Conforme indicado anteriormente, os pais podem ter um papel limitado ou significativo, podendo se envolver no apoio ao filho ou serem o próprio alvo do tratamento. Ao tomar essa decisão, o clínico precisa levar em consideração o tipo e o nível do envolvimento parental que é necessário para maximizar o sucesso dos resultados do tratamento. Como orientação geral, os seguintes fatores podem indicar diferentes níveis de envolvimento.

O facilitador

Esse é o envolvimento mais limitado e, tipicamente, requer que os pais participem das sessões no começo, na metade e no final do tratamento. O propósito é primariamente psicoeducativo, sendo os pais ajudados a entender o modelo de ansiedade da TCC e as habilidades que seu filho aprendeu. Esse nível de envolvimento é frequentemente indicado quando:

- o trabalho é com adolescentes que estão dispostos a participar sozinhos;
- as necessidades psicológicas dos pais são significativas e correm o risco de dominar as sessões de tratamento, desviando-as das necessidades do filho;
- o envolvimento dos pais é limitado e eles não estão dispostos ou não podem participar das sessões de tratamento.

O coterapeuta

Em geral, a maioria das sessões é realizada conjuntamente, entre os pais e a criança. Os problemas do filho são o foco das sessões de tratamento, sendo que a participação dos pais assegura um conhecimento integral das questões discutidas e das habilidades a serem desenvolvidas. O genitor tem melhores condições de entender a intervenção e incentivar e apoiar seu filho no uso de novas habilidades e nas tarefas a serem realizadas fora das sessões. Os pais podem ser incluídos como coterapeutas se:

- o genitor for interessado, capaz de apoiar seu filho e estiver positivamente predisposto à TCC;
- o genitor não tiver algum problema psicológico particularmente significativo que possa causar um impacto adverso nos problemas do filho;
- o genitor não tiver um transtorno de ansiedade significativo que por si só possa requerer tratamento;
- a criança se mostrar confortável, conseguir falar livremente e desejar que seu genitor esteja presente.

Como um cocliente

Os pais são envolvidos nessa condição se eles ou sua família tiverem problemas específicos que tenham influência direta na ansiedade da criança. As sessões do tratamento incluirão o trabalho direto com a criança (com ou sem o envolvimento dos pais) e sessões adicionais com os pais ou a família, quando então essas questões serão abordadas. O envolvimento como cocliente será mais indicado quando:

- um dos pais tiver um transtorno de ansiedade leve/moderado que o clínico se sinta competente para tratar;
- existirem questões de manejo dos pais ou da família que tenham contribuído, ou estejam contribuindo, para o início ou manutenção da ansiedade da criança;
- os pais precisarem de sessões sem a presença do filho para refletir sobre como resolver dificuldades adultas importantes, como problemas financeiros, trabalho ou de relacionamento.

Esclarecer e combinar a extensão e o papel dos pais na intervenção.

8

Reconhecimento e Manejo das Emoções

O foco terapêutico inicial de muitos programas de TCC para ansiedade está no campo emocional. Ele é diferente do foco inicial das intervenções de TCC para outros transtornos. Por exemplo, na depressão, o foco inicial está no campo comportamental, sendo que uma das primeiras tarefas é a ativação do comportamento. No Transtorno de Estresse Pós-Traumático (TEPT), a intervenção pode começar pelo campo cognitivo, quando o clínico tenta descobrir os significados que a criança atribuiu às suas experiências traumáticas. Nos transtornos de ansiedade, as principais tarefas iniciais são auxiliar a criança e o jovem a desenvolver habilidades para:

1. compreender a reação de ansiedade e a resposta de "luta ou fuga";
2. identificar seus sinais corporais específicos associados à ansiedade;
3. reconhecer que os sentimentos ansiosos estão associados a situações e pensamentos;
4. aprender uma variedade de métodos para manejo dos sentimentos ansiosos.

Muitas crianças não têm consciência da resposta de ansiedade ou dos seus sintomas psicológicos, o que, em alguns casos, pode ser mal-interpretado por estas e/ou por seus pais como sinais de que esteja doente. Um melhor conhecimento e identificação mais apurada desses sintomas desafiam tais crenças sobre doenças e permite que a criança intervenha e maneje ativamente a sua resposta de ansiedade. Os objetivos e métodos primários do trabalho no campo emocional estão resumidos na Figura 8.1.

PSICOEDUCAÇÃO: A RESPOSTA DE "LUTA OU FUGA"

As crianças que estão particularmente conscientes ou sensíveis aos seus sinais de ansiedade podem interpretar erroneamente a sua resposta psicológica de estresse

Emoções ansiosas	Métodos	Identificação e manejo das emoções
• Foco interno nos sinais de ansiedade • Percepção errônea dos sinais de ansiedade como sinais de que se está doente • Falta de consciência dos próprios sinais de ansiedade • Manejo limitado das emoções	Psicoeducação: resposta de "luta ou fuga" Aumento da consciência das emoções para identificar sinais únicos de ansiedade Distração e jogos mentais Controle da respiração para manejo da ansiedade Relaxamento Imagens que acalmam	• Entender a resposta de ansiedade • Desenvolver consciência dos próprios sinais de ansiedade • Implementar com sucesso uma série de habilidades

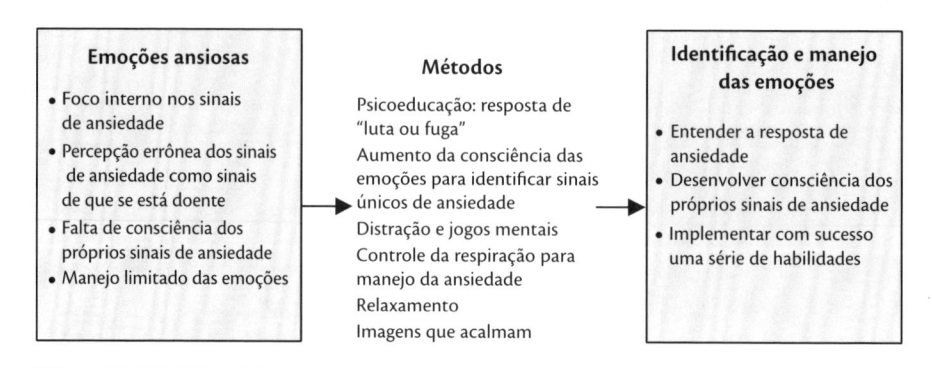

FIGURA 8.1 Intervenção de TCC no campo emocional.

como sintomas de que esteja doente. Nessas situações, poderá ser útil educar a criança sobre a ansiedade ou resposta de estresse, frequentemente chamada de resposta de "luta ou fuga". O entendimento pode ajudar a criança a normatizar seus sintomas, questionando assim as suas crenças sobre doença.

A explicação deve ser simples, de forma que ofereça à criança uma compreensão dos diferentes sintomas psicológicos que ela pode experienciar. Uma possibilidade, por exemplo, é apresentar uma história sobre um homem da Idade da Pedra que vai caçar e se defronta com um grande dinossauro. O homem da Idade da Pedra tem duas opções: correr (fuga) ou ficar e se defender (luta). Seja o que ele escolher, seu corpo precisa se preparar para alguma forma de ação.

Quando surge uma situação potencialmente perigosa, o corpo produz substâncias químicas (adrenalina e cortisol). Estas produzem alterações físicas que ajudam a prepará-lo para uma luta ou fuga. Essas substâncias químicas fazem o coração bater mais acelerado, de modo que o sangue possa ser bombeado pelo corpo até os músculos. Por sua vez, os músculos precisam de oxigênio e, portanto, a respiração fica mais rápida para fornecer a eles o combustível de que precisam. A pessoa pode se sentir muito alerta e focada quando se concentra na ameaça.

À medida que aumenta o suprimento de sangue para os músculos, ele vai sendo desviado de partes físicas que não estão sendo usadas e dos vasos sanguíneos que correm na parte externa do corpo. Quando isso acontece, as pessoas geralmente sentem náusea ou uma sensação de enjoo no estômago e podem ficar pálidas. Quando o corpo se foca no abastecimento dos músculos, outras funções corporais são interrompidas. Nós não sentimos necessidade de comer em momentos como esses, e muitas pessoas notam que sua boca começa a ficar seca e que há dificuldade para engolir.

O corpo está agora trabalhando arduamente e começa a ficar quente. Para reduzir a temperatura, o corpo passa a suar e empurra os vasos sanguíneos para a superfície do corpo, o que faz com que muitas pessoas fiquem ruborizadas. Às vezes, o corpo recebe oxigênio demais, o que resulta em uma sensação de desmaio, tontura ou como se estivesse com as pernas fracas ou "moles". Os músculos que continuam a ser preparados para a ação (tensionados) começam a doer e a pessoa pode sentir dor de cabeça e tensão.

Todas essas alterações corporais servem para nos ajudar a lidar com situações de perigo. Embora não tenhamos dinossauros, ainda vivenciamos essa resposta de estresse. Os dinossauros se transformaram nas nossas preocupações e nossos medos. Essas informações estão resumidas na folha de exercícios **Resposta de "Luta ou Fuga"**, no Capítulo 12.

> A compreensão da resposta de "luta ou fuga" ajuda a entender as alterações fisiológicas que ocorrem quando alguém está estressado ou amedrontado.

CONSCIÊNCIA DAS EMOÇÕES

As crianças geralmente não conseguem distinguir entre suas emoções nem identificar os sinais corporais específicos associados a elas. Auxiliá-las a reconhecerem e entenderem os seus próprios sinais de ansiedade é, portanto, um objetivo inicial importante dos programas de TCC.

Situações "quentes"

Uma abordagem comum para aumentar a consciência das emoções é identificar uma situação "quente" recente na qual a criança se sentiu muito amedrontada ou assustada. O clínico dá início a uma discussão detalhada e focada em que a criança é guiada através da sua situação "quente" e é ajudada a identificar os sinais fisiológicos de ansiedade que ela observou antes, durante e depois da situação. Por exemplo, uma criança que é ansiosa ao ir para a escola pode ser encorajada a examinar mentalmente e observar o seu corpo e descrever seus sinais corporais quando acorda pela manhã, quando fecha a porta da frente e sai de casa, chega aos portões da escola, entra na sala de aula e quando sai da escola no final do dia. A discussão tem por objetivo ajudar a criança a prestar atenção aos possíveis sintomas de ansiedade e chamar sua atenção para alterações nos sinais corporais (p. ex., o aumento da sua ansiedade) quando ela se aproxima da sua situação temida. A reconstituição do acontecimento possibilita a oportunidade de contrastar os sinais corporais "antes" e "depois" e serve para salientar que, embora seja desagradável, isso vai diminuir.

In vivo

Pode haver ocasiões em que a criança pareça ansiosa durante uma sessão de terapia. Isso proporciona uma oportunidade na vida real de ajudar a criança a checar e identificar seus sinais corporais de ansiedade. Se tal situação ocorrer, o clínico precisa lhe dar o *feedback* de que ela parece estar ficando nervosa ou ansiosa, e dessa forma reconhecer e validar a sua reação emocional. A criança é, então, encorajada a suportar a ansiedade e é tranquilizada de que, embora esses sentimentos sejam desagradáveis, vão passar. O clínico, então, guia a criança na avaliação do seu corpo para identificar seus sinais particulares de ansiedade e para classificar a intensidade destes.

> Marcus (16 anos) tinha muitas preocupações com germes e estava particularmente preocupado com a contaminação de fluidos corporais e a possibilidade de contrair AIDS. Durante uma reunião inicial em uma clínica, Marcus parecia muito ansioso e desconfortável e demonstrava estar preocupado com alguma coisa no chão. Isso foi comentado com ele, que expressou preocupação com uma certa mancha úmida no tapete. Ao ser questionado a respeito, Marcus revelou que estava preocupado que aquela mancha tivesse sido causada por fluidos corporais derramados. Aquela oportunidade foi aproveitada para guiá-lo na avaliação do seu corpo e na identificação e classificação dos seus sinais de ansiedade. O exercício se mostrou útil na identificação dos seus sinais principais (coração acelerado, dificuldade para respirar e sensação de calor). Marcus foi tranquilizado de que aquela mancha havia sido causada por uma xícara de café que tinha sido derrubada no começo do dia. Durante toda a sessão, ele foi solicitado periodicamente a classificar a intensidade da sua ansiedade, um exercício que o ajudou a reconhecer que, com o passar do tempo, a aflição se reduz. Essa experiência também possibilitou uma forma útil de enfatizar a relação entre seus pensamentos (mancha causada por fluidos corporais derramados) e sentimentos ansiosos (assustado).

Folhas de exercícios sobre sinais de ansiedade

Embora muitas crianças exponham voluntariamente alguns dos seus sinais de ansiedade, a utilização de "listas" sobre os sinais corporais possibilita uma forma mais sistemática de verificar a presença de indícios importantes, mas possivelmente pouco valorizados. A folha de exercícios na Figura 8.2 foi preenchida por Millie, de 9 anos, e proporcionou uma forma estruturada de conversar sobre alguns dos sinais de ansiedade mais comuns.

O foco nos sinais corporais de ansiedade ajuda a criança a reconhecer suas reações específicas de ansiedade. A criança pode, então, mapear a progressão da sua ansiedade, identificando os sinais que são particularmente importantes em diferentes níveis de ansiedade. O objetivo geral é aumentar a consciência, de modo que a criança possa implementar estratégias efetivas de manejo logo na primeira oportunidade. A intervenção precoce impede que a ansiedade aumente. Um exemplo de uma folha de exercícios sobre sinais de ansiedade, **Meus Sinais Corporais de Ansiedade**, está incluído no Capítulo 12.

> O reconhecimento das emoções pode ser facilitado através da discussão das situações "quentes" e da utilização de folhas de exercícios sobre os sintomas.

Ansiedade **121**

Tonto

Sinto calor

Rubor

Boca seca

Voz trêmula

Sensação esquisita na barriga

Coração acelerado

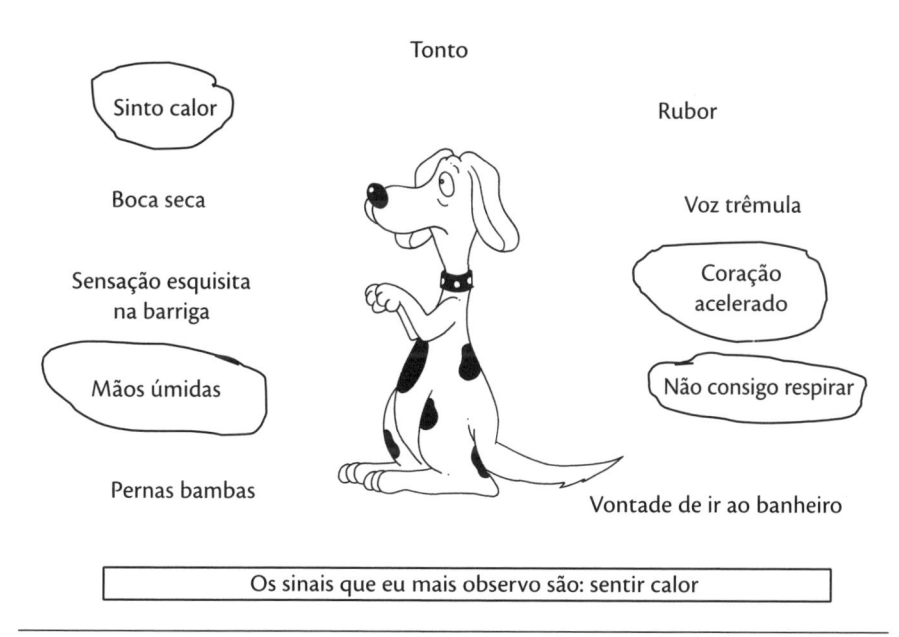

Mãos úmidas

Não consigo respirar

Pernas bambas

Vontade de ir ao banheiro

Os sinais que eu mais observo são: sentir calor

FIGURA 8.2 Folha de exercícios sobre os sinais de ansiedade.

CLASSIFICAÇÃO DAS EMOÇÕES

Uma parte importante do monitoramento emocional é ajudar a criança a reconhecer que a força da sua ansiedade varia ao longo do tempo e em situações diferentes. Para isso, é possível a utilização de escalas de classificação da emoção, termômetros da ansiedade ou SUDS (sigla para unidades subjetivas de estresse, em inglês). Esses instrumentos oferecem uma forma de se quantificar os sentimentos da criança, enquanto ela é encorajada a classificar a força em uma escala que varia de calmo/sem ansiedade até muito assustado/forte ansiedade. Isso pode envolver simplesmente uma classificação numérica (1-10 ou 1-100) ou, para crianças menores, pode ser uma escala mais visual, como a apresentada na Figura 8.3.

As escalas de classificação são utilizadas regularmente na TCC como uma forma de se quantificar estados subjetivos, tais como ansiedade ou a força da crença nas cognições, e proporciona uma forma de avaliar o progresso ao longo do tempo.

MONITORAMENTO DAS EMOÇÕES

Além de reconhecer os sinais corporais específicos associados aos diferentes estados emocionais, um segundo objetivo da consciência a respeito das emoções é aumentar o conhecimento da criança sobre os fatores associados às suas emoções. O monitoramento das emoções ajuda a criança a entender que:

Muito pequena e fraca — Muito grande e forte

FIGURA 8.3 Escala de classificação da ansiedade.

- os sentimentos mudam ao longo do dia;
- eventos ou situações específicas desencadeiam diferentes sentimentos;
- pensamentos e sentimentos estão ligados;
- a força dos sentimentos varia ao longo do tempo.

Por sua vez, o aumento dessa consciência ajuda a criança a:

- reconhecer melhor a gama de sentimentos que ela experimenta;
- preparar-se e planejar como lidar com sucesso com situações que produzem reações emocionais;
- entender que é possível mudar seu estado emocional ao mudar a forma como pensa;
- dar-se conta de que, embora os sentimentos fortes de ansiedade sejam desagradáveis, com o passar do tempo, eles certamente diminuirão.

O monitoramento emocional pode assumir diferentes formas, adaptando-se o foco e formato específicos conforme as necessidades particulares da criança. O monitoramento emocional é, portanto, precedido de uma discussão concebida para assegurar que a criança entenda a importância do monitoramento e sinta-se capaz de se engajar no processo. As vantagens potenciais do monitoramento precisam ser enfatizadas, como, por exemplo, ela poder ter um melhor conhecimento a respeito do modo como se sente, ter condições de identificar situações difíceis ou "quentes" e a oportunidade de explorar possíveis pensamentos que aumentam a ansiedade. Isso deve ocorrer paralelo a uma discussão aberta sobre as possíveis dificuldades do monitoramento. Muitas crianças, por exemplo, relutam em usar diários escritos, outras se esquecem de preenchê-los; algumas podem se preocupar que outras pessoas leiam seu diário, enquanto outras podem não ter tempo suficiente para realizar essa tarefa.

Barreiras potenciais como essas precisam ser discutidas abertamente e as soluções possíveis devem ser exploradas. Para as crianças relutantes em usar diários com lápis e papel, outros formatos podem ser opções mais atraentes, como registros no computador, *e-mail* ou gravação ou mp3. Para aqueles que podem se esquecer, poderão ser exploradas formas de lembrá-los, como envolver outra pessoa ou utilizar estímulos visuais, como lembretes. As formas de manter a privacidade precisam ser discutidas. Por exemplo, um diário do estado de ânimo pode ser preenchido em casa no final do dia, em vez de a criança fazer isso na escola. Se o comprometimento do tempo envolvido no automonitoramento parecer muito grande, poderá ser reduzido, solicitando-se que a criança registre um ou dois dias. As barreiras potenciais precisam ser identificadas, e as soluções combinadas para que a criança consiga realizar a tarefa com sucesso e de uma forma que lhe seja atraente e prática.

> Explicar a justificativa para o automonitoramento e explorar as barreiras potenciais.

Diário dos sentimentos "quentes"

Um método comum para ajudar a criança a reconhecer as relações existentes entre as situações, pensamentos e sentimentos é usar um diário dos sentimentos "quentes". Pede-se à criança para que registre qualquer situação "quente" em que ela observa uma resposta forte de ansiedade. Ela descreve a situação resumidamente, como se sentiu e os pensamentos que passaram por sua cabeça quando o fato ocorreu. Esse registro pode ser obtido através do uso de um diário padronizado, como o apresentado no Quadro 8.1 a seguir, ou a criança pode montar a sua própria folha.

Depois de pedir à criança para preencher o diário, é essencial que ele seja examinado durante o encontro seguinte. Ao examinar o diário, é importante que se encoraje a criança e o genitor a refletirem sobre o que escreveram. A tarefa do clínico é auxiliá-los a dirigirem sua atenção para aspectos-chave do diário e a procurarem por padrões ou temas.

- "Existem momentos particulares em que isso parece acontecer?" (p. ex., manhãs, dias de escola)

QUADRO 8.1 Diário dos meus pensamentos "quentes"

Dia e hora	O que estava acontecendo	Como você se sentiu?	O que você pensou?
Segunda-feira de manhã	Reunião na escola	Fraco, nervoso	Não consigo respirar. Preciso sair daqui.
Sábado à tarde	Na cidade com amigos	Tremendo, fraco, sentindo calor	Tem muitas pessoas por aqui. Preciso ir para casa, não consigo lidar com isso.
Terça-feira à tarde	Aula de dança	Suando, fraco	Eu estou sempre fazendo besteiras. Não estou me sentindo bem, e então terei que sair mais cedo e ir para casa.

- "Isso tende a ocorrer em determinados lugares ou situações?" (p. ex., longe de casa, lugares com muita gente)
- "Quais as reações emocionais e os sinais corporais importantes que foram identificados?" (sentimentos e sinais corporais da criança)
- "Você observou alguma coisa sobre a maneira como você pensa quando se sente assim?" (distorção a respeito de alguma ameaça, foco nos sintomas corporais, necessidade de fugir)

Essa forma de questionamento abrange o processo colaborativo da parceria terapêutica. O clínico utiliza os seus conhecimentos para oferecer à criança uma estrutura pela qual ela possa explorar suas cognições, emoções e comportamentos. O questionamento é concebido para facilitar o processo de descoberta guiada, pelo qual a criança é ajudada a focalizar e descobrir informações e relações importantes e/ou novas.

Registros no computador

A motivação para se automonitorar pode ser ampliada se o diário do monitoramento for estabelecido conforme os interesses da criança. As folhas de registro do monitoramento diário serão atrativas para algumas crianças, enquanto outras poderão ficar mais interessadas na construção da sua própria folha.

A folha de exercícios apresentada na Figura 8.4 é um exemplo de um registro de sentimentos preenchido no computador por um menino de 10 anos. O objetivo do registro era obter um conhecimento maior a respeito de como o menino se sentia durante a semana. Ele arrastava e colava seu sentimento predominante em cada parte do dia e depois classificava o quanto o sentimento tinha sido forte. Nesse caso, pai e filho trabalharam juntos para produzir o diário, embora o grau e a extensão da assistência paterna deva ser negociada e combinada.

Para esse menino instruído em computadores, esse formato foi muito envolvente e o seu diário serviu para destacar que:

- embora a sua emoção negativa dominante fosse a ansiedade, também houve muitas vezes em que ele se sentiu feliz, particularmente à noite;
- os sentimentos ansiosos ocorreram em todas as manhãs dos dias de aula, mas não nos fins de semana;
- os sentimentos ansiosos eram particularmente fortes na quarta-feira.

Folhas de exercícios

Com crianças maiores, é possível realizar uma discussão focalizada para ajudar a identificar como elas se sentem em diferentes situações, e quais são aquelas que provocam mais ansiedade. O objetivo principal, nesse estágio, não é necessariamente desenvolver uma hierarquia da ansiedade, mas aumentar a consciência da criança da relação entre a ansiedade e situações específicas. Também é útil focalizar em situações que fazem a criança se sentir calma ou que reduzem sua ansiedade, pois isso proporciona ideias úteis sobre como a criança pode manejar seus sintomas de ansiedade.

Ansiedade **125**

Escolha o sentimento que você observa na maior parte do dia.

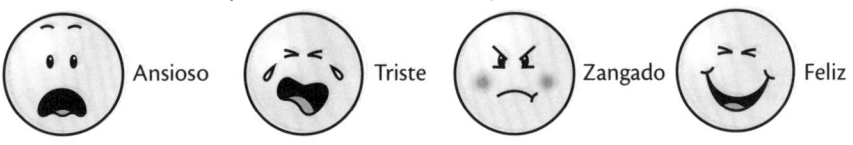

(Ansioso) (Triste) (Zangado) (Feliz)

Escolha um número para classificar o quanto esse sentimento é forte.
1 (não muito forte) 2 3 4 5 (muito forte)

Dia	Manhã	Tarde	Noite
Segunda-feira	4	2	3
Terça-feira	4	2	5
Quarta-feira	4	5	1
Quinta-feira	2	2	3
Sexta-feira	1	3	4
Sábado	2	3	2
Domingo	3	3	2

FIGURA 8.4 Registro dos meus sentimentos.

Com crianças menores, o uso de folhas de exercícios como as do Capítulo 12 pode ser útil. Na folha de exercícios ***Coisas Que Me Deixam Ansioso,*** a criança simplesmente escolhe os eventos/situações que lhe geram ansiedade e depois traça uma linha até a carinha ansiosa. Sempre é útil que se deixem dois quadros em branco para a criança acrescentar alguma preocupação importante que possa lhe ocorrer.

> Explorar qual forma de automonitoramento é mais atrativa, envolvente e realizável.

MANEJO DA ANSIEDADE

Uma vez que a criança consiga identificar os seus sinais de ansiedade, ela é então capaz de explorar as formas pelas quais seus sentimentos podem ser manejados. O objetivo é equipar a criança com ferramentas estratégicas das quais ela possa lançar mão em diferentes situações. É importante enfatizar a necessidade de desenvolver e usar uma gama de habilidades e que nenhuma estratégia funcionará todo o tempo. A criança é, portanto, encorajada a experimentar e a descobrir o que funciona para ela. Igualmente, caso se depare com uma situação em que seus métodos preferidos falhem, ela é encorajada a avançar ativamente e experimentar o uso de outra estratégia.

Alívio imediato

Haverá ocasiões em que a criança poderá ficar ansiosa de repente e precisará se acalmar rapidamente, recuperando o controle. Nesses momentos, ela precisa de alívio imediato, e a respiração controlada e a distração podem ser úteis.

Respiração controlada

Esse método simples ajuda a criança a retomar o controle do seu corpo por meio da concentração no controle da sua respiração. É um método rápido que pode ser executado em qualquer lugar, e geralmente as pessoas não notam o que a criança está fazendo. Assim que começa a ficar ansiosa, ela é instruída a puxar o ar lentamente e segurá-lo. A seguir, conta até 5, deixa o ar sair lentamente e, enquanto faz isso, pensa consigo mesma: "relaxe", "tenha calma" ou "fica fria". Isso é repetido por três ou quatro vezes ou até que a criança se sinta mais calma e mais controlada.

A respiração controlada pode ser ensinada a crianças menores de uma maneira divertida, pedindo-lhes que assoprem bolhas. Se a criança não controlar a sua respiração e assoprar muito forte ou rápido demais, ela não conseguirá assoprar nenhuma bolha. Incentivar a criança a assoprar calmamente e firmemente bolhas grandes pode lhe ensinar os princípios da respiração controlada. Também pode ser usada a analogia de soprar velas de um bolo de aniversário. A criança é instruída a imaginar um bolo de aniversário com velas acesas e apagá-las uma por vez. Para ter sucesso, a criança terá que puxar o ar, segurá-lo, mirar na vela e então soltar o ar lentamente, de forma controlada. Depois, ela é instruída a repetir o exercício e apagar o restante das velas.

O *Diário da Respiração Controlada*, no Capítulo 12, apresenta uma folha de exercícios simples que pode ser usada para desenvolver e praticar essa técnica.

Distração

Quando uma criança fica ansiosa, ela se focaliza internamente e fica fixada nos seus sinais fisiológicos de ansiedade. Quanto mais se concentra neles, piores ficam os sintomas fisiológicos e isso aumenta as cognições que ampliam a ansiedade, as quais estão relacionadas a se sentir doente, não conseguir lidar com as dificuldades ou perder o controle. Nesses momentos, a criança pode perceber que é útil afastar o foco da atenção dos seus sinais corporais internos e redirecioná-los para os estímulos externos.

Na distração, a criança é ensinada a redirecionar sua atenção e a focalizar eventos externos. Um jeito simples de fazer isso é descrever em detalhes o que está acontecendo à sua volta. A descrição deve ser muito detalhada; para isso, a criança é instruída a descrever a cena como se ela estivesse falando com uma pessoa cega. O clínico ajuda a criança a dar atenção a uma gama de dimensões que incluem tamanho, forma, cor, texturas, sons e cheiros. A tarefa pode se tornar mais exigente se lhe for pedido que faça isso o mais rápido possível. A ideia é manter a criança ocupada e focalizada nos estímulos externos, reduzindo assim a atenção dada a possíveis sinais internos que aumentam a ansiedade.

Jogos mentais

Os jogos mentais ou *puzzles* de pensamento são outra forma de redirecionar e mudar o foco da atenção para tarefas neutras. Um jogo mental é algo moderadamente desafiador e pode incluir:

- dizer seu nome de trás para a frente;
- fazer contagem regressiva a partir de 51, de 3 em 3;
- nomear todas as pessoas que conhece cujo nome começa com a letra S;
- nomear todos os personagens do seu programa favorito na televisão;
- identificar o número das placas de carro com a letra K.

O jogo deve ser difícil o suficiente para ser desafiador, mas não tão difícil que pareça impossível. Ele também deve ser longo o suficiente para prender a atenção da criança e, assim, reduzir o desenvolvimento da ansiedade.

> O alívio imediato dos sintomas de ansiedade pode ser obtido por meio do controle da respiração e de tarefas de distração.

Alívio de longo prazo

Além das estratégias que proporcionam alívio imediato, é útil que a criança aprenda maneiras de dispersar a ansiedade que se desenvolve durante o dia. Para maximizar o sucesso e a probabilidade das habilidades a serem usadas, a criança deve explorar formas de relaxar que possam ser prontamente incorporadas à sua vida diária.

Atividade física

Uma maneira natural de contrair e relaxar é através da atividade física. Os esportes e outras atividades vigorosas proporcionam formas de contração muscular que podem ajudar a criança a relaxar. Para algumas, basta simplesmente requerer uma reorganização dos horários das atividades que elas já realizam para que ocorram na hora em que se sintam mais estressadas. Outras crianças podem ser menos físicas e, portanto, necessitam de ajuda para descobrir possíveis atividades extenuantes, como uma caminhada rápida, praticar uma rotina de dança ou organizar o seu quarto. Depois que a criança identificou uma série de atividades relaxantes, ela é então encorajada a experimentar exercitá-las nas vezes em que se sentir mais tensa.

> *Sam (14 anos) gosta de correr e costumava fazer uma corrida rápida antes de ir para a escola. Ele achava que correr o ajudava a relaxar e clarear sua mente. Ele só corria pela manhã. Isso foi discutido, e Sam concordou em explorar a corrida em outros momentos, particularmente quando observava que estava ficando estressado, para ver se isso o ajudava a se acalmar.*

A folha de exercícios **Minhas Atividades Físicas,** no Capítulo 12, apresenta um resumo de algumas das atividades físicas que as crianças podem achar agradáveis. São oferecidos quadros em branco para a criança acrescentar as suas próprias atividades.

Atividades relaxantes

Uma ideia similar é reorganizar os horários de atividades, quando então a criança é incentivada a usar atividades que ela já acha relaxantes nos momentos em que fica tensa. Essas atividades relaxantes podem ser:

- ler um livro ou revista,
- assistir à TV ou a um DVD,
- ouvir música,
- jogar no computador,
- conversar com um amigo,
- preparar um bolo.

Assim, em vez de:

- ficar sentada por aí, sozinha, preocupando-se com o amanhã, ela pode experimentar ler uma revista;
- ficar sentada em seu quarto, sentindo-se ansiosa, ela pode experimentar assistir à TV;

- ficar deitada na cama, sentindo-se nervosa, ela pode tentar escutar seu aparelho de mp3;
- sentir-se estressada, ela pode tentar se distrair com um jogo no computador.

Relaxamento muscular progressivo

O relaxamento muscular progressivo é uma forma de ajudar sistematicamente a criança a contrair e relaxar o seu corpo. A criança é orientada através de uma série de exercícios nos quais cada grupo muscular importante é tensionado e depois relaxado. Esse processo aumenta a consciência dos seus sinais corporais, identifica as partes do seu corpo em que o estresse se manifesta em particular e proporciona maneiras pelas quais esses sentimentos podem ser dissipados.

O relaxamento muscular progressivo é melhor ensinado sentado ou deitado, e geralmente pode ser praticado em casa e incluído como parte da rotina da criança na hora de ir para a cama. Em termos de preparação, deve ser escolhido um momento em que não haja barulho ou distrações; o quarto deve ser aconchegante e silencioso, e a criança deve estar sentada ou deitada confortavelmente. Ela é orientada a identificar e checar cada grupo muscular importante que é, através de uma série de exercícios, tensionado e relaxado. O clínico focaliza a atenção da criança na diferença entre tensão e relaxamento e, assim, a auxilia a ter mais consciência dos seus sinais de ansiedade. No final da sessão, a criança terá tensionado todos os seus grupos musculares importantes e será encorajada a desfrutar do estado relaxado que ela mesma induziu. A criança é estimulada a praticar os seus exercícios de relaxamento em casa, sendo informada de que quanto mais praticar, melhores condições ela terá de relaxar. Poderá ser útil realizar o relaxamento nos momentos em que ela se sentir particularmente estressada ou na hora de ir para a cama, com parte da sua rotina, o que também poderá ajudá-la a pegar no sono.

Existem no mercado muitas fitas ou CDs comerciais para relaxamento, embora geralmente sejam direcionados ao público adulto. Eles tendem a variar na duração, nos exercícios que utilizam, no número de grupos musculares em que se concentram e se incluem música ou não. Qual tipo será empregado é uma questão de gosto pessoal, embora a experiência clínica sugira que as crianças geralmente gostam do que é relativamente breve e acompanhado por música.

Quando se submetem ao relaxamento muscular progressivo, as crianças parecem inicialmente muito inibidas e nervosas e podem querer manter seus olhos abertos. Não se preocupe. O clínico deve assegurar à criança que ela pode fazer tudo o que quiser, contanto que fique confortável e consiga ouvir as instruções. Além disso, deve explicar que também ele seguirá as instruções, mas permanecerá sentado na cadeira, a qual deve ser posicionada de forma que não fique olhando diretamente para a criança.

Com crianças menores, o relaxamento muscular progressivo pode virar uma brincadeira através de um jogo de "O rei mandou". A criança é instruída a realizar várias atividades como as descritas a seguir, concebidas para contrair seus grupos musculares:

- caminhar pela sala, rígida e ereta como um soldado;
- alongar-se até o céu;
- correr no lugar;
- fazer uma cara de assustada;
- inflar-se para virar um grande balão.

Depois de se envolver nos exercícios de tensão, a criança é auxiliada a relaxar, imaginando ser um animal grande, pesado, que se move lentamente, e depois, um leão adormecido que tem que ficar parado e o mais quieto possível.

Imagens calmantes

A criança pode preferir usar imagens calmantes ou relaxantes como forma de relaxamento. O fantasiar é um método que funciona bem com algumas crianças, particularmente com aquelas que têm muita imaginação.

Pede-se à criança para que pense em algum lugar relaxante e especial, o qual pode ser qualquer lugar que ela tenha visitado (p. ex., em férias), que tenha visto ou um lugar imaginário (p. ex., flutuando no espaço ou nadando com golfinhos). A imagem poderá ser melhor desenvolvida, pedindo-se que ela faça um desenho do seu lugar especial. A criança é incentivada a desenvolver uma imagem multissensorial em que preste atenção às cores, formas, tamanhos, sons, cheiros e sensações táteis. Depois que ela desenhou e descreveu em detalhes o seu lugar relaxante, pede-se que evoque aquela imagem e imagine que esta lá. O clínico ajuda a criar a cena visual, incorporando algumas das outras sensações sensoriais que a criança produziu:

- o cheiro da barraca de hambúrgueres;
- o som do córrego gotejando suavemente;
- a brisa soprando suavemente em seus cabelos;
- o frio da neve em seu rosto;
- a sensação de flutuar no espaço.

A criança será incentivada a praticar o desenvolvimento do seu lugar especial e instruída a se transportar para lá quando se sentir tensa e precisar relaxar. O desenvolvimento do relaxamento imaginário está resumido na folha de exercícios **Meu Lugar Especial para Relaxar**, no Capítulo 12.

> *Julie (12 anos) era asmática e sofria de ataques de pânico que recentemente a levaram a baixar hospital inúmeras vezes. Foi pedido a Julie que descrevesse seu lugar relaxante e ela imediatamente identificou uma praia em que passara as férias dois anos antes. Através da discussão, Julie foi ajudada a criar uma imagem multissensorial. Ela descreveu a praia em detalhes e foi então ajudada a se concentrar nos detalhes específicos: a cor da areia dourada, o branco das rochas que avançavam na água azul cristalina, o som das ondas batendo nas pedras e os pássaros gritando no céu, o gosto da água salgada que secava em seu rosto no sol quente, o cheiro da barraca de hambúrgueres no fim da praia.*

As habilidades que a criança achar úteis para manejo da sua ansiedade podem ser resumidas na folha de exercícios *Caixa de Ferramentas dos Meus Sentimentos*, no Capítulo 12. A folha se constitui em um registro permanente das diferentes ideias a que ela pode recorrer, no caso de ficar ansiosa.

> A criança precisa ser incentivada a utilizar uma série de métodos para manejar a sua ansiedade.

9

Aprimoramento Cognitivo

Uma vez que a criança começa a entender e a manejar os seus sentimentos ansiosos, o foco principal da intervenção se volta para o domínio cognitivo. É durante esse estágio que a criança e seus cuidadores são ajudados a se conscientizar da importância dos seus pensamentos e da relação que existe entre eles, seus sentimentos ansiosos e o que elas fazem. Em particular, as sessões são planejadas para abordar cognições disfuncionais importantes e as distorções identificadas no Capítulo 3. O objetivo geral é identificar e testar as cognições que aumentam a ansiedade e desenvolver cognições alternativas que sejam funcionais, balanceadas e úteis. Os principais alvos, os métodos e resultados desse trabalho estão resumidos na Figura 9.1 a seguir.

Depois de consciente das relações entre suas cognições e sentimentos ansiosos, a criança é ajudada a avaliar sistematicamente as evidências que embasam seus pensa-

Cognições que aumentam a ansiedade	Métodos	Cognições funcionais e benéficas
• Tendenciosidade para pistas ameaçadoras • Interpretação de situações como ameaçadoras • Cognições negativas antecipatórias • Distorções cognitivas de supergeneralização, personalização, catastrofização e abstração seletiva	Desenvolver a consciência cognitiva, "dar-se conta" Identificar cognições úteis e inúteis Mudar as cognições de inúteis para úteis Identificar distorções – "armadilhas cognitivas do pensamento" Questionar os pensamentos –"qual é a evidência?" Fazer experimentos comportamentais para testar as cognições	• Cognições balanceadas, reconhecendo aspectos positivos e os pontos fortes • Uso do autodiálogo positivo • Reconhecimento e identificação das distorções cognitivas • Teste e desafio dos pensamentos

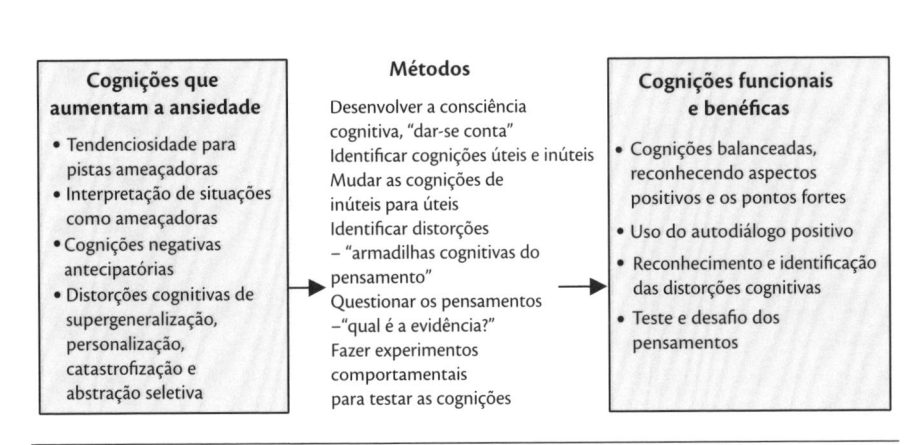

FIGURA 9.1 Alvos principais, métodos e resultados.

mentos e a prestar atenção a informações novas ou pouco valorizadas as quais possa questionar. Isso encoraja a criança a testar e reavaliar suas cognições e, através disso, desenvolver um estilo cognitivo mais balanceado, em que os pontos fortes e as realizações, que anteriormente podem ter sido pouco valorizados ou negados, são reconhecidos.

Assim, o domínio cognitivo ajuda crianças e jovens a:

1. desenvolver a consciência cognitiva – o que envolve aprender a identificar e comunicar pensamentos e a ter consciência destes, quando se prepara para defrontá-los ou durante as situações que provocam ansiedade;
2. reconhecer que alguns pensamentos são úteis, fazendo com que elas se sintam bem, enquanto outros são inúteis, cerceadores e as fazem se sentir ansiosas;
3. mudar os pensamentos inúteis para outros que sejam mais úteis e capacitantes;
4. identificar distorções cognitivas comuns e distorções associadas à ansiedade, particularmente a supergeneralização, personalização, catastrofização e abstração seletiva;
5. testar e questionar seus pensamentos e desenvolver formas de pensar mais balanceadas e úteis.

DESENVOLVER A CONSCIÊNCIA COGNITIVA: IDENTIFICAR E COMUNICAR OS PENSAMENTOS

Uma exigência fundamental da TCC é que a criança seja capaz de identificar e comunicar seus pensamentos ou "autodialogar". O método mais comum de identificação de pensamentos negativos que aumentam a ansiedade, particularmente com crianças maiores, é a abordagem direta pela qual elas simplesmente são solicitadas a descrever uma situação preocupante ou que lhes desperta medo e os pensamentos que a acompanham. Quando o acontecimento é revelado, o clínico pergunta à criança: "em que você estava pensando?", "o que estava passando pela sua cabeça?". Utilizando um questionamento direto como esse, o clínico consegue construir um entendimento das cognições da criança e identificar atribuições, pressupostos e ideias pré-concebidas que aumentam a ansiedade.

O questionamento do clínico não precisa se focalizar diretamente nas cognições da criança. As descrições das crianças em geral são recheadas de numerosos exemplos das suas cognições. O clínico, portanto, precisa observar com atenção os comentários que a criança faz e se transformar em um "coletor de pensamentos" por meio do qual as cognições da criança são observadas, coletadas e devolvidas a ela em um momento apropriado.

Algumas crianças acham inicialmente muito difícil a tarefa de identificação dos seus pensamentos. Elas podem precisar de uma ajuda guiada mais intensa para sintonizar com a ideia de que elas têm um "autodiálogo" e para que consigam identificar seus pensamentos automáticos. Nessas situações, pode ser útil pedir à criança que pense na primeira vez em que se encontrou com você. Através de uma série de estímulos, ela pode ser orientada a pensar sobre questões tais como o que ela achou que aconteceria, como seria a sala, sobre o que ela achou que se conversaria. Isso proporciona uma maneira de se demonstrar à criança a ideia dos pensamentos automáticos e que a todo o momento, embora possa não estar consciente disso, ela tem muitos pensamentos passando pela sua mente.

Contudo, não raro perguntas como "em que você estava pensando?" recebem uma resposta curta do tipo "nada" ou "eu não sei", particularmente de crianças menores. Nessas ocasiões, poderá ser necessária uma psicoeducação mais detalhada para ajudar a criança a encontrar uma forma de comunicar seus pensamentos.

Uma forma rapidamente entendida e efetiva que é frequentemente usada para comunicar o autodiálogo é através do uso de balões de pensamentos. Eles são familiares para a maioria das crianças e aquelas com 6 ou 7 anos já são capazes de entender que os balões de pensamentos representam o que uma pessoa está pensando e que isso pode ser diferente do que ela está fazendo. O clínico pode preparar algumas folhas de exercícios, como as da Figura 9.2, para ajudá-la a entender esse conceito. Uma figura é apresentada à criança e lhe é pedido que escreva ou desenhe no balão do pensamento o que o personagem pode estar pensando.

FIGURA 9.2 Uso dos balões de pensamentos.

Ansiedade **135**

A tarefa pode ser desenvolvida para ajudar a criança a reconhecer que existem muitas formas possíveis de se pensar a respeito da mesma situação. Assim, no exemplo apresentado na Figura 9.3, a criança seria encorajada a identificar três pensamentos diferentes que o gato poderia ter. Nas sessões posteriores, a geração de múltiplos pensamentos, como nesse exemplo, será usada para questionar os pensamentos iniciais da criança que provocam ansiedade, com o objetivo de enfatizar que existe mais de uma maneira de se pensar sobre as situações.

Depois que a criança demonstrou que consegue usar os balões como forma de comunicação dos pensamentos, ela pode então aplicar isso aos seus próprios problemas. Por exemplo:

- "O que você colocaria nos seus balões de pensamento quando vê aquele cachorro correndo na sua direção?"
- "Preencha os seus balões de pensamento quando você tiver que apresentar seu trabalho em aula."

FIGURA 9.3 Gerando diferentes pensamentos.

- "Use o balão de pensamentos para me mostrar o que passa pela sua cabeça quando você desce do ônibus na cidade."

Uma folha de exercícios que pode ser usada para explorar alguns dos pensamentos que uma criança pode ter em situações particulares, **Meus Pensamentos Preocupantes**, está incluída no Capítulo 12. Igualmente, para algumas crianças com transtornos de ansiedade generalizada em que existem muitos pensamentos de preocupação, as folhas de exercícios **Pensamentos Recorrentes** podem ser úteis. Os exercícios contidos em **Pensamentos Recorrentes** proporcionam uma metáfora útil para a criança visualizar a forma como os pensamentos de preocupação ficam martelando na sua cabeça.

> Identificar a melhor forma para a criança comunicar seus pensamentos.

IDENTIFICAR PENSAMENTOS ÚTEIS E INÚTEIS

Depois que a criança consegue identificar e compartilhar seus pensamentos, o passo seguinte será encorajá-la a avaliá-los. O objetivo dessa tarefa é reconhecer que algumas formas de pensamento são úteis enquanto outras são inúteis. As formas inúteis de pensamento são tipicamente tendenciosas e críticas e servem para aumentar a ansiedade, tais como:

- "Aposto que deve haver muita gente na cidade e eu não vou conseguir lidar com isso!"
- "Eu sei que vou fazer errado esse trabalho."
- "Eu sempre fico doente quando durmo fora, na casa de um amigo."

Essas formas de pensamento não só fazem com que a criança se sinta desconfortável, mas também são desanimadoras. Elas são inúteis e aumentam a probabilidade de que o jovem evite as situações: em vez de ir para a cidade ou dormir fora, ele pode ficar em casa onde se sente "seguro". Pensamentos como esses também podem desmotivar e, no exemplo acima, podem resultar na desistência da criança ou em ela nem tentar fazer seu trabalho escolar.

As formas úteis de pensamento são mais equilibradas e servem ao propósito de reduzir ou moderar a ansiedade da criança. Formas mais úteis de pensamento sobre as situações anteriores poderiam ser:

- "Deve haver muita gente na cidade, mas o meu amigo poderia me ajudar, se eu me sentisse nervoso."
- "Esse trabalho é novo, portanto, eu imagino que todos vão errar algumas perguntas."
- "Estou certo de que iríamos nos divertir muito, e eu sempre poderia telefonar para mamãe para me pegar, se eu não me sentisse bem."

Ansiedade **137**

Essas formas de pensamento são mais capacitantes e encorajam a criança a enfrentar e se defrontar com as situações desafiadoras.

Podem ser usadas atividades e folhas de exercícios para ajudar a criança a identificar os pensamentos úteis e inúteis e a relação existente entre eles e como eles são. As folhas de exercícios ***O Gato Legal*** e ***Como Eles Se Sentiram?***, no Capítulo 12, destacam as diferentes formas de pensamentos sobre os acontecimentos e podem ser usadas para envolver a criança em uma discussão sobre o efeito que as diferentes maneiras de pensar produzem nos seus sentimentos e no comportamento.

Da mesma forma, testes podem ser um jeito divertido de ajudar a criança a distinguir entre pensamentos úteis e inúteis. O teste na Figura 9.4 fornece alguns exemplos e o clínico pode acrescentar alguns dos pensamentos da criança que ele identificou durante os encontros.

MUDAR OS PENSAMENTOS INÚTEIS PARA PENSAMENTOS ÚTEIS

O entendimento de que existe mais de uma forma de pensar a respeito e um acontecimento ou situação e que algumas formas de pensamento são inúteis leva ao estágio seguinte: a mudança dos pensamentos inúteis para pensamentos mais úteis.

Embora ajudar a criança a desenvolver um estilo de pensamento mais capacitante e útil seja um objetivo importante, também é importante que o clínico mantenha uma perspectiva equilibrada e assegure um senso de realidade. É preciso resistir à tendência a se tornar excessivamente positivo e otimista como forma de combater as distorções negativas da criança. O objetivo do clínico não é simplesmente encorajar a criança a pen-

---

Marque os pensamentos que são **inúteis**

❏ Aposto como Mike vai implicar comigo de novo.

❏ Não consigo ler esse livro, ele é muito difícil!

❏ Estou ansioso por dormir na casa de Julie.

❏ Eu realmente me saí bem na aula de inglês hoje.

❏ Eu sou muito estúpido e não consigo fazer nada certo.

❏ Eu tento fazer o meu trabalho da melhor maneira possível.

❏ Eu acho que esta blusa cai bem em mim.

❏ Ninguém gosta de mim.

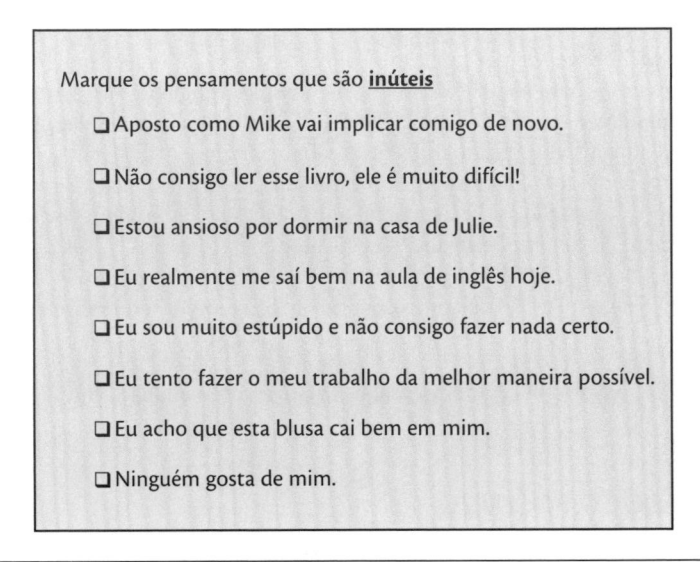

FIGURA 9.4 Teste dos pensamentos inúteis.

sar positivamente – que tudo está bem e que ela terá sucesso. Em vez disso, o objetivo é ajudá-la a descobrir informações que a ajudarão a desenvolver cognições alternativas. Isso é alcançado através do incentivo para que a criança se direcione para informações novas e pouco valorizadas, ajudando-a a descobrir evidências que lhe permitirão questionar seus pensamentos inúteis e a desenvolver um modo mais equilibrado de pensar.

As folhas de exercícios oferecem uma forma útil de apresentar esse conceito à criança antes de focalizar nas suas cognições específicas. Ao realizar esse processo, é importante destacar que não existe uma única resposta, mas muitas formas possíveis de pensamentos. Isso vai ajudá-la a se sentir mais confortável quanto a expressar suas ideias e também contrapor ideias pré-concebidas de que existe "*uma* resposta". Por sua vez, isso ajudará criança a se sentir mais relaxada e a reduzir alguma possível ansiedade pelo seu desempenho, achando que tem que "acertar". Da mesma forma, a perspectiva de uma terceira pessoa pode provocar menos ansiedade, particularmente no caso de crianças ou jovens muito ansiosos, possibilitando oportunidades seguras de praticar o desenvolvimento de pensamentos alternativos antes de começar a questionar seus próprios pensamentos.

Os exemplos da Figura 9.5, logo a seguir, podem ser discutidos com a criança para destacar as quatro características dos pensamentos úteis:

- *Capacitantes:* Os pensamentos úteis motivam e direcionam a criança para um curso de ação. Nos exemplos da Figura 9.5, os pensamentos inúteis são limitantes e não fornecem à criança ideias sobre o que ela pode fazer de maneira diferente para mudar a situação. Os pensamentos úteis tendem a ser orientados para a ação.
- *Reduzem a ansiedade:* Os pensamentos úteis reduzem a ansiedade e outras emoções desagradáveis, enquanto os pensamentos inúteis aumentam esses sentimentos.
- *Foco equilibrado:* Os pensamentos inúteis se focalizam nos aspectos negativos e frequentemente se referem à própria pessoa ("ninguém fala comigo"), ao seu desempenho ("eu não consigo fazer isso") ou sobre o futuro ("ela nunca vai ser minha amiga"). Os pensamentos úteis são mais balanceados. Eles são mais abertos em conteúdo e servem para contrapor essa distorção negativa imediata, direcionando a atenção da criança para informações novas ou pouco valorizadas.
- *Reduzem a incerteza:* A ansiedade está associada à incerteza. Os pensamentos úteis reduzem a incerteza por oferecerem à criança um plano de ação que aumenta a sua sensação de controle sobre as situações e acontecimentos.

Desenvolver formas de pensar alternativas, úteis e capacitantes.

AUTODIÁLOGO POSITIVO

A modificação do "autodiálogo" é uma estratégia comumente usada em muitos programas para ansiedade em TCC. As crianças ansiosas tendem a ter índices mais altos

Ansiedade **139**

Inútil
Nunca falam comigo.

Útil
Se ninguém falar comigo, eu vou perguntar à Kate sobre aquele programa na TV que eu sei que ela assiste.

Inútil
Eu não consigo fazer isso.

Útil
Se eu ficar empacado, vou perguntar ao meu professor.

Inútil
Kizzy passou por mim correndo. Ela não é mais minha amiga.

Útil
Talvez Kizzy não tenha me visto. Eu vou até lá dizer oi.

FIGURA 9.5 Exemplos de pensamentos úteis e inúteis.

de cognições negativas na antecipação, mais do que durante a exposição às situações temidas. Ao ser ensinada a usar o "autodiálogo" positivo, sugere-se à criança que essa estratégia deve ser incentivada durante a preparação para as situações ansiosas, em vez de ser aplicada durante estas.

A criança pode ser ajudada a substituir cognições negativas que aumentam a ansiedade tais, como "isso vai ser terrível", por cognições positivas que reduzem a ansiedade, tais como "eu já fiz isso antes e não foi ruim". Igualmente, ela pode ser encorajada a substituir cognições antecipatórias que predizem fracasso, tais como "eu vou errar", por um "autodiálogo" mais útil, como "eu vou tentar, então vou dar o melhor de mim". Tipicamente, o "autodiálogo" positivo envolve o uso de declarações curtas que a criança repete para si mesma nos momentos estressantes. A declaração, dessa forma, contrapõe-se às suas cognições antecipatórias negativas e, ao repeti-la, focaliza a sua atenção e a afasta dos seus pensamentos negativos.

O desenvolvimento do "autodiálogo" positivo levará tempo. A tendência natural da criança de prosseguir na direção das cognições negativas que aumentam a ansiedade será forte, particularmente em situações que provoquem ansiedade. Assim, contrapor-se a esse comportamento vai requerer prática, e é importante que toda a tentativa seja reforçada.

> Contrapor as cognições antecipatórias negativas, promovendo o autodiálogo positivo durante o período preparatório.

TENDÊNCIAS DE *COPING*

Além de relatarem mais cognições antecipatórias negativas, as crianças ansiosas tendem a ter expectativas mais baixas quanto à própria capacidade para lidar com situações desafiadoras e ameaçadoras.

As expectativas quanto a não ser capaz de lidar com as dificuldades podem ser contrapostas através de imagens preparatórias para a solução dos problemas. A criança pode ser ajudada a imaginar a situação que lhe desperta ansiedade e a verbalizar o que acha que irá acontecer, a fim de que cada dificuldade potencial possa ser identificada. Uma vez reconhecidas as dificuldades, o clínico guia a criança através de cada problema e explora sistematicamente as soluções possíveis e formas de lidar com a situação. Isso prepara a criança por meio de estratégias potencialmente úteis que poderão então se incorporar à sua imagem. A situação é reencenada na imaginação da criança, usando as estratégias que foram discutidas e ela se imagina agora lidando com o problema. Isso precisa ser praticado e oferece uma maneira de contrapor e questionar a tendência da criança de antecipar a falha, em vez de o sucesso.

Por fim, o "resultado de sucesso" precisa ser combinado no início, e pode ser que a criança consiga lidar bem com a situação ou apenas passar pelo desafio, em vez de ter um desempenho excepcional.

Ansiedade **141**

> Contrapor as tendenciosidades de *coping* através da solução preparatória do problema e imaginar o sucesso.

IDENTIFICAR DISTORÇÕES E PREDISPOSIÇÕES COGNITIVAS COMUNS – AS "ARMADILHAS DO PENSAMENTO"

É importante enfatizar que existem momentos em que qualquer pessoa pensa de forma inútil. Isso é normal, e todo o mundo tem dúvidas e preocupações em algum momento. No entanto, para algumas pessoas, essas formas inúteis assumem o controle de seus pensamentos. Como vimos anteriormente, aqueles com problemas de ansiedade têm maior probabilidade de:

- prestar atenção seletiva a ameaças ou estímulos negativos e interpretar situações ambíguas como ameaçadoras;
- ter expectativa de não ser bem-sucedido;
- perceber-se como menos capaz de lidar com situações desafiadoras;
- apresentar distorções cognitivas envolvendo supergeneralização e catastrofização.

É, portanto, útil que se ajude as crianças ansiosas a identificarem e entenderem distorções e predisposições cognitivas potenciais. Essas formas de pensamentos se desenvolvem ao longo do tempo, e existem seis armadilhas comuns com as quais as crianças ansiosas precisam ter cuidado.

Os óculos negativos

As tendenciosidades seletivas em relação a ameaças podem ser mostradas à criança através da metáfora dos "óculos negativos". Esses óculos permitem que o seu usuário veja somente as partes negativas ou assustadoras do que está acontecendo. Os óculos negativos nunca veem a imagem total e parecem nunca encontrar as coisas boas ou úteis que acontecem.

> Lucy convidou Mary (10 anos) e quatro outros amigos para a sua festa de aniversário no boliche local. Mary ganhou a primeira partida e foi a única do grupo a fazer um strike, portanto, ganhou um prêmio especial. Todos comeram o sorvete favorito da Mary, ela se sentou ao lado de Lucy no carro e a festa foi maravilhosa. Depois, elas voltaram para a casa de Lucy. Quando veio buscar Mary, sua mãe perguntou se ela havia se divertido. Mary respondeu: "Nós nos perdemos no caminho até o boliche. O pai de Lucy não sabia onde era".

O positivo não conta

A expectativa de que a criança não terá sucesso e será incapaz de lidar com as dificuldades pode ser traduzida pela armadilha do pensamento: "o positivo não conta".

Qualquer acontecimento positivo e os sucessos são negados ou rejeitados como sem importância, pura sorte ou como irrelevantes, já que a criança tenta confirmar sua crença de que vai falhar e é incapaz de lidar com as dificuldades. Essa armadilha também pode servir para reforçar as crenças da criança de que os acontecimentos são incontroláveis, pois suas tentativas positivas de exercer o controle são desvalorizadas como se fossem um insucesso.

> *Linda (11 anos) não gostava de matemática e estava sempre dizendo às pessoas que não entendia nada sobre isso e que só fazia besteiras nessa matéria. Durante um teste na escola, ela acertou 15 de 20 questões. Quando seus amigos lhe contaram o quanto ela havia se saído bem, Linda desvalorizou seu sucesso e disse: "Aquele trabalho não é importante. Nós fizemos aquilo há muito tempo. Eu não sei fazer esse trabalho novo".*

O vidente

A tendência que as crianças ansiosas têm de esperar que as coisas deem errado ou que elas não consigam lidar com as dificuldades pode ser traduzida pelo "vidente" ou "leitor de mentes". O vidente faz previsões negativas sobre os acontecimentos futuros e enfatiza os problemas e dificuldades potenciais, em vez do sucesso. Assim, a criança tem a expectativa de falhar e não conseguir lidar com os problemas.

> *Robbie (14 anos) havia sido convidado pelos amigos para ir à cidade. Quando seu pai perguntou a que horas ele iria, Robbie respondeu: "Eu não vou. Eles sempre vão à mesma loja de discos, falam das suas bandas favoritas e simplesmente me deixam de fora".*

O leitor de mentes

Igualmente, o "leitor de mentes" sabe o que todo o mundo está pensando e, mais uma vez, as crianças ansiosas tendem a achar que os outros vão ser críticos com elas, intimidadores ou ameaçadores. Pensar assim aumenta a ansiedade antecipatória.

> *Joshua (15 anos) estava usando seus tênis novos para ir à escola. Quando estava atravessando o pátio da escola, ele viu um grupo de jovens olhando para os tênis e pensou: "Ah, não, vocês não gostam deles. Eu comprei errado. Vocês devem estar pensando que eu sou um verdadeiro idiota".*

Bola de neve

A tendência que as crianças ansiosas têm de extrapolar um único acontecimento ou resultado negativo para outras situações atuais ou futuras pode ser resumida pelo conceito da bola de neve. Com essa forma de supergeneralização, um único evento vai se tornando cada vez maior, vai permeando muitos aspectos da vida da criança e toma conta dela.

Liz (14 anos) não se saiu muito bem no treino de hockey e, enquanto trocava de roupa, pensou: "Isso é horrível. Eu não sei jogar hockey, os meus amigos vão achar que eu sou um fracasso e ninguém mais vai querer andar comigo".

Aumentando as coisas

Com essa armadilha de pensamento, acontecimentos comparativamente pequenos são ampliados para algo muito maior. Procedendo assim os acontecimentos se tornam mais ameaçadores ou assustadores do que são na realidade.

Sam (15 anos) se esqueceu de trazer o seu equipamento de esporte e foi repreendido pelo professor de educação física. A maior parte da turma estava ocupada trocando de roupa e não estava ouvindo o que acontecia, mas Sam pensou: "Isso é tão constrangedor, todos estão ouvindo e rindo de mim. Eu não vou mais praticar esporte".

Pensar em desastres

Essa forma de pensar é particularmente comum em crianças que experimentam ataques de pânico. Os sinais normais de ansiedade psicológica são percebidos como sinais de algum desastre iminente, o que tipicamente resulta na criança achando que vai morrer ou que vai precisar ser levada ao hospital.

Mary (14 anos) desceu do ônibus na cidade e começou a se sentir ansiosa. Ela percebeu que seu coração acelerava e pensou: "Oh, não, isso não pode estar certo. Deve ser um ataque cardíaco como o que o vovô teve".

No Capítulo 12, é apresentado um folheto sobre algumas distorções cognitivas comuns. **Armadilhas do Pensamento** resume algumas das ciladas mais comuns, tais como a abstração seletiva, o desprezo aos aspectos positivos, a supergeneralização, os erros de previsão e a catastrofização.

> Identificar predisposições e distorções comuns e prevalentes.

TESTAR E QUESTIONAR AS COGNIÇÕES E DISTORÇÕES

Depois que a criança toma consciência dos seus pensamentos inúteis e das armadilhas do pensamento, o estágio seguinte é ajudá-la a testar objetivamente a realidade destes. Isso é particularmente importante, uma vez que a maioria dos pensamentos negativos nunca é compartilhada ou discutida com os outros. Eles ficam martelando na cabeça da criança, raramente são questionados e quanto mais são ouvidos, mais ela acredita neles. Assim, o processo de testagem dos pensamentos oferece à criança uma forma estruturada, poderosa e objetiva de contrapor suas armadilhas de pensamento e de avaliar as evidências que apoiam ou contradizem essa forma de pensar. Existem várias maneiras pelas quais isso pode ser alcançado.

"Parar, encontrar, pensar"

Ao questionarem as situações ansiosas, as crianças têm a tendência a prestar atenção a sinais de ameaça ou de interpretarem estímulos ou eventos neutros como ameaçadores. A criança precisa estar consciente das armadilhas do pensamento que são potencialmente importantes. Os óculos negativos encontram e se focalizam excessivamente nos possíveis "sinais de perigo"; o leitor de mentes pode aumentar a tendência da criança a "pular para as conclusões" e esperar que aconteçam coisas negativas. Uma vez consciente dessa tendência, a criança pode ser encorajada a focalizar novamente a sua atenção através da procura de características não ameaçadoras na situação. Isso pode ser feito através de um processo de três passos: parar, encontrar, pensar.

Passo 1: Parar. Quando a criança aborda ou interpreta uma situação que percebeu como perigosa, ela pode ser encorajada a "parar". Visualizar uma placa de trânsito de "pare" ou um semáforo pode representar um sinal visual útil que tem a possibilidade de acompanhar o controle da respiração, a fim de controlar os sintomas fisiológicos de ansiedade.

Passo 2: Encontrar. Depois que a criança interrompeu a escalada da ansiedade cognitiva e fisiológica, a distorção em relação aos indícios de ameaça pode ser contraposta através do incentivo para que ela ativamente encontre "segurança" ou informações úteis. A criança é, assim, desviada das cognições internas que provocam ansiedade e sintomas fisiológicos para estímulos externos mais neutros. A criança é encorajada a prestar atenção em estímulos neutros ou positivos tais como pessoas, familiares, amigos ou rostos sorridentes.

Passo 3: Pensar. Depois que a criança direcionou sua atenção para estímulos neutros ou que reduzem a ansiedade, ela é estimulada a reavaliar a situação "pensando de novo". As cognições inúteis que aumentam a ansiedade são questionadas e substituídas por cognições mais úteis e positivas.

A tendência natural de prestar atenção aos estímulos que amedrontam será dominante. Como tal, a criança precisará ser treinada através desses passos e o processo deverá ser ensaiado e praticado durante as sessões clínicas.

> Contrapor as distorções e a tendência a pular para conclusões negativas através de:
> PARAR pensamentos inúteis e sentimentos ansiosos
> ENCONTRAR segurança e informações úteis
> PENSAR em pensamentos positivos para lidar com a situação

Questionar os pensamentos

As crianças com ansiedade tendem a apresentar tendenciosidades na atenção a estímulos relacionados a ameaças. Isso geralmente se reflete nas suas cognições negativas, em que têm a expectativa de que aconteçam coisas ruins ("as pessoas me encaram e riem de mim"), que as coisas deem errado ("ninguém vai sentar comigo") ou de um desempenho pobre ("eu não sei fazer isso; eu não vou conseguir resolver"). O questionamento dos pensamentos objetiva contrapor essas distorções, ajudando a criança a dirigir sua atenção para uma gama mais ampla de sinais e chamando a sua atenção para informações novas ou que não foram consideradas.

O questionamento dos pensamentos é tipicamente um processo verbal e começa pela identificação de um dos pensamentos inúteis mais frequentes ou fortes da criança. Pede-se, então, que ela classifique a intensidade com que acredita nele, dentro de uma escala de 1 a 100. O passo seguinte envolve pedir para que a criança identifique evidências que apoiariam aquele pensamento. A seguir, o processo é repetido, mas, dessa vez, pede-se que a criança identifique evidências que *não* apoiariam essa forma de pensamento. Então, pede-se que ela encontre e preste atenção a informações que pode ter desconsiderado ou negado. Depois disso, pede-se que a criança classifique a intensidade com que agora acredita no seu pensamento original e se existe uma forma de pensar mais equilibrada e útil.

> *Stephen (11 anos) ficava muito ansioso quando estava com seus pares e frequentemente pensava que as outras crianças formavam grupinhos contra ele. Isso fazia com que Stephen se sentisse muito ansioso durante os recreios na escola; ele geralmente evitava ir para o pátio, preferindo ficar na sala de aula sozinho. Um dos pensamentos comuns de Stephen era o de que "as pessoas sempre olham para mim e querem começar uma briga": um pensamento em que ele acreditava fortemente, com um escore de 90/100.*
>
> *Foi pedido que Stephen listasse as evidências que apoiavam esse pensamento. Sempre que ele saía para o pátio, durante o recreio, havia um grupo de seis ou sete jovens que sentavam no muro e o observavam. Dois desses meninos eram garotos que haviam colocado apelidos em Stephen no passado, e um havia tomado a sua mochila e a esvaziado no chão.*
>
> *Assim, foi pedido a Stephen que procurasse alguma evidência que não apoiasse esse pensamento. Inicialmente, ele não conseguiu encontrar nenhuma: uma resposta comum para crianças que estão fortemente focadas nos indícios negativos e ameaças no seu ambiente. No entanto, Stephen foi ajudado a questionar alguns dos seus pressupostos e preconceitos. O que apareceu foi que aquele muro era um lugar popular para os jovens se sentarem e muitos grupos diferentes se sentavam ali. O muro ficava em frente à porta da escola e, assim, quem estivesse sentado ali estaria de frente e olhando para todas as crianças que saíssem. Eles não estavam olhando apenas para Stephen. Esse grupo de jovens fazia muita bagunça, mas era formado por garotos alegres e brincalhões, em vez de brabos e ameaçadores. Eles não haviam se envolvido em nenhum problema recentemente e Stephen não tinha ouvido falar que eles fossem agressivos ou ameaçassem alguém. Eles não diziam nada a Stephen há muitas semanas, e o incidente com a mochila havia acontecido no ano anterior. Essa foi a informação que Stephen desconsiderou, ignorou ou minimizou. Chamar a sua atenção para isso ajudou Stephen a questionar esse*

pensamento, o qual agora havia sido reduzido para 55/100. Durante os outros encontros, Stephen foi ajudado a continuar a questionar esse pensamento, resultando disso uma forma mais equilibrada e útil de pensamento sobre a situação: "Muitas pessoas gostam de sentar no muro e ficar por ali".

Checar as evidências

Embora muitas crianças consigam se envolver em um processo verbal de questionamento do pensamento, uma alternativa forte e mais concreta é envolver a criança na checagem ativa de evidências para os seus pensamentos. Ela é, assim, encorajada a encontrar na sua vida diária as evidências que apoiam ou questionam a realidade e a intensidade das suas predições.

Isso envolve experimentos comportamentais, os quais serão discutidos em mais detalhes no Capítulo 10. O processo começa pela identificação de pensamentos inúteis dominantes ou frequentes e a classificação da sua intensidade. A seguir, a criança e o clínico iniciam uma discussão para identificar quais evidências eles precisam obter para checar seus pensamentos. Por exemplo, um jovem que pensou:

- que ele "fez besteiras no trabalho da escola" poderia ser solicitado a registrar as suas notas nos trabalhos seguintes;
- que "os meus professores sempre pegam no meu pé" poderia ser solicitado a registrar todas as vezes em que isso aconteceu;
- que "ninguém me telefona" poderia ser solicitado a manter um registro dos telefonemas que recebe.

Depois de identificadas as evidências necessárias, o tempo de duração precisa ser combinado e, depois, pede-se ao jovem que esclareça o que ele espera encontrar:

- se ele fizesse "besteiras no trabalho da escola", então não teria nenhuma nota melhor do que D nos próximos cinco trabalhos;
- se os professores "sempre pegam no seu pé", então seria de se esperar pelo menos um exemplo por dia;
- se "ninguém lhe telefona", então ele não deveria receber nenhum chamado no período de uma semana.

As evidências são então colhidas e examinadas para se averiguar se elas apoiaram ou não o pensamento original. A intensidade da crença do jovem no pensamento original é, então, classificada e é desenvolvida uma alternativa mais equilibrada.

- Os resultados mostraram que três das cinco tarefas escolares receberam nota D, E e E, todas elas em matemática. Os outros dois trabalhos receberam C. Isso ajudou a desenvolver um pensamento mais equilibrado e contido: "Eu acho matemática difícil, mas me saio bem nos outros trabalhos da escola".
- O diário mostrou dois exemplos de um professor pegando no seu pé, e em ambos os casos isso ocorreu com o professor de Educação Física. A constatação

ajudou a desenvolver um pensamento mais útil e contido: "A maioria dos professores é legal, mas eu preciso ser mais cuidadoso em Educação Física".
- O registro sobre os telefonemas mostrou que não houve nenhuma chamada no período de uma semana. Isso deu apoio ao pensamento de que "ninguém nunca me telefona" e também sugeriu que talvez seja necessária uma abordagem mais proativa.

Haverá ocasiões em que, embora as evidências não apoiem os pensamentos inúteis iniciais da criança, ela poderá parecer despreparada para aceitar os resultados do experimento. Geralmente, as crianças estão fortemente apegadas aos seus pensamentos e crenças inúteis e poderão desvalorizar ou não dar crédito a evidências contrárias, classificando-as como incomuns ou fruto do acaso. As distorções cognitivas e preconceitos da criança podem inibir a sua capacidade de pensar e processar essas informações novas. Nessas situações, é importante que o clínico mantenha um senso de objetividade e sugira que a coleta das evidências seja repetida. A adoção dessa posição empírica e objetiva continua a incentivar a autodescoberta e reflexão e evita que o clínico tente impor a sua visão à criança.

Além de incentivar a reflexão, é importante que o clínico promova um senso de curiosidade e mantenha a mente aberta. O propósito da coleta de evidências não é provar à criança que a sua forma de pensar é "errada"; é checar as evidências que apoiam ou questionam as suas crenças. Portanto, haverá ocasiões em que os pensamentos inúteis ou negativos da criança estarão apoiados como no exemplo acima, em que o jovem não recebeu nenhum telefonema durante o período de monitoramento combinado. Isso é por si só uma informação importante. Nesse caso, se o jovem não está recebendo telefonemas, então talvez ele precise se tornar mais proativo e estabelecer uma meta para si mesmo, como ligar para duas pessoas a cada semana.

> Promover a objetividade e usar experimentos para testar e reavaliar cognições comuns ou muito fortes.

10

Resolução de Problemas, Exposição e Prevenção de Recaídas

A parte final da intervenção tem seu foco no domínio comportamental e se refere principalmente à prática e à exposição. Durante esse estágio, a criança aprende a aplicar suas novas habilidades para enfrentar e superar com sucesso as situações que lhe são desafiadoras e provocam ansiedade. A criança é encorajada a, sistematicamente, se aproximar e confrontar situações que ela anteriormente evitava, de uma forma passo a passo que maximiza a probabilidade de sucesso. Esse procedimento pode envolver uma série de métodos que incluem a solução de problemas, o desenvolvimento de hierarquias graduais, prática *in vivo* e imaginária, experimentos comportamentais e reforço positivo, conforme mostra a Figura 10.1.

As tarefas principais durante esse estágio são ajudar a criança e o jovem a:

1. desenvolver habilidades para a solução de problemas;
2. enfrentar sistematicamente e lidar com as situações temidas e evitadas;

Comportamento de esquiva e ansioso	Métodos	Resolução de problemas e enfrentamento
• Evitação de situações de ansiedade e desafios • Desempenho ansioso • Habilidades limitadas para solucionar problemas • Foco no desempenho negativo e no erro	Aprendizagem a resolução de problemas Exposição e prática Passos graduais e hierarquia de problemas Experimentos comportamentais Reforço positivo	• Enfrentar desafios • Prestar atenção aos aspectos positivos e de enfrentamento no desempenho • Dividir os problemas em partes menores passos • Recompensar o enfrentamento e o comportamento corajoso

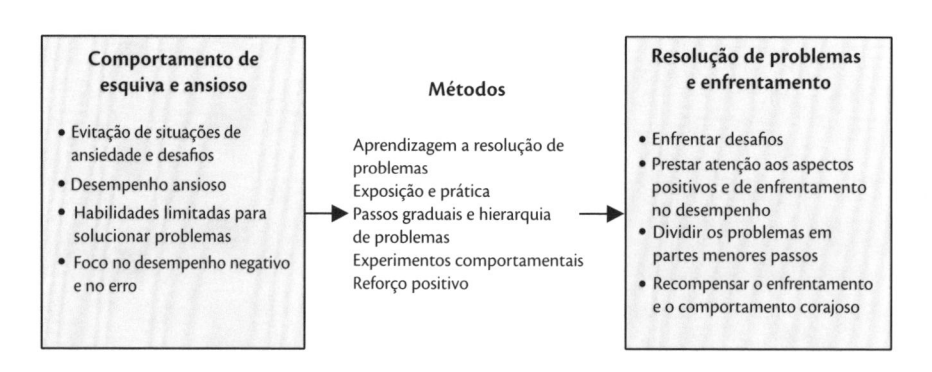

FIGURA 10.1 Resolução de problemas e outras habilidades.

Ansiedade 149

3. realizar experimentos comportamentais para testar seus pressupostos e crenças;
4. reconhecer e elogiar as novas tentativas de enfrentamento.

RESOLUÇÃO DE PROBLEMAS

A esquiva é uma forma comum de lidar com situações ou acontecimentos que geram ansiedade. Embora a esquiva possa trazer um alívio no curto prazo, a criança não aprende formas efetivas de lidar com as situações que lhe provocam ansiedade. Nessas ocasiões, é útil que se apresente à criança um esquema de seis passos para a solução de problemas, como veremos a seguir.

> Passo 1: O que eu quero alcançar?
> Passo 2: Quais são as soluções possíveis?
> Passo 3: Quais são as consequências de cada solução?
> Passo 4: Na balança, qual é a melhor solução?
> Passo 5: Experimentá-la.
> Passo 6: Avaliá-la.

O primeiro passo é definir o problema que a criança quer superar. É importante focalizar nos resultados positivos que ela deseja atingir. Em vez de dizer: "não consegue falar com as pessoas" ou "não consegue sair", é preciso se expressar com objetivos positivos como: "sentir-se bem ao falar com as pessoas" ou "conseguir visitar o comércio local". Isso tem um efeito capacitante e positivo à medida que a criança dirige sua atenção para a conquista do seu objetivo em vez de ficar imersa e submersa nas suas limitações atuais.

O segundo passo envolve a geração de opções, pela qual o jovem é encorajado a considerar todos os caminhos possíveis a fim de atingir seu objetivo. O julgamento não deve entrar em jogo. A tarefa é identificar as opções possíveis, e não avaliá-las. A criança é, portanto, incentivada a pensar nas soluções alternativas possíveis e não se preocupar se alguma delas parecer tola ou irrealista. Se a criança não conseguir gerar alguma ideia, então ela deve ser encorajada a perguntar a um amigo o que deveria fazer. Ou então pode-se pedir a ela para identificar alguém que seja um modelo de sucesso – alguém que ela acha que é capaz de lidar com sucesso com esse desafio – e observar o que ele faz. O clínico precisa encorajar e elogiar a criança por identificar opções, uma vez que muitas delas acham esse passo difícil. Uma folha de exercícios está incluída no Capítulo 12, **Soluções Possíveis**, a qual pode ser usada para gerar soluções para os problemas. A folha de exercícios encoraja a criança a continuar a se fazer a pergunta "ou", isto é, "ou eu poderia fazer...", até que várias possibilidades tenham sido identificadas.

O terceiro passo é a opção da avaliação, quando são identificadas as consequências possíveis de cada solução. Poderá ser necessário que a criança seja estimulada a considerar as consequências de curto e longo prazos e os resultados para ela e as outras pessoas. Conforme mencionado anteriormente, algumas soluções (p. ex., esquiva) podem trazer benefícios a curto prazo, mas não são úteis a longo prazo. Igualmente, embora algumas soluções possam parecer úteis para a criança (p. ex., "pedir que mamãe telefone para o meu amigo e o convide para vir em casa"), as consequências para a mãe em termos de aumento de trabalho e responsabilidade podem ser menos positivas.

Isso leva ao quarto passo de escolha de uma solução. Com base nessas informações, pede-se à criança para decidir qual seria a sua solução preferida. Como em todas as decisões, a criança precisará fazer isso com base nas informações disponíveis. Será a melhor opção no momento da escolha, mas não há garantia de que ela terá sucesso. A folha de exercícios **Qual Solução Eu Devo Escolher**, incluída no Capítulo 12, apresenta um resumo dos passos 3 e 4.

O quinto passo é o da implementação. É preciso combinar uma data para experimentar o plano e organizar o apoio necessário. A criança pode ser ajudada a imaginar a prática da tarefa. Ela pode ser encorajada a imaginar a situação em detalhes e falar sobre a aplicação da sua solução antes de experimentá-la na vida real. Da mesma forma, a necessidade de reconhecer e elogiar as tentativas, independentemente de terem sido bem-sucedidas ou não, deve ser enfatizada. As tentativas de exploração de maneiras de enfrentar os desafios precisam ser reforçadas, e não os resultados.

O passo final envolve a avaliação e a reflexão sobre a utilidade do plano. Mais uma vez, a criança vai precisar ser guiada nesse caminho, já que o seu *feedback* imediato poderá ser negativo. Ela poderá simplesmente se concentrar na intensidade dos seus sentimentos de ansiedade ou relatar as suas distorções cognitivas, o que enfatizaria os aspectos negativos do seu desempenho. A criança precisa ser auxiliada a dirigir a sua atenção para informações novas e pouco valorizadas para que possa desenvolver uma perspectiva mais balanceada.

> *Na escola, o grupo de Tracey estava fazendo um projeto sobre o meio ambiente e era preciso que todos se revezassem para apresentar seu trabalho à turma. Tracey estava muito preocupada por ter que falar diante das pessoas e então preencheu a folha de exercícios a seguir para explorar como ela poderia lidar com esse desafio.*
>
> *Tracey pediu que Louise a ajudasse, e durante os dois dias seguintes elas trabalharam no que iriam dizer e praticaram. Tracey estava muito ansiosa antes da sua fala, mas, quando começou, ficou menos nervosa. Ela sabia muita coisa sobre o meio ambiente, Louise a ajudou e a turma estava muito interessada no que ela tinha a dizer. Depois da apresentação, Tracey sentiu-se muito satisfeita consigo mesma. Quando isso foi examinado, Tracey conseguiu identificar três novas informações. Primeiro, ela aprendeu que na verdade tinha coisas a dizer que seus colegas de aula poderiam achar interessantes. Segundo, eles não riram ou implicaram como ela havia previsto. Por fim, e talvez o mais importante, Tracey descobriu que poderia encontrar formas de enfrentar e lidar com as situações que a preocupavam, em vez de evitá-las.*

Ansiedade **151**

Qual solução eu devo escolher?		
Depois que você fizer uma lista das ideias possíveis, o passo seguinte é pensar sobre os pontos negativos (-) e positivos (+) de cada solução. Você pode pedir que alguém o ajude.		
Quando terminar, examine sua lista e escolha a melhor solução para o seu desafio.		
O meu desafio é: ficar diante da turma e falar sobre o meu projeto		
Solução possível	Pontos positivos (+)	Pontos negativos (-)
1. Fazer sozinha.	Nenhum! Eu <u>não consigo</u> fazer isso.	Eu vou ficar nervosa e parar de falar. Eu vou me esquecer das coisas e fazer papel de boba.
2. Pedir que Louise faça comigo	Dividir a apresentação: Louise é melhor do que eu para falar. Nós podemos ajudar uma à outra, se nos der um branco.	As pessoas vão achar que eu não consigo fazer isso sozinha. Elas vão rir de nós.
3. Pedir ao professor que me ajude.	Seria uma apresentação boa. Ele me ajudaria, se me desse um branco e eu parasse de falar.	Ninguém mais pediu ao professor para que ajudasse. Eles vão achar que eu sou esquisita.
4. Dizer que não estou me sentindo bem que não posso apresentar.	Eu não teria que apresentar e então não ficaria preocupada.	Seria decepcionante. É um bom projeto.
A minha melhor solução é: pedir que Louise me ajude.		

Gerar e avaliar soluções alternativas para os problemas e preocupações.

ENFRENTAR E LIDAR COM AS SITUAÇÕES QUE PROVOCAM ANSIEDADE

Exposição

Um elemento-chave dos programas de tratamento da ansiedade é a exposição, em que a criança enfrenta e aprende a lidar com as situações ou eventos temidos. Através da exposição ela aprende que, ao enfrentar as situações temidas, a ansiedade associada fica menor. O conceito de aprendizagem através da ação é, portanto, central para o tratamento dos transtornos de ansiedade e também terá um efeito sobre as cognições da criança. As cognições e medos dominantes que aumentam a ansiedade quanto à incapacidade de lidar com eles são questionados diretamente durante as tarefas de exposição, facilitando o desenvolvimento de cognições alternativas.

Para a criança, a ideia da exposição – enfrentar a coisa que ela mais teme – será ameaçadora e irá gerar ansiedade. Igualmente, os pais poderão ser preocupar em proteger seu filho de um possível sofrimento e ficarão relutantes em encorajá-lo e apoiá-lo a empreender essa tarefa. Assim, a justificativa para a exposição deve ser explícita e devem ser enfatizados os seguintes pontos principais:

- A criança, atualmente, está manejando a sua ansiedade através da esquiva.
- A esquiva proporciona um alívio de curto prazo, mas não oferece uma solução de longo prazo.
- A criança precisa enfrentar as situações temidas e preocupantes para aprender a dominá-las e superá-las.
- A criança irá se sentir ansiosa, mas isso se reduzirá quanto mais ela enfrentar e confrontar as situações preocupantes.
- A criança será envolvida em todas as decisões e irá começar aprendendo primeiro a lidar com as situações mais fáceis.
- Ela somente tentará enfrentar situações mais difíceis quando se sentir pronta para isso.

O processo real de exposição precisa de um planejamento cuidadoso, uma vez que, para ser efetivo, a criança precisa vivenciar e superar altos níveis de excitação. Se a exposição não tiver uma duração suficiente, a ansiedade não vai reduzir (habituação). As sessões de tratamento devem ser suficientemente longas para permitirem que a situação temida seja dominada, em vez de simplesmente ensaiada, e deve resultar no sucesso da criança, fazendo com que ela se sinta relaxada e no controle.

Para que sejam mostradas à criança as mudanças na intensidade da sua ansiedade, o automonitoramento é parte integrante da exposição. Ele oferece uma forma de quantificar a intensidade da ansiedade, ao mesmo tempo em que demonstra que os níveis de ansiedade se reduzem com o passar do tempo.

Antes de realizar a exposição, é importante que a criança e seus pais tenham uma compreensão clara:

- da sua ansiedade dentro de uma estrutura da TCC e da importância das suas cognições ansiosas;
- que a exposição é uma forma de aprender a lidar e dominar as situações preocupantes em vez de evitá-las;
- que a ansiedade diminui com o tempo e que, se ela permanecer na situação de medo, a sua ansiedade irá reduzir;
- que a ansiedade pode inicialmente aumentar, mas posteriormente vai diminuir.

Depois de realizar as tarefas de exposição, a criança precisa refletir sobre a experiência. Em particular, a atenção do jovem deve ser atraída para o que aconteceu com a sua ansiedade, se as suas cognições e expectativas ansiosas quanto a ser incapaz de enfrentar as dificuldades se tornaram realidade ou não, a parte mais difícil da tarefa, e se ela irá se basear nisso no futuro.

Finalmente, se a exposição for realizada fora das sessões de tratamento com o apoio dos pais, é importante que se discuta como eles irão lidar com a tarefa e manejar a angústia do seu filho. Eles precisam:

- ser tranquilizados de que estão ajudando seu filho e que não estão sendo cruéis ou desinteressados;
- entender que eles estão ajudando seu filho a enfrentar e a superar suas preocupações, de modo que ele possa recuperar a sua vida;
- reconhecer que seu filho irá se sentir ansioso, mas que, quanto mais ele enfrentar e aprender a lidar com a situação temida, esse sentimento vai se reduzir;
- servir como um modelo de comportamento corajoso e não reforçar a esquiva.

O clínico deve realizar uma discussão aberta com os pais sobre o quanto eles são capazes de apoiar seu filho durante as tarefas de exposição. Se um dos pais estiver inseguro, então outro apoiador deve ser identificado e envolvido no programa.

> A exposição é uma forma essencial de provar à criança
> que ela pode lidar com a sua ansiedade.

Passos graduais e desenvolvimento da hierarquia

Para muitas crianças ansiosas, a situação preocupante que elas desejam superar ou o objetivo geral que desejam atingir pode parecer muito grande e inatingível. Tentar realizar um objetivo tão grande aumenta a possibilidade de fracasso, o que, por sua vez, serviria para reforçar as cognições negativas a respeito da impossibilidade de mudança. Para evitar a possibilidade de fracasso, o objetivo geral deve ser dividido em uma série de pequenos passos possíveis de serem dados.

O processo de desenvolvimento da hierarquia implica que a criança primeiro esclareça o seu objetivo geral. Isso pode ser colocado no topo da figura de uma escada, e então a criança é ajudada a identificar os passos intermediários que a levariam até o seu objetivo final. Os degraus na base da escada são os mais fáceis e geram menos ansiedade. Conforme os degraus da escada vão sendo galgados, as tarefas vão se tornando mais difíceis e aumenta a ansiedade associada. Escrever cada passo em papéis adesivos pode ser útil, pois eles podem ser reposicionados em diferentes lugares na escada, à medida que surgem novos degraus. Também é útil classificar o grau de ansiedade apresentado a cada passo, uma vez que isso proporciona outra forma de checar se os degraus estão na ordem ascendente.

O número de degraus dependerá da dimensão do objetivo geral e das habilidades atuais da criança. O clínico precisa se assegurar de que os degraus sejam possíveis de ser alcançados; em caso de dúvida, eles devem ser diminuídos. É melhor que a criança tenha sucesso com um degrau pequeno do que fracasse ao tentar algo grande demais. Também é preferível começar com passos relativamente fáceis para estimular a confiança da criança e nutrir a crença de que a mudança é possível e que as preocupações e dificuldades podem ser superadas. Por fim, poderá ser necessário repetir um passo algumas vezes para que ela se sinta confiante em suas novas habilidades, antes de avançar para o passo seguinte.

A hierarquia deve ser clara, concreta e específica, e para qualquer tarefa de exposição deve ser combinado um plano detalhado. Este envolverá uma especificação clara da tarefa, quando e onde ela será realizada, que métodos de enfrentamento a criança irá usar (p. ex., pensamento positivo, distração, respiração profunda), quem irá apoiar a criança e como o seu desempenho será reforçado. Esse grau de preparação e planejamento é um elemento importante de todas as tarefas comportamentais e serve para aumentar a possibilidade de sucesso. Da mesma forma, a prática, seja ela uma dramatização ou uma ação imaginária, pode ser útil na preparação da criança para o seu desafio, permitindo que ela pratique a utilização das novas habilidades.

Mike (16 anos) havia experimentado ataques de pânico na escola durante os últimos seis meses. Estes se tornaram tão intensos que ele parou de ir à escola e estava planejando se transferir para outro estabelecimento escolar particular local. Para fazer isso, ele teria que entrar no prédio e ser entrevistado pelo diretor. Mike estava muito preocupado com isso. Ele temia não conseguir lidar com a situação e ter um ataque de pânico.

Ir para uma entrevista era uma grande tarefa, e então Mike desenhou uma escada para o sucesso, identificando os passos que precisaria dar para atingir esse objetivo.

```
           Ir para uma
        entrevista na escola
        ─────────────────────
         Entrar no prédio e
         falar com o diretor
        ─────────────────────
        Dar uma olhada na escola
      ─────────────────────────
      Entrar e pegar um prospecto
      ─────────────────────────
     Atravessar os portões da escola
    ─────────────────────────────
     Passar na frente da escola
```

Minha Escada para o Sucesso, no Capítulo 12, apresenta uma forma visual de ajudar a criança a identificar e organizar em ordem crescente de dificuldade os passos menores que ela precisa dar para atingir o seu objetivo.

> Dividir os desafios em pequenos passos aumenta as chances de sucesso.

EXPERIMENTOS COMPORTAMENTAIS

O processo de questionamento dos pressupostos e crenças e o desenvolvimento de cognições mais equilibradas e úteis é um aspecto-chave da TCC. Contudo, para algumas crianças, o engajamento nesse processo verbal e potencialmente abstrato pode ser difícil.

- A criança pode ter habilidades cognitivas limitadas e não ser capaz de se engajar em um processo reflexivo abstrato.
- O jovem pode ter condições de se engajar em um processo de reavaliação cognitiva, mas faz isso de uma forma tão artificial e isolada que não a transfere para outras situações do dia a dia.
- O jovem pode estar finado às suas crenças e não ser receptivo a informações novas ou pouco valorizadas.

Em situações como essas, aprender fazendo, através de experimentos comportamentais, pode ser uma forma poderosa de ajudar a criança a testar objetivamente a validade das suas cognições. Por meio dos experimentos ela tem a chance de testar suas crenças e pressupostos de modo independente e objetivo. A discussão abstrata e artificial é substituída por um teste concreto na vida diária. As informações objetivas obtidas pelos experimentos na vida real são mais difíceis de se rejeitar ou ignorar.

Bennet-Levy e colaboradores (2004) sugerem que os experimentos comportamentais resultam em informações que podem servir a dois objetivos principais:

- *Experimentos para testar hipóteses*. Referem-se ao teste das cognições da criança a respeito de determinados acontecimentos ou situações. Por exemplo, uma criança que tem ataques de pânico pode achar que uma aceleração cardíaca é sinal de um ataque cardíaco iminente. Essa cognição pode ser testada por um experimento comportamental simples em que se pede à criança que corra no lugar por alguns minutos. Pede-se que ela observe seu ritmo cardíaco aumentado e reflita sobre as possíveis razões para isso. O experimento demonstra que:
  - existe uma explicação alternativa para o aumento dos batimentos cardíacos;
  - o ritmo cardíaco aumentado irá voltar ao normal;
  - o ritmo cardíaco aumentado não tem necessariamente consequências sérias.
- *Experimentos de descoberta*. Existem experimentos investigativos planejados para testar as relações entre os diferentes aspectos do ciclo da TCC ou testar cognições específicas. Eles são concebidos para dar informações novas à criança e são genuinamente abertos, uma vez que os resultados do experimento são desconhecidos.

Ao desenvolver experimentos comportamentais com crianças e jovens é importante que se faça o seguinte:

1. *Garantir que eles sejam úteis:* o experimento precisa ser construtivo e resultar na descoberta de informações úteis. Como o resultado dos experimentos comportamentais não pode ser previsto, deve ser considerada a possibilidade de um resultado que confirme as cognições negativas.
2. *Garantir que eles sejam seguros:* é importante assegurar que o experimento não vá contra o bem-estar da criança. Portanto, devem ser evitados os experimentos que envolvam situações particularmente imprevisíveis.
3. *Garantir que eles tenham objetivos claros:* o propósito do experimento deve ser explicitamente compartilhado com a criança e seus cuidadores, ou seja, descobrir informações novas ou testar e questionar uma cognição específica.
4. *Garantir que eles sejam desenvolvidos colaborativamente:* o experimento precisa ser concebido e construído de uma forma colaborativa. Isso garante que ele seja adequado à vida da criança e maximize a possibilidade de ser realizado.
5. *Garantir que eles tenham um alvo definido:* a cognição, a emoção ou os comportamentos-alvo que são o foco do experimento devem ser claramente definidos.
6. *Garantir que eles tenham uma forma clara e, sempre que possível, objetiva de registro:* se o experimento estiver avaliando variáveis subjetivas, como o grau de intensidade emocional ou a força da crença nas cognições, isso precisa ser quantificado pelo uso de escalas de avaliação.
7. *Combinar quando irá começar o experimento:* poderá ser preciso combinar com a criança e seu cuidador quando e onde ocorrerá o experimento e qual o apoio necessário. Com crianças menores será particularmente importante assegurar que seus cuidadores/pais estejam envolvidos. Com crianças maiores poderá ser útil recrutar o apoio de um amigo.
8. *Refletir sobre os resultados:* o experimento é uma forma de obtenção de novas informações que possam ajudar a criança a questionar e reavaliar suas cognições ou a desenvolver uma maior compreensão das relações entre os elementos do modelo cognitivo. Assim, ela precisa ser encorajada a refletir sobre os resultados com perguntas como: "então o que isso nos diz?", "o que você aprendeu com esse experimento?" ou "diante do que aconteceu, qual a intensidade com que agora você classifica a sua crença?".

Meu Experimento, no Capítulo 12, fornece um esquema que pode ser usado para estruturar e detalhar os passos envolvidos no planejamento e na avaliação de um experimento comportamental.

> *Quando tinha 7 anos, Linda ficou presa no elevador de uma loja durante 30 minutos, uma experiência que resultou em um ataque de pânico importante. Posteriormente, Linda evitava elevadores, mas agora, aos 12 anos, ela queria enfrentar e superar essa dificuldade. Isso levou Linda a pensar que "elevadores sempre enguiçam", um pensamento que ela classificou como digno de crédito em 96/100. Ela e o clínico discutiram isso e planejaram um experimento para descobrir se era esse o caso. Linda e sua mãe foram a um* shopping center *onde havia um elevador de vidro. A tarefa era observar o elevador por 30 minutos e registrar quantas vezes ele subia e descia, e quantas vezes ele enguiçava. O ele-*

vador subiu e desceu 24 vezes e não enguiçou durante o período em que Linda o observou, resultando disso o fato de ela revisar a intensidade da sua crença para 88/100. O experimento foi resumido na folha de exercícios abaixo.

Experimento de Linda

1. O que eu quero descobrir?
   Checar a frequência com que os elevadores enguiçam.

2. Que experimento eu devo realizar para checar isto?
   Observar o elevador no shopping center por 30 minutos.

3. Como eu posso medir o que acontecer?
   Registrar quantas vezes ele sobe e desce, e quantas vezes ele enguiça.

4. Quando irei realizar esse experimento e quem irá ajudar?
   Sábado de manhã, com mamãe.

5. O que eu acho que vai acontecer?
   O elevador vai enguiçar enquanto eu observo (96/100).

6. O que aconteceu?
   O elevador subiu e desceu 24 vezes e não enguiçou.

7. O que eu aprendi?
   Os elevadores nem sempre enguiçam (88/100).

Embora esse experimento tenha questionado o pensamento de Linda de que os elevadores sempre enguiçam, a mudança foi pequena e ela ainda não se sentia capaz de entrar em um elevador. Uma investigação mais detalhada revelou que a sua preocupação com elevadores estava relacionada ao medo de que ficasse presa dentro e ninguém soubesse que ela estava lá. O elevador com paredes de vidro foi discutido com Linda e foi enfatizado como ele ficava claramente visível para todos os que estavam no *shopping center*. Seus pais sugeriram que um deles entrasse no elevador com ela, enquanto o outro esperaria do lado de fora e observaria, podendo assim buscar ajuda, caso fosse necessário. O resultado foi que Linda se sentiu capaz de enfrentar seu medo e concordou em realizar um experimento em que ela subiria um andar no elevador. Foi escolhido um dia e horário e ela entrou no elevador com sua mãe enquanto o pai observava. Elas subiram um andar até a lanchonete, onde comemoraram com um refrigerante e bolo. Linda ficou tão satisfeita consigo que ela e seus pais entraram juntos no elevador para voltarem para o andar de baixo. A intensidade da crença de Linda de que "os elevadores sempre enguiçam" foi reduzida para 55/100 após esse experimento.

Os experimentos comportamentais proporcionam uma forma poderosa e objetiva de testar e questionar as cognições.

ELOGIAR E RECONHECER O ENFRENTAMENTO E AS REALIZAÇÕES

Um aspecto importante dos programas da TCC é desviar o foco da atenção dos sinais de ansiedade e preocupações para o elogio do comportamento corajoso e o enfrentamento. É, portanto, importante que as crianças e os jovens, assim como os pais, reconheçam suas tentativas de enfrentamento e manejo dos sentimentos ansiosos. No início, isso pode ser difícil, uma vez que as crianças e seus cuidadores podem achar penoso reconhecer alguma mudança ou sucesso. Elas podem ficar apreensivas com preocupações futuras, de modo que um sucesso eventual é negado através de comentários como "pode ter sido bom hoje, mas não acho que isso vá acontecer de novo". Igualmente, as tentativas bem-sucedidas de superar os primeiros passos em uma hierarquia do medo podem ser descartadas como sem importância ou serem minimizadas por meio de afirmações como "bem, isso não é grande coisa. Todo mundo consegue fazer isso". Essas situações devem ser questionadas e o sucesso da criança, comemorado. A atenção deve ser desviada da expectativa sobre o futuro e trazida para ser comparada com o aqui e o agora: "bem, nós não sabemos o que irá acontecer da próxima vez, mas veja como ele se saiu bem hoje". As comparações com as realizações passadas também devem ser questionadas: "você pode ter conseguido fazer isso no ano passado, mas é a primeira vez que fez em seis meses". Igualmente, a tendência a minimizar o sucesso pode ser abordada através de afirmações claras como "bem, isso pode ser mais fácil para outras pessoas, mas para você esse é um grande passo e você se saiu muito bem".

Em algumas situações, as crianças podem ter preconceitos negativos muito fortes e acharem difícil encontrar algum comportamento ou pensamento positivo de enfrentamento. Sua tendência natural à atenção seletiva para acontecimentos negativos e pensamentos que despertam ansiedade deve ser visada ativamente através do estabelecimento de um diário do enfrentamento positivo ou um registro das realizações. Assim, a criança é forçada a focar e registrar as tentativas que faz para lidar com as situações e manejar sua ansiedade. O clínico geralmente vai precisar passar algum tempo examinando a semana anterior como forma de ajudar o jovem a reconhecer algumas tentativas positivas que ele realizou. Isso poderá precisar ser repetido em encontros posteriores, mas, à medida que o diário crescer, o jovem começará a reconhecer que, embora ainda possa ficar ansioso, existem muitas ocasiões em que consegue utilizar habilidades que o ajudam a enfrentar as dificuldades.

Em outras ocasiões, o jovem consegue encontrar exemplos de situações em que se saiu bem, mas continua descartando o fato como sem importância ("bem, posso ter me sentido bem falando com Mike, mas isso nunca chegou a ser um grande problema"), ou não percebe esses sucessos como possíveis indicações de mudança ("eu não vou a lugar nenhum, já estive aqui antes e sempre dá errado"). Nessas ocasiões, é preciso que seja contida a tendência natural do clínico de aumentar o grau com que questiona e se contrapõe às cognições do jovem. O entusiasmo ou questionamento excessivo podem servir para alienar o jovem. Em vez disso, o clínico precisa manter uma atitude objetiva segundo a qual as frustrações do jovem possam ser reconhecidas, ao mesmo tempo em que as suas realizações continuam a ser enfatizadas.

Uma forma de se registrar o progresso é apresentada em *Registro das Minhas Realizações*, no Capítulo 12.

> Reconhecer e comemorar o comportamento de enfrentamento e coragem.

PREVENÇÃO DE RECAÍDAS

A parte final da intervenção refere-se à consolidação e prevenção de recaídas. A criança precisa ser encorajada a refletir sobre o que aprendeu, identificar as habilidades que achou úteis e como elas poderão ser aplicadas no futuro.

A estrutura e o conteúdo do exame são flexíveis, embora, em geral, envolvam três elementos. O primeiro é psicoeducacional, em que são destacadas as principais características da intervenção em TCC. No seguinte, a criança é ajudada a considerar a aplicação desses princípios à sua própria situação e a identificar aspectos e habilidades que se mostraram particularmente relevantes. O terceiro envolve a consideração a respeito de como essas informações podem ser usadas para preparar e planejar a forma de lidar com revezes e dificuldades futuras.

Ao examinar os aspectos principais da intervenção, é geralmente útil destacar:

- as relações centrais entre os pensamentos, sentimentos e comportamento;
- a necessidade de estar consciente das armadilhas do pensamento;
- a necessidade de questionar as cognições que aumentam a ansiedade e substituí-las por cognições que sejam úteis e capacitantes;
- a importância de confrontar e enfrentar as situações que provocam ansiedade, em vez de evitá-las.

Tais considerações levam, naturalmente, ao segundo estágio, em que a criança é encorajada a refletir sobre a aplicação do que foi exposto acima aos seus próprios problemas específicos.

- Devem ser identificadas informações pertinentes, sinais importantes de ansiedade e as habilidades que se revelaram particularmente úteis.
- As armadilhas do pensamento dominantes da criança precisam ser discutidas, e a forma de identificá-las, questioná-las e testá-las deve ser ensaiada.
- O progresso feito pela criança deve ser examinado e contrastado com o comportamento que ela tinha no começo da intervenção.

Enquanto examina as habilidades principais e os progressos, o clínico deve aproveitar a oportunidade para reforçar cognições importantes que irão contribuir para a continuidade do sucesso e a utilização dessas habilidades. Isso tende a enfatizar as cognições que desafiam três temas iniciais.

- *Impotência*. É importante que se destaque que o sucesso e a mudança ocorreram graças aos esforços da criança e às novas habilidades que ela adquiriu

e implementou. Isso desenvolve a crença na autoeficácia, o que desafia diretamente crenças deterministas ou relativas à impotência. Essa ênfase sinaliza claramente que a criança é capaz de influenciar ativamente as situações e acontecimentos.
- *Fracasso.* Documentar as conquistas da criança desafia as cognições potencialmente negativas de que ela nunca terá sucesso e sempre vai fracassar.
- *Imprevisibilidade.* As crianças ansiosas tendem a perceber seu mundo como imprevisível, e é essa incerteza que contribui em muito para a sua ansiedade. A intervenção proporciona à criança uma forma de entender o seu mundo e a ajuda a reconhecer que ele é mais previsível do que ela imaginava.

O estágio final prepara a criança para a prevenção de recaídas e para lidar com desafios futuros. Os elementos principais dessa discussão incluem os seguintes aspectos:

- *A identificação de eventos ou situações futuras potencialmente difíceis.* Com base nos problemas anteriores da criança, seria de se esperar que houvesse situações ou eventos que aumentassem a probabilidade de retorno dos seus sentimentos e pensamentos ansiosos. Estes poderiam, por exemplo, envolver transições que demandassem maior independência e se separar dos pais como, por exemplo, o início da escola secundária. Ou poderiam se tratar de períodos de mudança, como ir morar em algum lugar novo, o que aumentaria as preocupações de uma criança com transtorno de ansiedade generalizada. Caso crianças com fobias específicas sejam expostas a eventos ou situações novas associados à sua fobia, seus sentimentos ansiosos podem aumentar.
- *Preparação para reveses temporários.* A conscientização prepara a criança e seus pais para a possibilidade de que ela, em algum momento no futuro, vivencie um aumento nos sentimentos de ansiedade. O fato de ser levantada essa possibilidade normaliza algum episódio eventual e prepara a criança e seus pais para esperá-lo. É importante enfatizar que essas são pioras temporárias. Elas não significam um fracasso permanente ou que as dificuldades anteriores tenham voltado. Da mesma forma, a criança e seus pais precisam ser tranquilizados de que isso não implica que as suas habilidades recém-adquiridas não estejam mais funcionando.
- *Incentivo à intervenção precoce.* Incentivar a criança a ficar alerta a situações potencialmente difíceis também aumenta a probabilidade de que habilidades potencialmente úteis possam ser utilizadas em um estágio inicial. A intervenção precoce ajuda a assegurar que os padrões inúteis prévios que aumentam a ansiedade não se tornem firmemente estabelecidos, aumentando assim a probabilidade de que rapidamente possa ser alcançada uma mudança positiva.
- *Continuar a praticar.* A mensagem final é encorajar a criança a praticar o uso das suas habilidades novas e a perseverar na sua utilização. Deve-se enfatizar

que as habilidades adquiridas não irão funcionar o tempo todo. Igualmente, deve-se salientar a necessidade de se usar uma variedade de métodos em vez de se basear em uma estratégia única. Por fim, a importância da prática precisa ser sublinhada para que a criança esteja totalmente ciente de que suas novas habilidades serão mais efetivas quanto mais elas forem usadas.

> A prevenção de recaídas inclui o exame de aspectos-chave do modelo da TCC, a identificação da sua aplicação específica aos problemas da criança, a conscientização de possíveis reveses temporários e o incentivo do uso continuado de uma variedade de estratégias.

11

Problemas Comuns

Apesar do planejamento cuidadoso, é inevitável que durante o curso da intervenção surjam várias questões que venham a afetar o progresso. O clínico precisa estar preparado para essa eventualidade. A adoção dessa expectativa reconhece tanto a realidade quanto a complexidade da terapia. Os problemas são desafios a serem superados, e não indicações de que a TCC fracassou ou não está funcionando. Embora não seja possível estar preparado para todas as eventualidades, apresentamos a seguir alguns dos problemas mais comuns que são encontrados durante o curso da TCC.

1. O CONTEXTO FAMILIAR NÃO É APOIADOR

Embora a TCC possa ser realizada com sucesso unicamente com o jovem, é desejável que haja o apoio e envolvimento no programa de pelo menos um dos cuidadores, e isso na verdade é essencial quando se trata de crianças pequenas. O envolvimento dos pais é necessário por uma variedade de razões que incluem fatores como:

- *Psicoeducação* – aumentar o entendimento dos pais quanto à ansiedade do filho, justificativa do tratamento e as habilidades que seu filho irá desenvolver e utilizar.
- *Praticidade* – facilitar combinações tais como organizar um transporte para as consultas e cooperar com a escola.
- *Generalização* – encorajar e estimular o filho a usar as novas habilidades, ajudando assim na transferência e prática das habilidades para fora das sessões clínicas.
- *Apoio* – ajudar o filho a executar as tarefas fora da sessão.
- *Motivação* – encorajar e apoiar seu filho a enfrentar situações ou eventos que despertem medo.

Infelizmente, às vezes o apoio familiar não está disponível. Essa pode ser uma situação temporária, causada por demandas paralelas ou circunstâncias de mudança. Nessas situações, pode ser aconselhável adiar a intervenção até que esteja disponível um apoio apropriado.

Em outras ocasiões, a criança poderá fazer parte de uma unidade familiar gravemente disfuncional, sendo os seus problemas uma manifestação de aspectos sistêmicos mais amplos.

Jess (10 anos) foi encaminhado por recusa escolar crônica e não ia à escola há 12 semanas. Durante a avaliação, Jess identificou muitas preocupações com seus pais e temia que sua mãe sofresse um acidente. Também veio à tona que seu pai tinha um antigo problema na coluna devido a um acidente de trabalho, cujo resultado era uma dor constante intratável. Ele não trabalhava há anos e isso havia criado pressões financeiras, as quais levaram a ações judiciais por inadimplência. Ultimamente, seus pais vinham discutindo, e durante uma briga recente sua mãe ameaçara ir embora.

A ansiedade de separação da criança pode, como no exemplo acima, ter uma função clara de garantir a segurança dos pais. Nessas situações, provavelmente a TCC individual não teria sucesso; nesse caso, como alternativa, deve-se levar em consideração outras abordagens terapêuticas como, por exemplo, terapia familiar.

> Considerar o adiamento da intervenção ou realizar abordagens terapêuticas alternativas.

2. HÁ DESMOTIVAÇÃO OU DESINTERESSE

O reconhecimento de um problema e a disposição para mudar são pré-requisitos para uma intervenção ativa. Isso não é diferente na TCC, que é baseada em um processo terapêutico colaborativo e envolve a participação ativa da criança e de seus pais. No entanto, as crianças e os jovens geralmente são encaminhados para serviços especializados pelos seus pais, pela escola ou por outros adultos, e não necessariamente reconhecem que têm algum problema que precise ser tratado. Em outras ocasiões, a criança pode ter aprendido a lidar com a sua ansiedade através do uso de estratégias inadequadas, tais como a esquiva ou dependência excessiva de outras pessoas. Ela inevitavelmente irá se sentir temerosa quanto à possibilidade de mudar e então nega ou minimiza a extensão das suas preocupações ou o prejuízo que elas causam. As crianças podem, portanto, se apresentarem ansiosas, relutantes e desmotivadas.

O envolvimento em um processo terapêutico ativo nesse estágio seria inadequado e é improvável que obtivesse sucesso. Em vez disso, o clínico deve dar atenção especial ao processo de envolvimento e, através deste, aumentar o comprometimento da criança e sua motivação para mudar. A entrevista motivacional pode ajudar a aumentar:

- o desejo da criança de buscar um determinado resultado;
- sua disposição para embarcar em um processo de mudança;
- a confiança na sua capacidade de alcançar esse resultado.

O processo de envolvimento pode levar tempo, pois os objetivos e prioridades da intervenção são explicitados, negociados e priorizados como um ponto de partida aceitável tanto para a criança quanto para seus cuidadores.

O processo inicial de envolvimento é fundamental para o sucesso de qualquer intervenção e, conforme identificado por Graham (2005), requer que a criança reconheça que:

- existe uma dificuldade ou problema;
- esse problema pode ser mudado;
- a forma de ajuda que está sendo oferecida pode levar a essa mudança;
- o clínico tem condições de lhe ajudar a desenvolver as habilidades de que precisa para assegurar essa mudança.

Quando crianças e jovens se apresentam ambivalentes, entediados ou desinteressados e estão relutantes ou não envolvidos na sessão, é útil que se reavalie a sua disposição para a mudança. Embora desenvolvido para uso com adultos e utilizado amplamente em serviços que tratam drogas e álcool, o modelo dos Estágios de Mudança desenvolvido por Prochaska e colaboradores (1992) proporciona uma estrutura útil para a conceitualização da prontidão terapêutica. O modelo identifica seis estágios diferentes no processo de mudança e levanta a hipótese de que um foco terapêutico diferente é necessário para cada um deles. Os estágios são descritos como pré-contemplação, contemplação, preparação, ação, manutenção e recaída.

Durante os estágios da pré-contemplação e contemplação a criança não terá se envolvido completamente na terapia. Ela não terá reconhecido que tem um problema, identificado uma agenda para mudança ou acreditado que a situação atual poderia ser diferente. As tarefas terapêuticas durante esses estágios são primariamente triplas:

Promover o engajamento

Primeiro, existe a necessidade de garantir que a criança esteja ativamente engajada nas discussões e esclarecer seu ponto de vista sobre a situação atual e seus objetivos futuros e possíveis. Focalizar-se na criança e encorajar seu ponto de vista e participação envia um sinal claro de que ela é importante e tem algo importante a dizer que o clínico deseja saber.

- "Eu já ouvi o que sua mãe tem a dizer, mas quero saber o que *você* acha disso".
- "Existe alguma coisa que *você* gostaria que fosse diferente?"
- "Isso é uma coisa sobre a qual *você* gostaria de pensar um pouco mais a respeito?"

Isso ocorre no contexto de uma relação terapêutica em desenvolvimento construída sobre as habilidades centrais de aconselhamento, empatia, escuta, reflexão, validação e reconhecimento.

Promover a discrepância

A segunda tarefa é promover a discrepância entre o aqui e agora e o que a criança deseja no futuro. Considera-se que a promoção da discrepância aumenta a motivação da criança para se engajar no processo ativo de mudança. Exemplos de promoção da discrepância são:

- "Eu soube que você planeja ir acampar ano que vem com seus amigos. Se eu entendi o que você me contou, no momento você tem que dormir com sua mãe todas as noites. O que você vai precisar fazer para conseguir ir acampar sozinho?"
- "Você me diz que terá muito amigos quando começar a 6ª série, no próximo semestre. Isso parece ser muito diferente de agora. Você não disse que não tem nenhum amigo na escola?"

Resolver a ambivalência

A terceira tarefa é explorar a possível ambivalência quanto a embarcar em um plano de mudança. A criança pode se sentir preocupada em tentar algo novo, insegura sobre se terá sucesso ou preocupada quanto ao apoio ou ajuda que irá receber. Ela precisa ser incentivada a expressar suas incertezas de modo que cada barreira potencial possa ser ouvida e seja feito um plano para superá-la. As questões potenciais podem ser:

- "O que poderia impedir você de experimentar fazer isso?"
- "O que poderia dar errado?"
- "O que ajudou no passado?"

O foco nessas questões aumentará o envolvimento e o comprometimento e irá preparar a criança para a mudança ativa enquanto ela se encaminha para os estágios de preparação, ação e manutenção. Esses são os estágios em que se espera que a criança esteja pronta para se engajar em um processo ativo de mudança como, por exemplo, a terapia comportamental. Durante o estágio de preparação, a criança irá tentar fazer alguma mudança pequena. Esse sucesso leva em geral ao estágio da ação, em que ocorrem muitas mudanças permanentes. É durante esse estágio que a criança adquire e pratica novas habilidades, as quais vão se integrando à sua vida diária durante o estágio de manutenção. O estágio final é o da recaída, em que os problemas e padrões anteriores podem ressurgir.

Poderá haver vezes em que, apesar dos esforços do clínico, a criança não estará pronta ou comprometida com um processo ativo de mudança. Nessas situações, o clínico precisa reconhecer que não é o momento certo para tentar uma intervenção, mas permanece positivo e otimista. A criança precisa saber que o clínico é capaz de lhe oferecer ajuda e apoio efetivos sempre que ela se sentir pronta para buscar essa opção.

Avaliar a disposição para a mudança, aumentar a motivação e identificar os objetivos.

3. AS TAREFAS NÃO SÃO REALIZADAS FORA DA SESSÃO

A TCC é um processo ativo que é guiado e informado pelas experiências da criança enquanto ela se defronta e tenta enfrentar seus desafios. O automonitoramento, a exposição gradual, os experimentos comportamentais, a definição de objetivos e a prática *in vivo* são componentes importantes dos programas de tratamento da ansiedade. Frequentemente, são realizados como tarefas a serem executadas fora da sessão, sendo o resultado examinado e explorado na sessão seguinte do tratamento. Portanto, são componentes importantes e fornecem uma ponte entre as sessões clínicas e a prática e enfrentamento na vida real.

Em algumas ocasiões, a criança poderá combinar realizar um diário de monitoramento, mas retornará com uma folha em branco, ou relatará que não houve nada para ser escrito. O ato de se automonitorar pode ser terapêutico por si só e pode ajudar a colocar em perspectiva a ansiedade da criança. Isso precisará ser explorado, mas pode enfatizar que a ansiedade é menos do que um problema, ou é menos grave do que originalmente parecia, ou ainda que a situação começou a ter uma mudança positiva. No entanto, para algumas crianças e jovens, o fracasso em realizar uma tarefa fora da sessão será menos positivo. Os diários de automonitoramento podem ser esquecidos ou não preenchidos, tornando as oportunidades de praticar habilidades misteriosamente inviáveis.

As tarefas fora da sessão são consideradas por muitos como um ingrediente central dos programas de TCC para a ansiedade. Em uma metanálise, Kazantzis e colaboradores (2000) concluíram que as tarefas de casa resultavam em maiores efeitos do tratamento, sugerindo a importância central dessa atividade nos programas de TCC. Contudo, poucas pesquisas investigaram o efeito da realização de tarefas de casa com crianças. Em um dos poucos estudos, Hughes e Kendall (2007) não conseguiram demonstrar que a realização de tarefas de casa resultassem em uma diferença significativa nos resultados de crianças com transtornos de ansiedade. Na verdade, esses autores observaram que a relação terapêutica geral era mais importante do que a realização específica das tarefas de casa.

Nas situações em que as tarefas de casa não são realizadas, é importante que o clínico aborde o assunto diretamente e envolva a criança em uma discussão aberta e honesta. A justificativa e a importância das tarefas fora da sessão precisam ser enfatizadas e as barreiras potenciais que impedem a sua realização devem ser exploradas. O clínico deve se assegurar de que a tarefa está de acordo com os objetivos gerais do tratamento e que a criança consegue entender integralmente a pertinência e a importância da tarefa. Em alguns casos, a tarefa pode ser pesada demais, e então é preciso que seja combinado um objetivo mais limitado e possível de ser alcançado. Por exemplo, pode-se pedir à criança que identifique uma ou duas situações particularmente difíceis, em vez de fazer um registro diário. Ou então o método pode não ser atraente: por exemplo, algumas crianças gostam de fazer registros no papel, enquanto outras não. No entanto, essas crianças podem ficar mais interessadas em fazer seu próprio registro no computador ou mandar seus pensamentos por *e-mail* após um acontecimento particularmente estressante. Em outras vezes, a criança pode precisar de um apoio adicional para realizar a tarefa e deve ser oferecida atenção para que obtenha ajuda de outras pessoas. Isso será particularmente importante durante as tarefas de exposição, quando a criança está aprendendo a enfrentar seus medos e a lidar com a sua ansiedade. A esquiva é tipicamente a sua estratégia de enfrentamento, e então o fracasso na realização de uma exposição *in vivo* sugere que o objetivo é muito ambicioso. O clínico, portanto, poderá precisar negociar com a criança uma tarefa menor e mais possível de ser executada ou realizar mais prática imaginária durante as sessões clínicas antes de tentar a exposição *in vivo*.

Inevitavelmente, apesar de ser dada uma justificativa clara e inteligível, haverá momentos em que a criança simplesmente não vai querer realizar alguma tarefa fora da sessão. Para promover a colaboração e manter o envolvimento, essa visão deve ser reconhecida e respeitada. Durante os primeiros estágios da intervenção, muitas informações podem ser obtidas através da discussão de situações difíceis durante a sessão clínica, de modo que não seja necessário o monitoramento feito em casa ou o preenchimento de formulários ou registros. As tarefas fora da sessão se tornam mais importantes durante os estágios finais da intervenção, quando a criança precisa experimentar e praticar suas novas habilidades. Contudo, nesse estágio a relação entre a criança e o clínico já estará mais estabelecida e ela poderá estar mais disposta a realizar as tarefas fora da sessão.

> As tarefas são menos importantes no começo da terapia. Minimize as demandas das tarefas e explore formatos diferentes.

4. HÁ PASSIVIDADE E RESERVA DURANTE AS SESSÕES

Conversar com um adulto sobre problemas e preocupações pessoais é uma experiência incomum para muitas crianças e jovens. Os adolescentes podem se sentir embaraçados e se mostrarem calados e distantes, temendo que a natureza e extensão das suas preocupações não seja compreendida. As crianças pequenas podem ter habilidades verbais mais limitadas e ter dificuldades para encontrar palavras que descrevam seus pensamentos e sentimentos e para interagirem verbalmente com o clínico. Igualmente, apesar das tranquilizações, as crianças ansiosas podem se preocupar sobre como responder às perguntas e se forneceram o que imaginam ser a "resposta certa".

Para as crianças, a experiência terapêutica será desconhecida e as expectativas quanto às sessões poderão não ser claras. Pais, profissionais, programas de televisão e amigos são algumas das muitas fontes potenciais de informações que podem ajudar a criança a desenvolver expectativas iniciais sobre o que irá acontecer. Em muitos aspectos, o clínico poderá ser percebido como um especialista que dá conselhos sobre o que fazer e como lidar com as dificuldades, enquanto a criança e os seus pais escutam passivamente. Isso é o oposto do processo colaborativo da TCC, em que a criança é uma participante ativa que, através do processo de descoberta guiada e experimentos comportamentais, aprende a lidar com as suas dificuldades.

Quando a criança se mostra reservada e fornece poucas informações, pode ser útil admitir isso, bem como esclarecer e reiterar as expectativas da TCC. Em particular, o clínico deve enfatizar e encorajar:

- *participação* – você quer ouvir o ponto de vista e as ideias da criança e como ela encara tudo isso.
- *aprendizagem através da experimentação* – vocês trabalharão juntos para tentar descobrir por que os problemas acontecem e para experimentar ver se eles podem ser mudados.
- *trabalho em parceria* – você, como clínico, não possui as "respostas"; vocês precisam descobri-las juntos.
- *autoeficácia* – você está interessado em ouvir sobre o que a criança acredita que tenha lhe ajudado e quais das novas habilidades que ela experimentou são úteis.
- *abertura* – às vezes, você entende errado ou não entende as coisas adequadamente, e portanto precisa que o jovem lhe diga quando isso acontece.

O clínico também pode encorajar e reforçar a importância das contribuições da criança explorando alguns dos seus interesses. *Sites*, bandas favoritas, livros e filmes, por exemplo, podem ser acompanhados e discutidos, transmitindo assim uma mensagem importante para o jovem de que você escuta e que ele tem informações importantes que você quer ouvir. Além do mais, explorar tais informações pode fornecer ao clínico uma riqueza de material que poderá ajudar a identificar cognições importantes.

A TCC com crianças e jovens com frequência requer a participação mais direta do clínico. Isso fica particularmente evidente quando a criança é calada e reservada. Uma tendência comum é o clínico se esforçar mais para engajar a criança, fazendo cada vez mais perguntas. Por sua vez, isso reforça as expectativas da criança sobre o tratamento (p. ex., o clínico fala e eu escuto) e a incentiva involuntariamente a ser mais passiva. Cada vez mais as sessões clínicas serão vistas como desagradáveis e a ansiedade da criança poderá aumentar à medida que ela se preocupar com as perguntas que serão formuladas. O clínico deve estar alerta para essa possibilidade e resistir a essa tendência. Em vez disso, deve ser dado espaço à criança; a razão para a sua falta de comunicação deve ser entendida; o silêncio da criança deve ser reconhecido diretamente e meios alternativos não verbais de comunicação devem ser explorados.

Crianças e jovens podem, por vezes, se sentir sobrecarregados e incapazes de responder a perguntas abertas gerais. Nessas situações, será de utilidade fazer um questionamento mais concreto e específico. O clínico pode agir como um "fornecedor de opções", oferecendo à criança várias possibilidades e perguntar se alguma dessas lhe parece adequada.

> *Jenny (9 anos) era muito quieta durante as sessões, e geralmente respondia a perguntas diretas encolhendo os ombros ou com um simples "não sei". Quando lhe era perguntado como se sentia durante os momentos de brincar na escola, Jenny encolhia os ombros e olhava para o chão. O clínico esperou e então reformulou a pergunta. "Algumas crianças me contaram que se sentem muito animadas ou felizes na hora de brincar. Você tem algum desses sentimentos na hora de brin-*

car?". Jenny acenou negativamente com a cabeça. O clínico tentou novamente: "Eu também conheci algumas crianças que se sentem tristes ou preocupadas na hora de brincar. Você já se sentiu assim?". Dessa vez, Jenny balançou a cabeça afirmativamente e resmungou em voz baixa que não tinha com quem brincar.

O fornecedor de opções, portanto, apresenta uma variedade de possibilidades para a criança aceitar ou rejeitar. É importante garantir que a criança perceba que pode rejeitar as possibilidades que lhe são oferecidas e que não deve simplesmente concordar com as ideias do clínico. Uma vez mais, isso é particularmente importante para a criança ansiosa. Ela precisa, portanto, ser autorizada ou ter permissão para dizer "não", e isso pode ser enfatizado ao se introduzirem opções com expressões do tipo: "você pode não se sentir assim, mas..." ou "eu não sei se você sente assim, mas às vezes...".

> Discuta a importância das contribuições da criança e como vocês irão aprender juntos. Utilize perguntas mais diretas e forneça "opções" ao jovem.

5. A CAPACIDADE COGNITIVA OU DE DESENVOLVIMENTO É LIMITADA

Haverá ocasiões em que a criança ou o jovem parecerá ter dificuldades para ter acesso às suas cognições ou para se envolver em alguma demanda cognitiva da intervenção. É, em geral, aceito entre os clínicos que as crianças acima de 7 anos, com capacidade mediana, conseguem se envolver na maioria das tarefas cognitivas da TCC. Mesmo crianças menores conseguem se envolver em um formato modificado mais simples da TCC. Se não estiver seguro, o clínico deverá checar se a criança tem alguma forma de acessar e comunicar seus pensamentos e, então, se assegurar de que as demandas cognitivas estejam adaptadas ao nível correto para a criança.

Dependendo da idade e do nível de desenvolvimento, a ênfase no componente cognitivo irá variar. As crianças menores podem conseguir ter acesso aos seus pensamentos, identificar outra perspectiva e se envolver em algumas tarefas estruturadas de avaliação do pensamento. No entanto, elas podem ter dificuldades com tarefas mais complexas e abstratas, tais como distinguir entre níveis diferentes de cognições e processos ou diferentes armadilhas do pensamento. Com crianças menores a intervenção pode, portanto, ter uma ênfase maior na experimentação comportamental, isto é, aprender fazendo. As cognições da criança são abordadas menos diretamente, sendo questionadas indiretamente por meio da prática e experimentação. Podem ser usadas técnicas cognitivas mais simples e menos específicas, como o "autodiálogo" positivo. Através do uso do "autodiálogo" positivo, autoafirmações de enfrentamento e práticas bem-sucedidas, a criança será capaz de desenvolver um conjunto de cognições mais equilibradas.

Em todos os casos, é importante que a linguagem seja simples e que os conceitos abstratos sejam apresentados de forma concreta. As metáforas podem ser particularmente úteis. A ideia dos pensamentos automáticos pode ser comparada ao *spam* do computador, ou os pensamentos preocupantes a uma máquina de lavar em que as coisas ficam apenas dando voltas. Metáforas como essas não apenas proporcionam um modo concreto de ajudar a compreender, mas também podem levar ao desenvolvimento de analogias úteis. A criança pode ser ajudada a lidar com seus pensamentos automáticos negativos criando um *firewall* ou desligando a máquina de lavar para interromper os pensamentos que ficam martelando em sua cabeça.

Os problemas de memória podem ser superados através do uso de deixas e estímulos visuais. Uma criança, por exemplo, pode ter um pequeno cartão de dicas (cartão postal) preso à parte interna do seu estojo de lápis. Quando arrumar seus lápis, antes de sair para o recreio, ela verá o cartão o qual pode conter uma afirmação útil ou formas de se manter calma. As faixas coloridas são úteis e podem ser amarradas no lápis da criança para lembrá-la de ter cuidado com os pensamentos vermelhos (preocupações). Igualmente, um balão de pensamento em branco pode ser desenhado em um livro como um lembrete visual simples, a fim de que a criança confira seus pensamentos. Por fim, as tarefas podem ser simplificadas de modo que a criança, por exemplo, tenha menos opções de decisão ou desenvolva e use algumas autoafirmações positivas.

> Simplificar a linguagem; usar metáforas concretas e estímulos visuais.

6. HÁ DIFICULDADE PARA ACESSAR OS PENSAMENTOS

Não é raro descobrir que as crianças e jovens não conseguem identificar e verbalizar seus pensamentos, particularmente aqueles referentes a perguntas diretas como "quando isso aconteceu, em que você estava pensando?". O clínico deve avaliar se essa é uma verdadeira dificuldade ou talvez ansiedade ou reserva por parte da criança. Às vezes, o questionamento direto e o foco nos pensamentos não são necessários. As crianças frequentemente compartilham muitas das suas crenças, pressupostos e avaliações enquanto falam. O clínico, portanto, precisa se transformar no que Turk (1998) descreveu como um "coletor de pensamentos", observando os pensamentos importantes e recorrentes que surgem durante o curso das sessões clínicas. Eles podem ser observados e depois, em um momento adequado, é dado um *feedback* à criança.

Outra maneira de ajudar a criança a comunicar seus pensamentos é através do uso de balões de pensamentos, conforme já discutido no Capítulo 9. Isso pode ser feito através do uso de alguns exemplos e, a seguir, o balão de pensamentos pode ser usado como um veículo para a criança comunicar seus pensamentos. Durante as sessões, o clínico pode ter à disposição alguns balões de pensamentos em branco que podem ser usados como estímulos visuais. Eles podem ser empregados quando se pergunta à criança: "o que poderíamos colocar no seu balão de pensamentos quando isso acontece?". A criança pode dizer ou ser convidada a fazer um desenho ou escrever seu pensamento dentro do balão.

Também não é raro que a criança não consiga verbalizar seus pensamentos e sentimentos, mas seja capaz de descrever os de uma terceira pessoa, como um amigo ou

Ansiedade **171**

alguém de idade parecida. Mudar a discussão para uma terceira pessoa pode deixá-la menos pessoal e ameaçadora, ao mesmo tempo em que possibilita ao clínico uma compreensão útil da forma com a criança percebe seu mundo e os acontecimentos.

Alice (14 anos) ficava muito ansiosa em situações sociais, mas, apesar da investigação cuidadosa, o clínico não conseguiu identificar os pensamentos que ela tinha em tais situações. Durante a discussão, o clínico pediu que Alice identificasse alguém que ela achasse que era realmente bom em conversar com os outros. O clínico pediu que ela descrevesse o que aquela pessoa pensaria se visse um pequeno grupo de amigos da escola se aproximando dela. Essa foi uma das situações em que Alice teve dificuldades. Alice respondeu rapidamente: "Oh, ela pensaria alguma coisa como: ótimo, eu vou falar com eles sobre aquela porcaria de professor substituto". A seguir foi perguntado a Alice o que uma amiga, mais parecida com ela, pensaria na mesma situação. Mais uma vez, Alice conseguiu expressar seus pensamentos: "Eu acho que ela ficaria preocupada. Ela não saberia se as meninas iriam querer falar com ela ou se ela iria dizer alguma coisa idiota".

> Coletar as cognições que surgem durante as discussões: usar métodos visuais, como os balões de pensamentos, ou experimentar a perspectiva de uma terceira pessoa.

7. A CRIANÇA NÃO RESPONDE AOS MÉTODOS VERBAIS

Muitas crianças se envolverão mais prontamente com os métodos não verbais. Estes geralmente oferecem um foco mais familiar e menos ameaçador que faz com que a criança fique relaxada e mais comunicativa. Vários e diferentes métodos foram descritos nos capítulos anteriores, incluindo o uso de balões de pensamentos, folhas de exercícios, questionários e jogos. Muitos desses materiais são rápidos, fáceis de se produzir e requerem apenas habilidades básicas no computador. Com o tempo, o clínico irá adquirindo uma biblioteca de recursos na qual se basear e fazer as adaptações necessárias. Esses materiais podem ser adaptados com facilidade aos interesses específicos da criança. Além de serem atraentes e envolventes, eles transmitem uma mensagem implícita da importância que o clínico dá à criança.

Outro método que pode ser útil, particularmente com crianças pequenas, é a utilização de marionetes. O clínico pode apresentar a criança à marionete e descrever uma situação em que esta tenha problemas e preocupações similares às da criança, que poderá, então, ser incentivada a falar com a marionete, e, quando fizer isso, o clínico poderá estruturar a discussão de várias formas:

- *Exploratória* – identificar os pensamentos possíveis – "O que será que ele vai pensar quando entrar no *playground* e ver as outras crianças?".
- *Gerando pensamentos alternativos* – "Será que existe outra maneira de pensar nisso?".

- *Identificando formas de enfrentamento* – "O que ele poderia fazer que o ajudaria a se sentir melhor?".
- *Treinando alguém através de um problema* – "O que ele poderia fazer, caso se sentisse assim?".

Os adolescentes podem se interessar por desenhar, compor poesias ou escrever músicas, e cada uma dessas atividades pode ser usada como um meio para ajudar a transmitir seus pensamentos e sentimentos.

> As crianças podem se sentir mais confortáveis envolvendo-se com materiais não verbais.

8. OS PAIS SÃO ANSIOSOS

Muitos pesquisadores demonstraram uma associação entre a ansiedade do filho e a dos pais. Na prática clínica, portanto, não é raro que se trabalhe tanto com o filho quanto com um pai com transtornos de ansiedade. Em muitos casos, isso não será problemático, embora o clínico deva estar informado da extensão e da natureza da ansiedade do genitor. Isso o ajudará a decidir se o genitor precisa ser encaminhado sozinho para uma ajuda especializada ou se poderá realizar algumas sessões para manejo da ansiedade.

O momento e a continuidade de um possível trabalho com os pais necessitam ser considerados com muito cuidado. Se a ansiedade do genitor for grave e significativamente incapacitante, poderá ser necessária a intervenção de um especialista antes que seja realizado o trabalho com seu filho. Se for menos grave, a ansiedade do genitor poderá ser abordada simultaneamente, embora ele, provavelmente, vá precisar aprender a lidar com ela antes de poder ajudar seu filho.

O clínico também precisa estar atento às possíveis implicações da ansiedade parental no programa de tratamento da criança. Um pai com transtorno de ansiedade generalizada pode, por exemplo, achar difícil encorajar e apoiar seu filho durante uma tarefa de exposição gradual. Pesquisadores têm destacado o quanto pais ansiosos têm maior probabilidade de apoiar a esquiva do seu filho e, portanto, podem não ser capazes de encorajar positivamente a criança a enfrentar e aprender a superar as suas preocupações. Essas questões também se aplicam a outros problemas de saúde mental. Os pais deprimidos podem se apresentar desmotivados e incapazes de se entusiasmar e gerar esperança no seu filho. Pais com TEPT podem experienciar ansiedade e *flashbacks* traumáticos que poderão interferir na sua capacidade de apoiar o filho. Além disso, o genitor terá as suas próprias expectativas quanto ao tratamento e à probabilidade de sucesso. Se anteriormente eles já passaram por tentativas de mudança sem sucesso, poderão transmitir ao filho uma sensação de desesperança, o que irá minar o programa de tratamento.

Nessas situações, o clínico deve discutir abertamente o impacto das cognições e problemas dos pais na intervenção. As dificuldades dos pais precisam ser identificadas diretamente, devendo também ser destacado até que ponto elas limitarão sua capacidade de ajudar o filho. Deve ser identificada e incluída na intervenção uma fonte alternativa de apoio que possa servir como modelo para o comportamento de enfrentamento e participação no programa.

> Avaliar a extensão da ansiedade dos pais e até que ponto eles conseguirão apoiar seu filho durante a intervenção.

9. A FREQUÊNCIA É IRREGULAR

As consultas podem ser perdidas e/ou canceladas por boas razões. Geralmente, esses são acontecimentos isolados e não interferem de forma significativa no ritmo da intervenção. Em alguns casos, porém, pode ocorrer com regularidade e se tornar um padrão repetitivo que interfere negativamente na intervenção. Nessas situações, o clínico precisa observar quando a frequência se tornou problemática. A ausência pode ser um sinal de ambivalência, mas também pode ser um meio muito efetivo de esquiva e indicar que o jovem ficou ansioso com as sessões clínicas.

> *Jo (14 anos) era uma menina calada que sentia uma ansiedade significativa em situações sociais; como consequência, tinha poucos amigos e raramente saía. Durante uma sessão inicial, o clínico teve que batalhar muito para esclarecer alguns dos pensamentos que Jo experienciava nas situações sociais. O clínico decidiu ajudá-la sendo mais concreto e disse: "O que passaria pela sua cabeça se eu levasse você até a escola e lhe pedisse para ir até um grupo de jovens e começasse uma conversa?". Jo ficou muito ansiosa com essa pergunta e murmurou repetidamente que ela "não conseguiria fazer isso". Jo não compareceu à sessão seguinte. Na outra sessão, o clínico discutiu a sua ausência, relembrou o incidente e especulou se aquilo poderia ter contribuído para a sua falta. Jo conseguiu admitir isso e expressou seu medo de que o clínico fosse colocá-la dentro de situações que ela achava difíceis e a "fizesse" enfrentar.*

O não comparecimento deve ser abordado diretamente no início da sessão seguinte. Se o cancelamento for causado por razões práticas, tais como um dia inconveniente ou porque regularmente colide com outras prioridades (p. ex., levar ou buscar os filhos na escola), então as consultas poderão ser renegociadas. Para auxiliar o planejamento, poderá ser feita uma combinação dos horários mutuamente convenientes com antecedência. Se o jovem não comparecer a uma consulta, ele deverá ser acompanhado ativamente. Embora uma opção simples seja enviar uma nova data através de correspondência, o contato telefônico dará a oportunidade de discutir possíveis barreiras ao comparecimento. Problemas práticos, como a organização de uma viagem ou permissão para sair mais cedo da escola, podem ser resolvidos. O contato telefônico dá ao clínico a oportunidade de reforçar o progresso da criança e de reconhecer as suas tentativas de mudança, desafiando assim a ambivalência que possa estar sentindo. A dificuldade do jovem em comparecer às sessões e tentar mudar pode ser validada, e ele também deve ser tranquilizado de que será envolvido inteiramente na combinação dos objetivos e que o seu ponto de vista será respeitado. Um rápido telefonema pode ser uma forma forte e efetiva de reengajar o jovem quando ele estiver ambivalente.

> O não comparecimento deve ser discutido ativamente e as ansiedades ou barreiras possíveis devem ser abordadas.

10. NÃO HÁ RECONHECIMENTO DO SUCESSO

Não é incomum que crianças ou jovens ignorem ou não consigam reconhecer evidências de mudança. Há muitas razões para que isso ocorra, sendo que algumas das mais comuns são os altos padrões irrealistas, uma distorção negativa em que o sucesso é desconsiderado e a atribuição da mudança é mais direcionada a eventos externos e não aos esforços pessoais.

Perfeccionismo

As crianças ansiosas geralmente se impõem padrões muito altos e é na comparação com eles que elas avaliam o seu desempenho. Para muitas, esses altos padrões são irrealistas e inatingíveis, e em essência o jovem está constantemente provocando o próprio fracasso. Nessa situação, a crença de que o desempenho somente será aceitável se for perfeito é disfuncional e terá como efeito a negação ou desconsideração diante de alguma melhora.

O perfeccionismo pode ser desafiado diretamente durante as sessões, inicialmente através da identificação e reconhecimento da sua tendência para o "tudo ou nada" das distorções cognitivas. Com essa armadilha do pensamento, tudo é avaliado em termos dicotômicos extremos e absolutos. O desempenho é "bom" ou "ruim" e tudo o que não beira a perfeição é descartado como insatisfatório. Os pontos extremos são encarados como as únicas opções pelo jovem, sendo que a possibilidade da existência de um *continuum* entre eles é algo que não é considerado.

Depois que as distorções foram identificadas, o clínico pode ajudar o jovem a reconhecer que existe um *continuum* no desempenho através do uso de técnicas de escalonamento. São atribuídos valores de 0 a 100 aos pontos extremos e depois, através da discussão, o jovem é ajudado a identificar diferentes níveis ou padrões de desempenho entre esses dois pontos. Visualmente, a escala de desenvolvimento pode ser uma forma poderosa de desafiar o pensamento dicotômico. Ela ajuda o jovem a reconhecer que a perfeição é raramente alcançada e dá a oportunidade de identificar e discutir as cognições subjacentes ao seu perfeccionismo. Por sua vez, esses pressupostos podem ser testados diretamente através de experimentos comportamentais.

> *Alex (13 anos) era uma artista muito competente que passava muitas horas realizando seu trabalho em casa. A maior parte do tempo era gasta em pequenas alterações e acabamentos, uma vez que ela presumia que somente receberia boas notas se passasse o maior tempo possível envolvida com sua obra. No entanto, recentemente, isso havia se tornado um problema, e Alex não conseguiu cumprir o prazo para conclusão do seu trabalho do curso. Ela não conseguiu entregar o trabalho, achando que não havia gasto tempo suficiente para garantir uma nota boa. Alex tinha uma obra ainda não avaliada de uma tarefa que recentemente havia recebido, e então concordou em tentar o experimento de testar sua crença sobre a quantidade de tempo e as boas notas. Ela concordou em gastar 20 horas nessa tarefa, menos da metade do tempo que geralmente utilizava. Ao final desse tempo, ela entregou o trabalho à sua mãe, que o levou à escola. Alex estava muito ansiosa e previa que receberia uma nota baixa por essa tarefa. No entanto, quando recebeu as notas, recebeu um grau A. A reflexão sobre esse experimento ajudou Alex a questionar o seu pressuposto vinculado à quantidade de tempo e as notas.*

Pressupostos perfeccionistas como esse são fortes e bem-estabelecidos, e continuarão a ser evidentes durante as sessões de tratamento. O uso contínuo de técnicas de escalonamento e a montagem de um catálogo de evidências contraditórias dos experimentos são formas úteis de questionar essas cognições subjacentes. O uso repetido de escalas visuais pode ajudar o jovem a identificar que um desempenho menos do que perfeito é geralmente o suficiente.

Por fim, o jovem pode ser ajudado a identificar outras formas de avaliar seu desempenho que não sejam através do sucesso objetivo. Ou então, podem ser desenvolvidos critérios igualmente importantes, tais como as realizações pessoais ou satisfação. Assim, embora ele não tenha vencido a corrida, poderá reconhecer que treinou arduamente, controlou seus sentimentos ansiosos e teve a satisfação de participar dela.

Distorções negativas

A tendência a notar e dar mais atenção aos acontecimentos negativos é uma distorção comum. Assim, não é de causar surpresa que alguns jovens não consigam reconhecer seus sucessos ou alguma mudança pequena que tenham feito. Nessas situações, as distorções negativas precisam ser questionadas diretamente, solicitando-se que o jovem detalhe ativamente os seus sucessos. Esse processo é parte inerente das sessões de tratamento, em que os objetivos são examinados e o sucesso e as mudanças são comemorados. Contudo, quando essas distorções negativas são muito fortes, pode ser útil que o jovem faça o registro das suas conquistas, o qual poderá ser consultado periodicamente.

> *Sam (9 anos) tinha identificado os passos necessários para atingir seu objetivo de dormir fora, na casa de um amigo. Após seis semanas no programa, ele estava desanimado, achando que não havia chegado a lugar algum e que nunca conseguiria dormir na casa de seus amigos. Examinar a escada de progressos ajudou Sam a se focalizar nas suas conquistas e também a reconhecer o progresso que havia feito.*

Não é por minha causa

Em outros casos, o jovem pode reconhecer alguma mudança, mas não atribuí-la aos seus esforços. A razão da mudança é externalizada e atribuída a outros fatores. Essa tendência deve ser desafiada, sendo enfatizada a importância das novas habilidades adquiridas no enfrentamento efetivo das situações preocupantes e que despertam medo. Isso reforçará o controle que a criança tem em situações que despertam ansiedade, o que por sua vez ajudará a contrapor suas preocupações quanto às incertezas e à imprevisibilidade. Portanto, o clínico deve identificar e encorajar a criança a refletir sobre a atribuição dos resultados positivos a fatores externos e, através do processo de questionamento socrático, ajudá-la a reconhecer o seu papel na conquista daquele sucesso.

> As cognições de perfeccionismo, distorções negativas e atribuições externas aos resultados de sucesso precisam ser questionadas.

Pirâmide (da base ao topo):
- Visitar a casa de Tim com mamãe ✓
- Brincar na casa de Tim por 1 hora com mamãe ✓
- Brincar na casa de Tim por 1 hora sem mamãe ✓
- Brincar na casa de Tim durante a tarde sem mamãe ✓
- Tomar chá na casa de Tim e depois ir para casa
- Tomar chá e ficar na casa de Tim até a hora de dormir
- Dormir na casa de Tim

FIGURA 11.1 A escada de Sam para o sucesso.

12

Materiais Didáticos e Folhas de Exercícios

Os materiais incluídos neste capítulo apresentam exemplos de informações e folhas de exercícios de aprendizagem que podem ser usados com crianças, jovens e seus pais. Esses materiais podem ser baixados em cores no *site*: www.artmed.com.br.

Os materiais deste capítulo são fornecidos como exemplos, e o clínico é encorajado a desenvolver os seus próprios recursos. Podem ser desenvolvidas diferentes versões de folhas de exercícios, adaptadas aos interesses e nível de desenvolvimento da criança. Materiais personalizados podem ser preparados com relativa rapidez e têm condições de servir para aumentar o interesse, envolvimento e comprometimento da criança com a terapia cognitivo-comportamental. A adaptação do material para refletir os interesses da criança também sinaliza a importância desta no processo terapêutico e enfatiza que o clínico escuta, responde aos seus interesses e ouve o que ela diz.

Folhas de exercícios divertidas podem ser produzidas com mínimas habilidades de computador. Para uso pessoal, imagens atraentes podem ser baixadas gratuitamente de muitos programas de computador e *sites*. Os balões de pensamentos são relativamente simples de se criar, sendo as folhas de exercícios realçadas pelo uso de cores e diferentes tipos e tamanhos de fontes. Com o tempo, o clínico irá desenvolver uma biblioteca de materiais que poderão ser prontamente modificados e adaptados para uso futuro.

Folhas de exercícios que envolvem imagens e cores são particularmente atraentes para as crianças pequenas. É importante, no entanto, que elas estejam adequadas ao nível certo de desenvolvimento e sirvam ao propósito de facilitar, e não de prejudicar o processo terapêutico. Esse aspecto é particularmente importante com adolescentes, que podem ficar menos interessados em tais materiais ou podem achá-los padronizados ou infantis. Isso precisa ser identificado durante o processo de avaliação e os materiais que forem usados para complementar ou reforçar a intervenção devem ser modificados adequadamente.

MATERIAL PSICOEDUCACIONAL

No Capítulo 6, destacamos que uma das primeiras tarefas da terapia cognitivo-comportamental (TCC) é educar a criança e seus pais para o modelo cognitivo da ansiedade. Essa compreensão proporciona uma justificativa para a TCC, facilita o processo de engajamento e pode aumentar a motivação para embarcar no processo ativo de mudança. *Aprendendo a Vencer a Ansiedade* é um folheto que apresenta a ansiedade e alguns sintomas fisiológicos comuns aos pais. É destacada a conexão entre os sentimentos ansiosos e pensamentos de preocupação e são enfatizadas as consequências comportamentais, em termos de esquiva. Isso proporciona uma justificativa para a TCC, ao enfatizar os objetivos da identificação e do questionamento de pensamentos que aumentam a ansiedade e oferecer a aprendizagem de formas úteis de pensar e enfrentar as dificuldades. Por fim, são apresentadas algumas ideias simples sobre como os pais podem apoiar (da sigla em inglês: SUPPORT) seu filho durante a TCC. Isso implica que os pais mostrem (*show*) ao seu filho como ter *sucesso*, servindo como modelos para o comportamento de enfrentamento e coragem (S); adotem uma abordagem de entendimento (*understand*), em que os problemas do filho sejam reconhecidos e aceitos (U); sejam *pacientes* (*patient*) e entendam que a mudança é gradual e leva tempo (P); *estimulem* (*prompt*) e encorajem o filho a usar suas habilidades recém-adquiridas (P); *observem* (*observe*) o filho para chamar a atenção para os seus pontos fortes e sucessos (O); *recompensem* (*reward*) e elogiem as tentativas de enfrentamento (R); e estejam disponíveis para *conversar* (*talk*) com, e apoiar, seu filho (T).

O segundo folheto de ***Aprendendo a Vencer a Ansiedade*** é para crianças e jovens. Ele apresenta um entendimento simples da ansiedade e como as preocupações e sentimentos ansiosos podem, às vezes, tomar conta e impedir que a criança faça coisas que ela na verdade gostaria de fazer. É enfatizada a necessidade de contra-atacar e aprender a vencer a ansiedade, e a criança é apresentada aos objetivos principais da TCC. Por fim, é observada a natureza colaborativa e ativa da TCC e destacada a importância de se aprender através da ação e experimentação.

RECONHECIMENTO E MANEJO DAS EMOÇÕES

Depois da psicoeducação e do desenvolvimento de uma formulação da TCC, a intervenção é focalizada no domínio emocional (veja Capítulo 8). A ***Resposta de "Luta ou Fuga"*** apresenta um resumo das mudanças fisiológicas que ocorrem durante a reação de estresse. São identificadas inúmeras alterações corporais importantes e sintomas, e o seu propósito na preparação do corpo para fugir de um perigo potencial ou lutar. A folha de exercícios oferece a oportunidade de a criança começar a pensar a respeito dos seus "dinossauros", isto é, as coisas que a preocupam e a deixam estressada. O entendimento da reação de estresse é particularmente importante para as crianças que são sensíveis aos seus sinais de ansiedade ou que os estão percebendo como sinais de uma doença séria.

Meus Sinais Corporais de Ansiedade se baseia em materiais introdutórios psicoeducacionais centrados na criança, identificando quais dos seus sinais de ansiedade são os mais intensos e mais evidentes. O aumento da consciência sobre os sinais de ansiedade pode alertar a criança para a necessidade de intervir precocemente e tomar a atitude adequada para manejar e reduzir seus sentimentos ansiosos. Igualmente, a folha de exercícios *Coisas Que Me Deixam Ansioso* oferece uma forma de ajudar a criança a identificar as situações ou eventos que a deixam ansiosa. São deixados espaços em branco na folha de exercícios para incluir eventos ou situações que sejam particularmente relevantes para a criança. Por fim, *Meu Diário "Quente"* apresenta uma folha de registros sucintos dos momentos em que a criança nota sentimentos intensos de ansiedade. Depois que é observado um sentimento, a criança é instruída a anotar o dia e hora em que ele ocorreu, o que estava acontecendo no momento, como ela se sentiu em termos de intensidade da ansiedade, particularmente sinais intensos de ansiedade, e os pensamentos que estavam passando pela sua mente.

As folhas de exercícios restantes são planejadas para ajudar a desenvolver uma série de métodos para manejar sentimentos ansiosos. *Minhas Atividades Físicas* tem como objetivo identificar atividades físicas agradáveis potenciais que possam ser utilizadas para se contrapor aos sentimentos ansiosos nos momentos em que a criança estiver se sentindo particularmente estressada. O *Diário da Respiração Controlada* oferece instruções sobre como recuperar o controle da respiração quando se sentir ansiosa ou em pânico. A técnica é rápida, fácil de ser empregada e pode ser usada em muitas situações. *Meu Lugar Especial para Relaxar* fornece instruções para o relaxamento imaginário. A criança é encorajada a desenvolver uma imagem detalhada de um lugar especial, real ou imaginário, que ela ache relaxante. Essa imagem deve ser detalhada, multissensorial, na medida em que é solicitado que ela preste atenção às diferentes características da sua imagem, incluindo cores, sons e aromas. O desenvolvimento da imagem pode ser realçado, pedindo-se à criança para que faça um desenho do seu lugar especial. Depois de desenvolvida a imagem, a criança é encorajada a visualizar o seu lugar especial sempre que se sentir estressada e a praticar o uso dessa imagem para relaxar no fim do dia, quando estiver na cama. A folha de exercícios final dessa seção, *Caixa de Ferramentas dos Meus Sentimentos*, apresenta um resumo dos diferentes métodos que a criança achou úteis no manejo da sua ansiedade. A criança é incentivada a não se apoiar em um único método, mas a desenvolver várias técnicas diferentes.

APRIMORAMENTO COGNITIVO

Esses materiais acompanham o Capítulo 9 e fornecem exemplos de folhas de exercícios que podem ser usadas para ajudar a identificar pensamentos ansiosos. Em *Meus Pensamentos Preocupantes*, a criança é solicitada a escrever ou desenhar uma situação que a preocupa no quadro da parte inferior da página. A seguir, é pedido a ela para que pense sobre a situação e escreva nos balões de pensamentos alguns dos pensamentos que passam pela sua mente. Igualmente, **Pensamentos Acrobáticos** fornece uma metáfora simples que enfatiza o modo como os pensamentos de preocupação ficam rodando na nossa cabeça. Essa folha de exercícios pode ser usada de uma forma exploratória, pedindo-se à criança que preencha os balões de pensamentos, anotando os pensamentos que frequentemente ficam rodando na sua mente. **Armadilhas do Pensamento** oferece informações a respeito de algumas das armadilhas do pensamento mais comuns. Elas incluem a abstração seletiva (óculos negativos), desvalorização dos aspectos positivos (o positivo não conta), supergeneralização (aumentando as coisas), previsão de fracasso (Leitores de Mentes e Videntes) e catastrofização (pensar em desastres). As folhas de exercícios ***O Gato Legal*** e ***Como Eles Se Sentiram?*** exploram diferentes formas de pensar a respeito da mesma situação ou acontecimento. Elas podem ser usadas para enfatizar que algumas formas de pensar são úteis e resultam em sentimentos agradáveis, enquanto outras são inúteis e resultam em sentimentos desagradáveis.

RESOLUÇÃO DE PROBLEMAS

Essas folhas de exercícios se referem ao domínio comportamental, o qual foi discutido no Capítulo 10. ***Soluções Possíveis*** oferece uma forma de ajudar a criança a listar uma variedade de opções para lidar com um problema. Não é feito nenhum julgamento, uma vez que a tarefa nesse estágio é gerar o maior número possível de ideias. A avaliação dessas possibilidades é realizada em ***Qual Solução Eu Devo Escolher?***. Depois de listar seu desafio ou problema e as soluções que foram geradas para ele, pede-se para que a criança identifique as consequências positivas e negativas de cada opção. Com base nessa avaliação, a criança é então ajudada a tomar uma decisão quanto à melhor opção. ***Meu Experimento*** apresenta um formato estruturado para o planejamento e realização dos experimentos comportamentais. O primeiro passo requer a identificação do pensamento preocupante que deverá ser testado. No segundo passo, a criança é ajudada a identificar um experimento que poderia realizar para testar esse pensamento. O terceiro passo envolve a especificação a respeito de como o experimento será avaliado, ou seja, o que será medido. Combinar o dia e a hora do experimento e quem estará junto para apoiar a criança é o quarto estágio. A seguir, pede-se que a criança faça a sua previsão, isto é, o que ela acha que acontecerá e, no sexto passo, depois do experimento, especificar o que na verdade aconteceu. O passo final envolve a reflexão sobre o experimento e a identificação do que a criança aprendeu e como isso pode ter desafiado ou alterado seu pensamento. Por sua vez, ***Registro das Minhas Realizações*** proporciona uma forma de se contrapor à tendência a desvalorizar ou negar as coisas positivas que acontecem. Pede-se para que a criança faça uma lista dos medos, preocupações e desafios que ela enfrentou, venceu e manejou. Essa lista pode ser revisada periodicamente e possibilita um registro contínuo do progresso. Por fim, ***Minha Escada para o Sucesso*** oferece um modo de dividir os desafios em passos menores. Isso aumenta a probabilidade de que cada passo seja possível de ser atingido e que a criança seja bem-sucedida.

Aprendendo a Vencer a Ansiedade

Um guia para os pais sobre a ansiedade e a terapia cognitivo-comportamental

O que é ansiedade?

- A ansiedade é uma **EMOÇÃO NORMAL** – ela nos ajuda a lidar com as situações difíceis, desafiadoras ou perigosas.
- A ansiedade é **COMUM** – há vezes em que todos nós nos sentimos preocupados, ansiosos, nervosos ou estressados.
- Mas a ansiedade se torna um **PROBLEMA QUANDO ELA IMPEDE QUE O SEU** filho desfrute da vida normal, afetando sua escola, trabalho, relações familiares, amizades ou vida social.
- É aí que a **ANSIEDADE ASSUME O CONTROLE** e o seu filho perde o controle.

Sentimentos ansiosos

Quando ficamos ansiosos, nosso corpo se prepara para alguma forma de ação física, frequentemente chamada de reação de "**LUTA ou FUGA**". Quando o corpo se prepara, podemos observar uma série de alterações físicas como:

- respiração curta;
- aperto no peito;
- vertigem ou tontura;
- palpitações;
- dor muscular, especialmente dor de cabeça ou no pescoço;
- vontade de ir ao banheiro;
- tremor;
- sudorese;
- boca seca;
- dificuldade para engolir;
- visão borrada;
- "frio na barriga" ou enjoo.

Geralmente, existem razões para alguém sentir ansiedade, tais como:

- enfrentar um exame difícil;
- dizer alguma coisa que pode não ser simpática a alguém;
- ter que ir a algum lugar novo ou fazer alguma coisa a qual tememos.

Depois que passa o evento desagradável, nosso corpo retorna ao normal e geralmente acabamos nos sentindo melhor.

PENSAMENTOS de preocupação

Às vezes, pode não haver uma razão óbvia para nos sentirmos ansiosos. Outra causa de ansiedade é a **FORMA COMO PENSAMOS** sobre as coisas. Podemos pensar que:

- as coisas vão dar errado;
- não vamos ter sucesso;
- não vamos conseguir lidar com as dificuldades.

A vida pode parecer uma grande preocupação quando a cabeça fica cheia de pensamentos negativos e de preocupações. Parece que não conseguimos interrompê-los, achamos difícil nos concentrarmos e pensarmos com clareza e os pensamentos negativos e preocupantes parecem tornar as sensações físicas ainda piores.

Parar de FAZER as coisas

A ansiedade é desagradável, e então encontramos formas de fazer com que nos sintamos melhor. As situações temidas ou difíceis **PODEM SER EVITADAS**. Podemos parar de fazer as coisas que nos preocupam. Quanto mais interrompemos ou evitamos as coisas, menos as fazemos e fica mais difícil enfrentar nossos medos e superar nossas preocupações.

O que é a TERAPIA COGNITIVO-COMPORTAMENTAL?

A terapia cognitivo-comportamental (TCC) está baseada na ideia segundo a qual o modo como nos sentimos e aquilo que fazemos são motivados pela forma como pensamos. A TCC é uma das formas mais efetivas de ajudar crianças com problemas de ansiedade e é direcionada para a ligação entre:

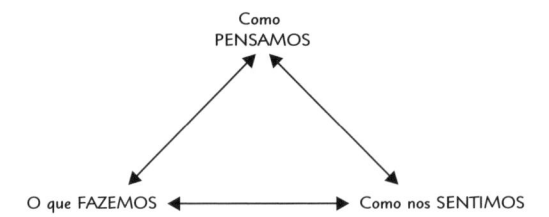

```
            Como
          PENSAMOS
            ↗   ↖
           ↙     ↘
O que FAZEMOS ←→ Como nos SENTIMOS
```

A TCC pressupõe que muitos problemas de ansiedade estão relacionados à forma como pensamos. Já que podemos mudar a forma como pensamos, podemos aprender a controlar nossos sentimentos ansiosos:

- Pensar de forma mais positiva pode ajudar a nos sentirmos melhor.
- Pensar de forma mais negativa pode fazer com que fiquemos com medo, tensos, tristes, zangados ou desconfortáveis.

É importante ensinar a criança a entender seus pensamentos. As crianças com ansiedade tendem a:

- pensar de forma negativa e crítica;
- superestimar a probabilidade de acontecerem coisas ruins;
- focar nas coisas que dão errado;
- subestimar sua habilidade para lidar com as dificuldades;
- ter expectativas de insucesso.

A TCC é uma maneira prática e divertida de ajudar a criança a:

- identificar essas formas negativas de pensar;
- descobrir a ligação entre o que ela pensa, como ela se sente e o que ela faz;
- checar evidências para os seus pensamentos;
- desenvolver novas habilidades para lidar com sua ansiedade.

APOIE seu filho (na sigla em inglês: SUPPORT)

Durante a TCC, é importante que você **APOIE** seu filho.

S (*Show*) – Mostre ao seu filho como ter sucesso

Mostre ao seu filho como ter sucesso ao se aproximar e manejar situações ansiosas. Seja um modelo para o sucesso.

U (*Understand*) – Entenda que seu filho tem um problema

Lembre-se de que seu filho não está sendo travesso ou difícil por sua própria vontade. Ele tem um problema e precisa da sua ajuda.

P (*Patient*) – Abordagem paciente

Não espere que as coisas mudem com rapidez. Seja paciente e encoraje seu filho a continuar tentando.

P (*Prompt*) – Estimule as novas habilidades

Encoraje e lembre seu filho de praticar e usar suas novas habilidades.

O (*Observe*) – Observe seu filho

Preste atenção ao seu filho e destaque as coisas positivas ou de sucesso que ele faz.

R (*Reward*) – Recompense e elogie seus esforços

Lembre-se de elogiar e recompensar seu filho por usar as suas novas habilidades e por tentar enfrentar e superar seus problemas.

T (*Talk*) – Converse sobre isso

Conversar com seu filho mostra a ele que você se importa e irá ajudá-lo a se sentir apoiado.

APOIE seu filho e ajude-o a superar seus problemas.

Aprendendo a Vencer a Ansiedade

Há momentos em que **TODOS** nós nos sentimos preocupados, ansiosos, nervosos ou estressados. Isso é **NORMAL** e geralmente existe uma razão, que pode ser:

- Ir a algum lugar novo ou fazer alguma coisa diferente.
- Ter uma discussão com um amigo.
- Apresentar-se em uma competição esportiva ou musical.

Em outras vezes, os sentimentos ansiosos podem ser muito intensos ou aparecem com muita frequência. Pode ser difícil saber por que você se sente tão ansioso e você poderá perceber que esses sentimentos o impedem de fazer coisas.

- Se você se sente preocupado ao ir para a escola, poderá deixar de ir e ficará em casa, onde se sente melhor.
- Se você se sente preocupado ao falar com outras pessoas, poderá evitar sair e ficará em casa sozinho.

Nesses momentos, a preocupação toma conta e pode IMPEDIR que você faça as coisas que na verdade gostaria de fazer.

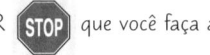

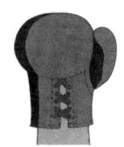

Quando isso acontece, você precisa assumir o controle e aprender como vencer a sua ansiedade.

Ansiedade

O que podemos fazer?

- Às vezes, a forma como pensamos sobre as coisas é o que nos faz sentir ansiosos. Nós:
  - temos a expectativa de não ter sucesso;
  - observamos as coisas que dão errado;
  - somos muito negativos e críticos com o que fazemos;
  - achamos que não seremos capazes de lidar com as dificuldades.

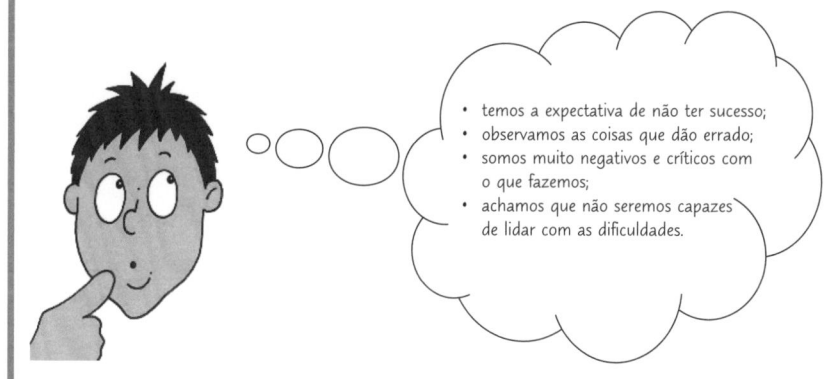

Se mudarmos a maneira como pensamos, poderemos então nos sentir menos ansiosos. Podemos aprender a fazer isso através de algo chamado terapia cognitivo-comportamental (TCC).

Como a TCC ajudará?

A TCC irá ajudá-lo a descobrir:

- os pensamentos e sentimentos ansiosos que você tem;
- a ligação entre o que você pensa, como você se sente e o que você faz;
- formas mais úteis de pensar que vão deixá-lo menos ansioso;
- como controlar os sentimentos ansiosos;
- como enfrentar e superar seus problemas.

O que vai acontecer?

Vamos trabalhar **juntos**. Você tem muitas ideias úteis e coisas importantes a dizer, coisas que nós queremos ouvir.

Vamos **experimentar** ideias novas para encontrarmos o que lhe ajudará. Você vai:

- checar seus pensamentos e encontrar formas mais úteis de pensar;
- descobrir formas de detectar e controlar seus sentimentos ansiosos;
- aprender a superar e vencer as suas preocupações.

Então vamos lá para ver se isso ajuda!

Resposta de "Luta ou Fuga"

Quando vemos alguma coisa assustadora ou temos algum pensamento que amedronta, nosso corpo se prepara para tomar algum tipo de atitude.

Essa atitude pode ser correr **(fuga)** ou ficar e se defender **(luta)**.

Para fazer isso, o corpo produz substâncias químicas (adrenalina e cortisol).

Essas substâncias químicas fazem o coração bater mais rápido para que o sangue possa ser bombeado pelo corpo até os músculos.

Os músculos precisam de oxigênio, e então começamos a respirar mais rápido para dar aos músculos o combustível de que eles precisam.

Isso ajuda a ficarmos muito alertas e capazes de nos focalizarmos na ameaça.

O sangue se desvia das partes do corpo que não estão sendo usadas (estômago) e dos vasos sanguíneos, indo para a superfície do corpo.

Outras funções corporais se interrompem. Não precisamos comer em momentos como esses, então, você poderá notar a boca ficando seca e sendo difícil engolir.

O corpo agora está trabalhando muito. Ele começa a ficar quente.

Para esfriar, o corpo começa a transpirar e empurra os vasos sanguíneos para a superfície do corpo, e o resultado é que algumas pessoas ficam ruborizadas. Às vezes, o corpo pode receber oxigênio demais, e a pessoa pode desmaiar, sentir-se tonta ou como se tivesse as pernas bambas ou moles.

Os músculos que continuam a ser preparados para a ação (tensionados) começam a doer e a pessoa pode ter dor de cabeça e rigidez muscular.

Felizmente, os dinossauros não existem mais, mas nós ainda ficamos estressados. Os dinossauros passaram a ser as nossas preocupações.

Então, quais são os seus dinossauros?

Meus Sinais Corporais de Ansiedade

Quando você se sente ansioso, poderá notar inúmeras alterações no seu corpo. Circule os sinais corporais que você observa quando fica ansioso.

Aturdido/sensação de desmaio

Rubor/sente calor

Dor de cabeça

Boca seca

Visão borrada

Nó na garganta

Voz trêmula

"Frio na barriga"

Coração bate mais rápido

Suor nas mãos

Dificuldade para respirar

Pernas moles   Vontade de ir ao banheiro

Quais são os sinais corporais que você mais observa?

Coisas Que Me Deixam Ansioso

Trace uma linha entre a carinha ansiosa e as coisas que fazem você se sentir ansioso.

- Ir a algum lugar novo
- Aranhas
- Cobras
- Escuro
- Falar com meus amigos
- Conhecer pessoas novas
- Ficar doente
- Corrigir meu tema de casa
- Exames e testes
- Sair de perto de mamãe/papai
- Germes ou doenças
- Dentistas ou médicos
- Fazer alguma coisa na frente dos outros
- Mamãe e papai ficarem doentes
- Animais

Se as coisas com que você se preocupa não estão aqui, escreva-as nos quadros vazios.

Meu Diário "Quente"

Preencha o diário quando você observar sentimentos intensos de ansiedade. Escreva o dia e a hora, o que estava acontecendo, como você se sentiu e em que estava pensando.

Data e hora	O que estava acontecendo?	Como você se sentiu?	Em que estava pensando?

Minhas Atividades Físicas

De quais exercícios ou atividades físicas você gosta?

| Andar de bicicleta | Correr | Nadar |

| Andar de *skate* | Andar de *roller* | Dançar |

| Dar uma caminhada | Levar o cachorro para passear | Ir ao parque |

| Fazer exercícios | Limpar meu quarto | Lavar o carro |

| Fazer coisas no jardim | Bater bola | |

Se as atividades que você gosta não estão aqui, escreva-as nos quadros vazios.

Diário da Respiração Controlada

Antes de começar, verifique os seus sentimentos e use a escala abaixo para classificar o quanto você está ansioso.

Totalmente relaxado	Um pouco ansioso	Bastante ansioso	Muito ansioso
1 2	3 4 5	6 7 8	9 10

❑ Agora, respire fundo.

❑ Segure a respiração, conte até 5.

❑ Muito lentamente, deixe o ar sair.

❑ Enquanto deixa o ar sair, diga a si mesmo: "relaxe".

Respire fundo e faça isso de novo. Lembre-se de deixar o ar sair suave e lentamente.

Faça isso de novo e depois mais uma vez.

Use a escala abaixo para classificar como você está se sentindo agora

Totalmente relaxado	Um pouco ansioso	Bastante ansioso	Muito ansioso
1 2	3 4 5	6 7 8	9 10

Se não houver diferença nas suas classificações, não se preocupe. Tente novamente e lembre-se de que, quanto mais praticar, mais você vai descobrir que isso ajuda.

Meu Lugar Especial para Relaxar

Pense no seu lugar para relaxar e desenhe ou descreva-o. Ele pode ser um lugar real em que você esteve ou uma imagem que você pode ter criado nos seus sonhos.

- Pense nas **cores e formas** das coisas.
- Imagine os **sons** – o grito das gaivotas, o barulho das folhas, as ondas batendo na areia.
- Pense nos **cheiros** – o aroma de pinho das árvores, o cheiro do mar, um bolo quente recém-saído do forno.
- Imagine o sol aquecendo suas costas ou a luz do luar através das árvores.

Esse é o seu lugar especial para relaxar. Para praticar o uso do seu lugar para relaxar, faça o seguinte:

- Escolha um momento de silêncio em que você não será perturbado.
- Feche os olhos e imagine a sua imagem.
- Descreva-a para si mesmo com muitos detalhes.
- Enquanto pensa na sua imagem, observe o quanto você fica calmo e relaxado.
- Aproveite e vá lá sempre que se sentir ansioso.

Lembre-se de praticar

Quanto mais você praticar, mais fácil será imaginar a sua imagem/lugar e mais rapidamente você ficará calmo.

Caixa de Ferramentas dos Meus Sentimentos

Você vai encontrar muitas maneiras de controlar seus sentimentos ansiosos, as quais poderá colocar na sua "caixa de ferramentas". Escreva-as para ajudá-lo a lembrar:

❏ Os exercícios físicos que me ajudam a relaxar são:

❏ As minhas atividades relaxantes são:

❏ Os jogos mentais que eu poderia usar quando estou ansioso são:

❏ Os exercícios para distração que eu poderia usar são:

❏ O meu lugar para relaxar é:

Lembre-se: o controle da respiração pode ajudá-lo a retomar rapidamente o **controle dos seus sentimentos**

Meus Pensamentos Preocupantes

Escreva no quadro a situação que lhe deixa preocupado. Quando você pensar em enfrentar essa situação, preencha os balões de pensamentos com alguns dos pensamentos que passam pela sua cabeça.

A minha situação assustadora ou preocupante é:

Ansiedade **195**

Pensamentos Acrobáticos

Quais os pensamentos de preocupação que ficam rodando na sua cabeça?

Armadilhas do Pensamento

- **ARMADILHA 1:** Os **óculos negativos** só permitem que você veja as coisas negativas que acontecem.

  Os óculos negativos encontram as coisas que deram errado ou que não foram suficientemente boas. Encontrar e se lembrar das coisas negativas fará com que você pense que sempre fracassa e isso vai lhe deixar ansioso.

- **ARMADILHA 2:** Tudo o que acontece de positivo ou bom é desprezado para que o **positivo não conte**.

  Desprezar alguma coisa positiva como se não fosse importante ou dizer que é apenas um mero golpe de sorte significa que você não reconhece os seus sucessos, nunca aceita que consegue lidar com as dificuldades ou não acredita que o sucesso se deve ao que você faz.

- **ARMADILHA 3:** As coisas negativas são **ampliadas** e se tornam maiores do que são na realidade.

  Ampliar as coisas faz com que os eventos fiquem mais ameaçadores e assustadores.

- **ARMADILHA 4:** Faz com que tenhamos a **expectativa de que as coisas** vão dar errado, de modo que nos transformamos em:

  "**Leitores de mentes**" que acreditam saber o que os outros estão pensando ou "**videntes**", que acham que sabem o que vai acontecer.
  Ter a expectativa de que as coisas vão dar errado fará com que você se sinta mais ansioso.

- **ARMADILHA 5**: **Pensar em desastres** faz com que pensemos que vai acontecer a pior coisa que podemos imaginar.

  As pessoas que têm ataques de pânico frequentemente pensam assim e imaginam que vão ficar seriamente doentes e morrerão.

Em quais armadilhas do pensamento você já foi apanhado?

O Gato Legal

Todos vão rir se me virem assim com esse chapéu

Eu estou realmente legal

Que pensamento faria o gato se sentir mais ansioso?

Como Eles se Sentiram?

O diretor, Sr. Evans, entrou na sala de aula de Amy e Luke e pediu para falar com eles antes de voltarem para casa no fim do dia.

> ÓTIMO, aposto como ele quer nos pedir para fazermos alguma coisa.

> Oh, NÃO! Ele quer me repreender por ter jogado lixo no chão.

Amy e Luke têm pensamentos muito diferentes.
Como você acha que eles se sentiram?

Soluções Possíveis?

O que eu quero alcançar:

Uma maneira de fazer isso é:

❏

Ou eu poderia:

❏

Ou eu poderia:

❏

Ou eu poderia:

❏

Ou eu poderia:

❏

Qual Solução Eu Devo Escolher?

Depois que você tiver feito uma lista das soluções possíveis, o passo seguinte é pensar nos pon[tos] negativos (-) e positivos (+) de cada solução. Você pode pedir que alguém o ajude a fazer isso.

Quando terminar, examine sua lista e escolha a melhor solução para o seu desafio.

Meu desafio é:

Solução possível	Pontos Positivos (+)	Pontos Negativos (-)

Minha melhor solução é:

Meu Experimento

1. O que eu quero checar?

2. Que experimento eu poderia realizar para checar isso?

3. Como eu posso medir o que acontece?

4. Quando eu vou realizar esse experimento e quem me ajudará?

5. Minha previsão – o que eu acho que vai acontecer?

6. O que aconteceu realmente?

7. O que eu aprendi com esse experimento?

Registro das Minhas Realizações

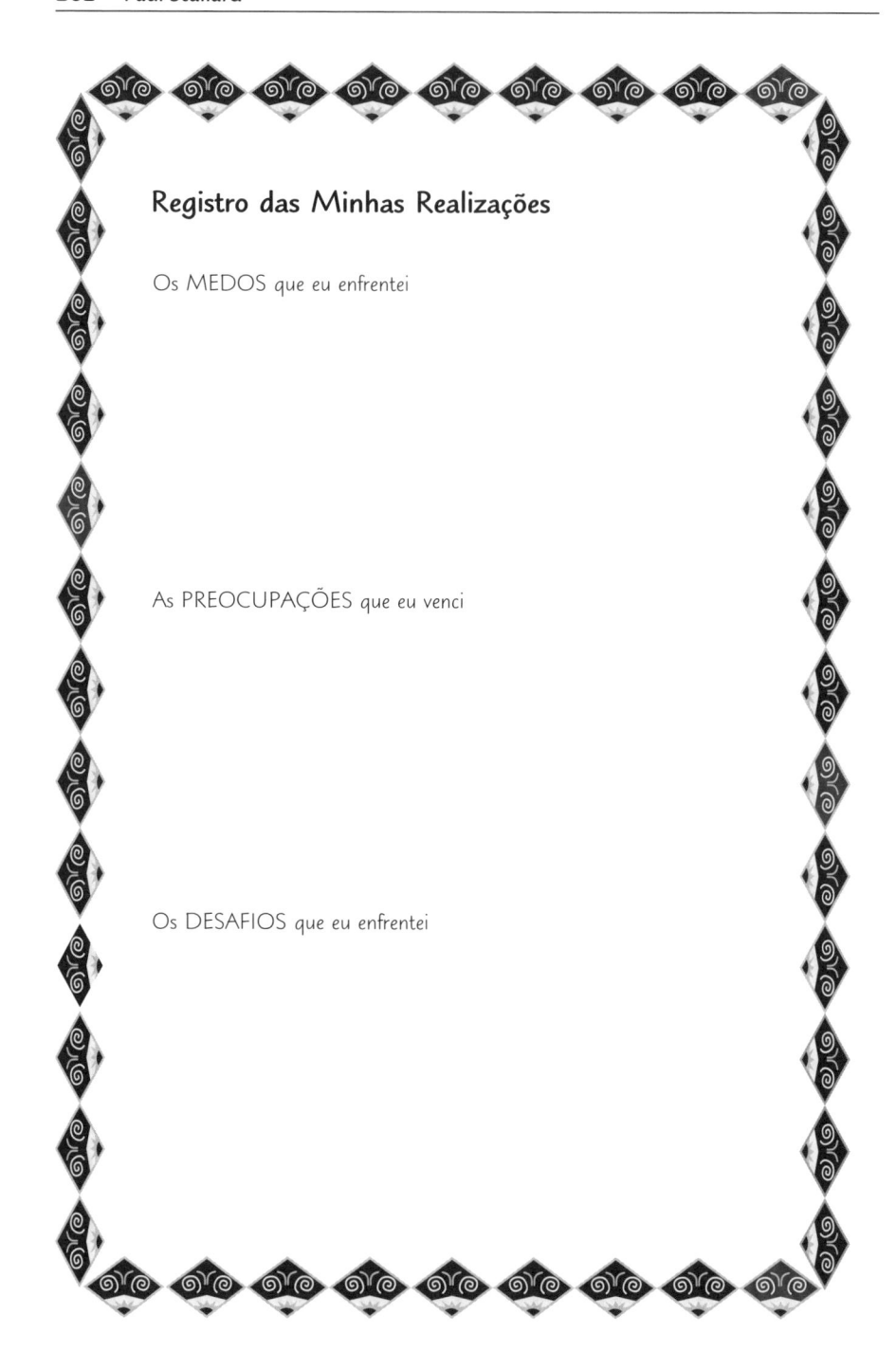

Os MEDOS que eu enfrentei

As PREOCUPAÇÕES que eu venci

Os DESAFIOS que eu enfrentei

Minha Escada para o Sucesso

Escreva no topo da escada o objetivo que você gostaria de alcançar. Escreva os passos que você daria, sendo o mais fácil colocado na base.

Meu objetivo é:

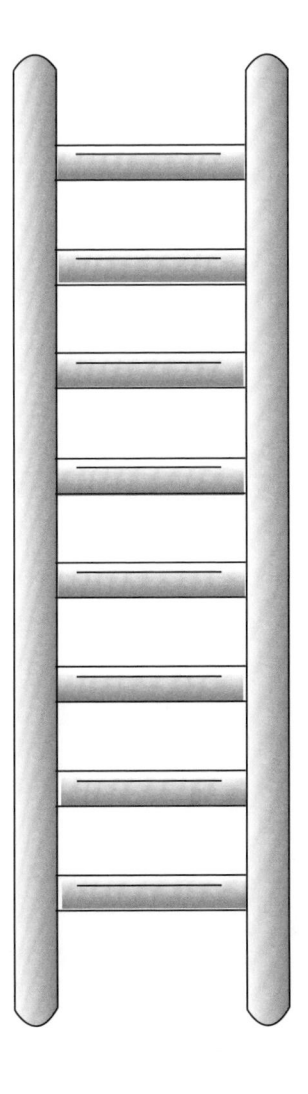

Referências

Albano, A.M. & Kendall, P.C. (2002). Cognitive behavour therapy for children and adolescents with anxiety disorders: Clinical research advances. *International Review of Psychiatry, 14*, 129-134.

Alfano, C.A., Beidel, D.C. & Turner, S.M. (2002). Cognition in childhood anxiety: Conceptual, methodological, and developmental issues. *Clinical Psychology Review, 22*, 1209-1238.

Alfano, C.A., Beidel, D.C. & Turner, S.M. (2006). Cognitive correlates of social phobia among children and adolescents. *Journal of Abnormal Child Psychology, 34*(2), 189-201.

American Academy of Child and Adolescent Psychiatry. (2007). Practice parameter for the assessment and treatment of children and adolescents with anxiety disorders. *Journal of the American Academy of Child and Adolescent Psychiatry, 46*(2), 267-283.

American Psychiatric Association. (1994). *Diagnostic and Statistical Manual of Mental Disorders* (4th edition). Washington, DC: APA.

American Psychiatric Association. (2000). *Diagnostic and Statistical Manual of Mental Disorders* (4th edition – Text Revision). Washington, DC: APA.

Angold, A. & Costello, E.J. (1993). Depressive comorbidity in children and adolescents: Empirical, theoretical and methodological issues. *American Journal of Psychiatry, 150*, 1779-1791.

Baer, S. & Garland, E.J. (2005). Pilot study of community-based cognitive behavioural group therapy for adolescents with social phobia. *Journal of the American Academy of Child and Adolescent Psychiatry, 44*(3), 258-264.

Baldwin, J.S. & Dadds, R. (2007). Reliability and validity of parent and child versions of the Multidimensional Anxiety Scale for children in community samples. *Journal of the American Academy of Child and Adolescent Psychiatry, 46*(2), 224-232.

Barlow, D.H. (2002). *Anxiety and Its Disorders: The Nature and Treatment of Anxiety and Panic* (2nd edition). New York: Guilford Press.

Barrett, P.M. (1998). Evaluation of cognitive-behavioural group treatments for childhood anxiety disorders. *Journal of Clinical Child Psychology, 27*(4), 459-468.

Barrett, P.M., Dadds, M.R. & Rapee, R.M. (1996a). Family treatment of childhood anxiety: A controlled trial. *Journal of Consulting and Clinical Psychology, 64*(2), 333-342.

Barrett, P.M., Duffy, A.L., Dadds, M.R. & Rapee, R.M. (2001). Cognitive behavioural treatment of anxiety disorders in children: Long-term (6 year) follow-up. *Journal of Consulting and Clinical Psychology*, *69*(1), 135–141.
Barrett, P.M., Rapee, R.M., Dadds, M.R. & Ryan, A.M. (1996b). Family enhancement of cognitive style in anxious and aggressive children. *Journal of Abnormal Child Psychology*, *24*(2), 187–203.
Barrett, P., Webster, H. & Turner, C. (2000). *FRIENDS: Prevention of Anxiety and Depression in Children: Group Leader's Manual*. Bowen Hills, Australia: Australian Academic Press.
Beck, A.T. (1967). *Depression: Clinical, Experimental, and Theoretical Aspects*. New York: Harper & Row.
Beck, A.T. (1971). Cognition, affect, and psychopathology. *Archives of General Psychiatry*, *24*, 495–500.
Beck, A.T. (1976). *Cognitive Therapy and the Emotional Disorders*. Madison, CT: International Universities Press.
Beck, A.T., Emery, G. & Greenberg, R.L. (1985). *Anxiety Disorders and Phobias: A Cognitive Perspective*. New York: Basic Books.
Beidel, D.C. (1991). Social phobia and overanxious disorder in school-age children. *Journal of the American Academy of Child and Adolescent Psychiatry*, *30*(4), 542–552.
Beidel, D.C., Turner, S.M. & Morris, T.L. (1999). Psychopathology of childhood social phobia. *Journal of the American Academy of Child and Adolescent Psychiatry*, *38*(6), 643–650.
Bennet-Levy, J., Westbrook, D., Fennell, M., Cooper, M., Rouf, K. & Hackmann, A. (2004). Behavioural experiments and conceptual underpinnings. In J. Bennett- Levy, G. Butler, M. Fennell, A. Hackmann, M. Mueller & D. Westbrook (eds), *Oxford Guide to Behavioural Experiments in Cognitive Therapy*. Oxford: Oxford University Press.
Bernstein, G.A., Lyne, A.E., Egan, E.A. & Tennison, D.M. (2005). School-based interventions for anxious children. *Journal of the American Academy of Child and Adolescent Psychiatry*, *44*(11), 1118–1127.
Birmaher, B., Khetarpal, S., Brent, D., Cully, M., Balach, L., Kaufman, J. & Neer, S.M. (1997). The Screen for Child Anxiety Related Emotional Disorders (SCARED): Scale construction and psychometric characteristics. *Journal of the American Academy of Child and Adolescent Psychiatry*, *36*, 545–553.
Bogels, S.M. & Brechman-Toussaint, M.L. (2006). Family issues in child anxiety: Attachment, family functioning, parental rearing and beliefs. *Clinical Psychology Review*, *26*(7), 834–856.
Bogels, S.M. & Siqueland, L. (2006). Family cognitive behavioural therapy for children and adolescents with clinical anxiety disorders. *Journal of the American Academy of Child and Adolescent Psychiatry*, *45*(2), 134–141.
Bogels, S.M. & Zigterman, D. (2000). Dysfunctional cognitions in children with social phobia, separation anxiety disorder, and generalised anxiety disorder. *Journal of Abnormal Child Psychology*, *28*(2), 205–211.
Cartwright-Hatton, S., Roberts, C., Chitsabesan, P., Fothergill, C. & Harrington, R. (2004). Systematic review of the efficacy of cognitive behaviour therapies for childhood and adolescent anxiety disorders. *British Journal of Clinical Psychology*, *43*, 421–436.
Cartwright-Hatton, S., Tschernitz, N. & Gomersall, H. (2005). Social anxiety in children: Social skills de.cit, or cognitive distortion. *Behaviour Research and Therapy*, *43*, 131–141.
Chambless, D. & Hollon, S. (1998). Defining empirically supported treatments. *Journal of Consulting and Clinical Psychology*, *66*, 5–17.
Cobham, V.E., Dadds, M.R. & Spence, S.H. (1998). The role of parental anxiety in the treatment of childhood anxiety. *Journal of Consulting and Clinical Psychology*, *66*(6), 893–905.
Compton, S.N., March, J.S., Brent, D., Albano, A.M., Weersing, R. & Curry, J. (2004). Cognitive-behavioural psychotherapy for anxiety and depressive disorders in children and adolescents: An evidence-based medicine review. *Journal of the American Academy of Child and Adolescent Psychiatry*, *43*(8), 930–959.
Costello, E.J. & Angold, A. (1995). A test–retest reliability study of child-reported psychiatric symptoms and diagnoses using the Child and Adolescent Psychiatric Assessment (CAPA-C). *Psychological Medicine*, *25*(4), 755–762.
Costello, E.J., Angold, A., Burns, B.J., Stangl, D.K., Tweed, D.L., Erkanli, A. & Worthman, C.M. (1996). The Great Smoky Mountains Study of Youth: Goals, design, methods, and the prevalence of DSM-III-R disorders. *Archives of General Psychiatry*, *53*, 1129–1136.

Costello, E.J., Mustillo, S., Erkanli, A., Keeler, A. & Angold, A. (2003). Prevalence and development of psychiatric disorders in childhood and adolescence. *Archives of General Psychiatry*, *60*, 837–844.
Creswell, C. & Cartwright-Hatton, S. (2007). Family treatment of child anxiety: Outcomes, limitations and future directions. *Clinical Child and Family Psychology*, *10*(3), 232–252.
Dadds, M.R., Barrett, P.M., Rapee, R.M. & Ryan, S. (1996). Family process and child anxiety and aggression: An observational analysis. *Journal of Abnormal Child Psychology*, *24*, 715–734.
Daleiden, E.L. & Vasey, M.W. (1997). An information processing perspective on childhood anxiety. *Clinical Psychology Review*, *17*, 407–429.
Dierker, L.C., Albano, A.M., Clarke, G.N., Heimberg, R.G., Kendall, P.C., Merikangas, K.R., Lewinsohn, P.M., Offord, D.R., Kessler, R. & Kupfer, D.J. (2001). Screening for anxiety and depression in early adolescence. *Journal of the American Academy of Child and Adolescent Psychiatry*, *40*, 929–936.
Drinkwater, J. (2004). Cognitive case formulation. In P. Graham (ed.), *Cognitive Behaviour Therapy for Children and Families* (2nd edition). Cambridge: Cambridge University Press.
Durlak, J.A., Fuhrman, T. & Lampman, C. (1991). Effectiveness of cognitive-behaviour therapy for maladapting children: A meta analysis. *Psychological Bulletin*, *110*, 204–214.
Eley, T.C. & Gregory, A.M. (2004). Behavioural genetics. In T.L. Morris. & J.S. March (eds), *Anxiety Disorders in Children and Adolescents* (2nd edition, pp. 71– 97). New York: Guilford Press.
Epkins, C.C. (1996). Cognitive specificity and affective confounding in social anxiety and dysphoria in children. *Journal of Psychopathology and Behavioural Assessment*, *18*, 83–101.
Epkins, C.C. (2000). Cognitive specificity in internalizing and externalizing problems in community and clinic-referred children. *Journal of Clinical Child Psychology*, *29*(2), 199–208.
Essau, C.A., Conradt, J. & Petermann, F. (2000). Frequency, comorbidity, and psychosocial impairment of anxiety disorders in German adolescents. *Journal of Anxiety Disorders*, *14*(3), 263–279.
Foley, D.L., Pickles, A., Maes, H.M., Silberg, J.L. & Eaves, L.J. (2004). Course and short-term outcomes of separation anxiety disorder in a community sample of twins. *Journal of the American Academy of Child and Adolescent Psychiatry*, *43*(9), 1107–1114.
Francis, G., Last, C.G. & Strauss, C.C. (1987). Expression of separation anxiety disorder. The roles of age and gender. *Child Psychiatry and Human Development*, *18*(2), 82–89.
Ginsburg, G.S. & Schlossberg, M.C. (2002). Family based treatment of childhood anxiety disorders. *International Review of Psychiatry*, *14*, 143–154.
Ginsburg, G.S., Silverman, W.K. & Kurtines, W.K. (1995). Family involvement in treating children with phobic and anxiety disorders: A look ahead. *Clinical Psychology Review*, *15*(5), 457–473.
Goodwin, R.D. & Gotlib, I.H. (2004). Panic attacks and psychopathology among youth. *Acta Psychiatrica Scandinavica*, *109*, 216–221.
Graham, P. (2005). Jack Tizard Lecture: Cognitive behaviour therapies for children: Passing fashion or here to stay? *Child and Adolescent Mental Health*, *10*(2), 57–62.
Greco, L.A. & Morris, T.M. (2002). Parent child-rearing style and child social anxiety: Investigation of child perceptions and actual father behaviour. *Journal of Psychopathology and Behavioural Assessment*, *24*, 259–267.
Greco, L.A. & Morris, T.L. (2004). Assessment. In Morris, T.L & March, J.S. (eds), *Anxiety Disorders in Children and Adolescents* (2nd edition). New York: Guilford Press.
Hayward, C., Killen, J.D., Kraemer, H.C., Blair-Greiner, A., Strachowski, D., Cunning, D. & Taylor, C.B. (1997). Assessment and phenomenology of nonclinical panic attacks in adolescent girls. *Journal of Anxiety Disorders*, *11*(1), 17–32.
Hayward, C., Varady, S., Alban, A.M., Thienemann, M., Henderson, L. & Schatzberg, A.F. (2000). Cognitive-behavioural group therapy for social phobia in female adolescents: Results of a pilot study. *Journal of the American Academy of Child and Adolescent Psychiatry*, *39*, 721–726.
Henker, B., Whalen, C.K. & O'Neil, R. (1995). Worldly and workaday worries: Contemporary concerns of children and young adolescents. *Journal of Abnormal Child Psychology*, *23*(6), 685–702.
Herjanic, B. & Reich, W. (1982). Development of a structured psychiatric interview for children: Agreement between child and parent on individual symptoms. *Journal of Abnormal Child Psychology*, *10*, 307–324.

Heyne, D., King, N.J., Tonge, B., Rollings, S., Young, D., Pritchard, M. & Ollendick, T.H. (2002). Evaluation of child therapy and caregiver training in the treatment of school refusal. *Journal of the American Academy of Child and Adolescent Psychiatry*, *41*(6), 687–695.

Hudson, J.L. & Rapee, R.M. (2001). Parent–child interaction and anxiety disorders: An observational study. *Behaviour Research and Therapy*, *39*, 1411–1427.

Hudson, J.L. & Rapee, R.M. (2002). Parent–child interactions in clinically anxious children and their siblings. *Journal of Clinical Child and Adolescent Psychology*, *31*, 548–555.

Hughes, A.A. & Kendall, P.C. (2007). Prediction of cognitive behaviour treatment outcome for children with anxiety disorders: Therapeutic relationship and homework completion. *Behavioural and Cognitive Psychotherapy*, *35*, 487–494.

Kaufman, J.D, Birhamer. B., Brent, D., Rao, U., Flynn, C., Moreci, P., Williamson, D., & Ryan, N. (1997). Schedule for Affective Disorders and Schizophrenia for School-Age Children – Present and Lifetime Version (K-SADS-PL): Initial reliability and validity data. *Journal of the American Academy of Child and Adolescent Psychiatry*, *36*(7), 980–988.

Kazantzis, N., Deane, F.P. & Ronan, K.R. (2000). Homework assignments in cognitive and behavioural therapy: A meta-analysis. *Clinical Psychology Science and Practice*, *7*, 189–202.

Kazdin, A.E. & Weisz, J. (1998). Identifying and developing empirically supported child and adolescent treatments. *Journal of Consulting and Clinical Psychology*, *66*, 19–36.

Kearney, C.A., Albano, A.M., Eisen, A.R., Allan, W.D. & Barlow, D.H. (1997). The phenomenology of panic disorder in youngsters: An empirical study of a clinical sample. *Journal of Anxiety Disorders*, *11*(1), 49–62.

Kendall, P.C. (1984). Behavioural assessment and methodology. In G.T. Wilson, C.M. Franks, K.D. Braswell & P.C. Kendall (eds), *Annual Review of Behaviour Therapy: Theory and Practice*. New York. Guilford Press.

Kendall, P.C. (1994). Treating anxiety disorders in children: Results of a randomized clinical trial. *Journal of Consulting and Clinical Psychology*, *62*, 100–110.

Kendall, P.C. & Chansky, T.E. (1991). Considering cognition in anxiety-disordered children. *Journal of Anxiety Disorders*, *5*, 167–185.

Kendall, P.C., Flannery-Schroeder, E., Panichelli-Mindel, S.M., Southam-Gerow, M., Henin, A. & Warman, M. (1997). Therapy for youths with anxiety disorders: A second randomized clinical trial. *Journal of Consulting and Clinical Psychology*, *65*(3), 366–380.

Kendall, P.C. & MacDonald, J.P. (1993). Cognition in the psychopathology of youth and implications for treatment. In K.S. Dobson and P.C. Kendall (eds), *Psychopathology and Cognition* (pp. 387–427). San Diego, CA: Academic Press.

Kendall, P.C. & Pimentel, S.S. (2003). On the physiological symptom constellation in youth with generalized anxiety disorder (GAD). *Journal of Anxiety Disorders*, *17*(2), 211–221.

Kendall, P.C., Safford, S., Flannery-Schroeder, E. & Webb, A. (2004). Child anxiety treatment: Outcomes in adolescence and impact on substance use and depression at 7.4 year follow-up. *Journal of Consulting and Clinical Psychology*, *72*(2), 276–287.

Kim-Cohen, J., Caspi, A., Moffit, T.E., Harrington, H., Milne, B.J. & Poulton, R. (2003). Prior juvenile diagnoses in adults with mental disorder: Developmental follow-back of a prospective-longitudinal cohort. *Archives of General Psychiatry*, *60*, 709–717.

King, N.J. & Ollendick, T.H. (1992). Test note: Reliability of the Fear Survey Schedule for Children – Revised. *The Australian Educational and Developmental Psychologist*, *9*, 55–57.

King, N.J. & Ollendick, T.H. (1997). Annotation: Treatment of childhood phobias. *Journal of Child Psychology and Psychiatry*, *38*(4), 389–400.

King, N.J., Tonge, B.J., Heyne, D., Pritchard, M., Rollings, S., Young, D., Myerson, N. & Ollendick, T.H. (1998). Cognitive behavioural treatment of school-refusing children: A controlled evaluation. *Journal of the American Academy of Child and Adolescent Psychiatry*, *37*(4), 395–403.

Kortlander, E., Kendall, P.C. & Panichelli-Mindel, S.M. (1997). Maternal expectations and attributions about coping in anxious children. *Journal of Anxiety Disorders*, *11*(3), 297–315.

Krohne, H.W. & Hock, M. (1991). Relationships between restrictive mother–child interactions and anxiety of the child. *Anxiety Research*, 4(2), 109–124.

Last, C.G., Francis, G. & Strauss, C.C. (1989). Assessing fears in anxiety disordered children with the Revised Fear Survey Schedule for Children (FSSC-R). *Journal of Clinical Child Psychology*, 18, 137–141.

Last, C.G., Hansen, C. & Franco, N. (1998). Cognitive behavioural treatment of school phobia. *Journal of the American Academy of Child and Adolescent Psychiatry*, 37, 404–411.

Last, C.G., Hersen, M., Kazdin, A., Orvaschel, H. & Perrin, S. (1991). Anxiety disorders in children and their families. *Archives of General Psychiatry*, 48, 928–945.

Last, C.G., Phillips, J.E. & Statfeld, A. (1987). Childhood anxiety disorders in mothers and their children. *Child Psychiatry and Human Development*, 18(2), 103–112.

Leitenberg, H., Yost, L. & Carroll-Wilson, M. (1986). Negative cognitive errors in children: Questionnaire development, normative data, and comparisons between children with and without symptoms of depression, low self-esteem and evaluation anxiety. *Journal of Consulting and Clinical Psychology*, 54, 528–536.

Leung, P.W.L. & Poon, M.W.L. (2001). Dysfunctional schemas and cognitive distortions in psychopathology: A test of the specificity hypothesis. *Journal of Child Psychology and Psychiatry*, 42(6), 755–765.

Lonigan, C.L., Vasey, M.W., Phillips, B.M. & Hazen, R.A. (2004). Temperament, anxiety and the processing of threat relevant stimuli. *Journal of Clinical Child and Adolescent Psychology*, 33, 8–20.

Manassis, K., Mendlowitz, S.L., Scapillato, D., Avery, D., Fiksenbaum, L., Freire, M., Monga, S. & Owens, M. (2002). Group and individual cognitive behavioural therapy for childhood anxiety disorders: A randomised trial. *Journal of the American Academy of Child and Adolescent Psychiatry*, 41, 1423–1430.

March, J.S., Parker, J., Sullivan, K., Stallings, P. & Conners, C.K. (1997). The Multidimensional Anxiety Scale for Children (MASC): Factor structure, reliability, and validity. *Journal of the American Academy of Child and Adolescent Psychiatry*, 36, 554–565.

Marks, I.M. (1969). *Fears and Phobias*. New York: Academic Press.

Martin, M., Horder, P. & Jones, G.V. (1992). Integral bias in naming of phobiarelated words. *Cognition and Emotion*, 6, 479–486.

Masi, G., Millepiedi, S., Mucci, M., Poli, P., Bertini, N. & Milantoni, L. (2004). Generalized anxiety disorder in referred children and adolescents. *Journal of the American Academy of Child and Adolescent Psychiatry*, 43(6), 752–760.

Masi, G., Mucci, M., Favilla, L., Romano, R. & Poli, P. (1999). Symptomatology and comorbidity of generalized anxiety disorder in children and adolescents. *Comprehensive Psychiatry*, 40(3), 210–215.

Meltzer, H., Gatward, R., Goodman, R. & Ford, T. (2003). Mental health of children and adolescents in Great Britain. *International Review of Psychiatry*, 15, 185–187.

Mendlowitz, S.L., Manassis, M.D., Bradley, S., Scapillato, D., Miezitis, S. & Shaw, B.F. (1999). Cognitive behaviour group treatments in childhood anxiety disorders: The role of parental involvement. *Journal of the American Academy of Child and Adolescent Psychiatry*, 38(10), 1223–1229.

Miller, L.C., Barrett, C.L. & Hampe, E. (1974). Phobias of childhood in a prescientific era. In A. Davis (ed.), *Child Personality and Psychopathology: Current Topics*. New York: Wiley.

Mills, R.S.L. & Rubin, K.H. (1990). Parental beliefs about problematic social behaviours in early childhood. *Child Development*, 61(1), 138–151.

Mills, R.S.L. & Rubin, K.H. (1992). A longitudinal study of maternal beliefs about children's social behaviours. *Merrill Palmer Quarterly*, 38(4), 494–512.

Mills, R.S.L. & Rubin, K.H. (1993). Socialization factors in the development of social withdrawal. In K.H. Rubin & J.B. Asendorpf (eds). *Social Withdrawal, Inhibition and Shyness in Childhood*. Hillsdale, NJ: Lawerence Erlbaum Associates.

Mills, R.S.L. & Rubin, K.H. (1998). Are behavioural and psychological control both differentially associated with childhood aggression and social withdrawal? *Canadian Journal of Behavioural Science*, 30, 132–136.

Moore, P.S., Whaley, S.E. & Sigman, M. (2004). Interactions between mothers and children: Impacts of maternal and child anxiety. *Journal of Abnormal Psychology*, 113, 471–476.

Muris, P., Dreessen, L., Bogels, S., Weckx, M. & van Melick, M. (2004). A questionnaire for screening a broad range of DSM-de.ned anxiety disorder symptoms in clinically referred children and adolescents. *Journal of Child Psychology and Psychiatry, 45*, 813–820.

Muris, P., Kindt, M., Bogels, S., Merckelbach, H., Gadet, B. & Moularet, V. (2000a). Anxiety and threat perception abnormalities in normal children. *Journal of Psychopathology and Behavioural Assessment, 22*(2), 183–199.

Muris, P., Meesters, C., Merckelbach, H., Sermon, A. & Zwakhalen, S. (1998). Worry in normal children. *Journal of the American Academy of Child and Adolescent Psychiatry, 37*, 7, 703–710.

Muris, P., Merckelbach, H. & Damsma, E. (2000b). Threat perception bias in nonreferred, socially anxious children. *Journal of Clinical Child Psychology, 29*, 348–359.

Muris, P., Merckelbach, H., Ollendick, T., King, N. & Bogie, N. (2002). Three traditional and three new childhood anxiety questionnaires: Their reliability and validity in a normal adolescent sample. *Behaviour Research and Therapy, 40*, 753–772.

Muris, P., Merckelbach, H., Schmidt, H. & Mayer, B. (1999). The revised version of the Screen for Child Anxiety Related Emotional Disorders (SCARED-R): Factor structure in normal children. *Personality and Individual Differences, 26*, 99–112.

Myers, K. & Winters, N.C. (2002). Ten-year review of rating scales. 11: Scales for internalising disorders. *Journal of the American Academy of Child and Adolescent Psychiatry, 41*(6), 634–659.

Nauta, M.H., Scholing, A., Emmelkamp, P.M.G. & Minderaa, R.B. (2001). Cognitive behaviour therapy for anxiety disordered children in a clinical setting: Does additional cognitive parent training enhance treatment effectiveness? *Clinical Psychology and Psychotherapy, 8*, 300–340.

Nauta, M.H., Scholing, A., Emmelkamp, P.M.G. & Minderaa, R.B. (2003). Cognitive behaviour therapy for children with anxiety disorders in a clinical setting: No additional effect of a cognitive parent training. *Journal of the American Academy of Child and Adolescent Psychiatry, 42*(11), 1270–1278.

Newman, D.L., Moffit, T.E., Caspi, A., Magdol, L., Silva, P.A. & Stanton, W.R. (1996). Psychiatric disorder in a birth cohort of young adults: Comorbidity, clinical significance and new case incidence from ages 11–21. *Journal of Consulting and Clinical Psychology, 64*(3), 552–562.

Ollendick, T.H. (1983). Reliability and validity of the Revised Fear Survey Schedule for Children (FSSC-R). *Behaviour Research and Therapy, 21*, 685–692.

Ollendick, T.H., King, N. & Muris, P. (2002). Fears and phobias in children: Phenomenology, epidemiology and aetiology. *Child and Adolescent Mental Health, 7*(3), 98–106.

Padesky, C. & Greenberger, D. (1995), *Clinician's Guide to Mind over Mood*. New York: Guilford Press.

Perrin, S. & Last, C.G. (1992). Do childhood anxiety measures measure anxiety? *Journal of Abnormal Child Psychology, 20*, 567–578.

Perrin, S. & Last, C.G. (1997). Worrisome thoughts in children clinically referred for anxiety disorders. *Journal of Child Clinical Psychology, 26*, 181–189.

Pine, D.S., Cohen, P., Gurley, D., Brook, J. & Ma, Y. (1998). The risk for early-adulthood anxiety and depressive disorders in adolescents with anxiety and depressive disorders. *Archives of General Psychiatry, 55*, 56–64.

Prins, P.J.M. (1985). Self-speech and self-regulation of high and low anxious children in the dental situation: An interview study. *Behaviour Research and Therapy, 23*, 641–650.

Prins, P.J.M. & Hanewald, G.J.F.P. (1997). Self-statements of test anxious children: Thought-listing and questionnaire approaches. *Journal of Consulting and Clinical Psychology, 65*(3), 440–447.

Prins, P.J.M. & Ollendick, T.H. (2003). Cognitive change and enhanced coping: Missing mediational links in cognitive behaviour therapy with anxiety-disordered children. *Clinical Child and Family Psychology Review, 6*(2), 87–105.

Prochaska, J.O., DiClemente, C.C. & Norcross, J. (1992). In search of how people change. *American Psychologist, 47*, 1102–1114.

Pulia.co, A.C. & Kendall, P.C. (2006). Threat-related attentional bias in anxious youth: A review. *Clinical Child & Family Psychology Review, 9*, 162–180.

Rapee, R.M. (1997). Potential role of childrearing practices in the development of anxiety and depression. *Clinical Psychology Review*, *17*(1), 47-67.
Rapee, R.M. (2001). The development of generalised anxiety. In M.W. Vasey & M.R. Dadds (eds), *The Developmental Psychopathology of Anxiety*. New York: Oxford University Press.
Reich, W. (2000). Diagnostic Interview for Children and Adolescents (DICA). *Journal of the American Academy of Child and Adolescent Psychiatry*, *39*(1), 59-66.
Reynolds, C.R. & Paget, K.D. (1981). Factor analysis of the revised children's manifest anxiety scale for blacks, males and females with national innovative sample. *Journal of Consulting and Clinical Psychology*, *49*, 352-359.
Reynolds, C.R. & Richmond, B.O. (1978). What I think and feel: A revised measure of children's manifest anxiety. *Journal of Abnormal Child Psychology*, *6*, 271-280.
Robins, L.W., Helzer, J.E., Ratcliff, K.S. & Seyfried, W. (1982). Validity of the Diagnostic Interview Schedule Version II: DSM-III diagnoses. *Psychological Medicine*, *12*, 855-870.
Rollnick, S. & Miller, W.R. (1995). What is motivational interviewing? *Behavioural and Cognitive Psychotherapy*, *23*, 325-334.
Rynn, M., Barber, J., Khalid-Khan, S., Siqueland, L., Dembiski, M., McCarthy, S. *et al.* (2006). The psychometric properties of the MASC in a pediatric psychiatric sample. *Journal of Anxiety Disorders*, *20*, 139-157.
Schniering, A.A. & Rapee, R.M. (2002). Development and validation of a measure of children's automatic thoughts: The children's automatic thoughts scale. *Behaviour Research and Therapy*, *40*, 1091-1109.
Schniering, A.A. & Rapee, R.M. (2004). The relationship between automatic thoughts and negative emotions in children and adolescents: A test of the content-specificity hypothesis. *Journal of Abnormal Child Psychology*, *113*(3), 464-470.
Schuckit, M.A. & Hesselbrock, V. (1994). Alcohol dependence and anxiety disorders: What is the relationship? *American Journal of Psychiatry*, *151*, 1723-1734.
Schwartz, R.M. & Garamoni, G.L. (1986). A structural model of positive and negative states of mind: Asymmetry in the internal dialogue. In P.C. Kendall (ed.), *Advances in Cognitive-Behavioural Research and Therapy* (Vol. 5). New York: Academic Press.
Shaffer, D., Fisher, P., Dulcan, M.K., Davies, M., Piacentini, J., Schwab-Stone, M.E. *et al.* (1996). The NIMH Diagnostic Interview Schedule for Children, Version 2.3 (DISC-2.3): Description, acceptability, prevalence rates, and performance in the MECA study. *Journal of the American Academy of Child and Adolescent Psychiatry*, *35*, 865-877.
Shaffer, D., Fisher, P., Lucas, C., Dulcan, M.K. & Schwab-Stone, M.E. (2000). NIMH Diagnostic Interview Schedule for Children version IV (NIMH DISC-IV): Description, differences from previous versions and reliability of some common diagnoses. *Journal of the American Academy of Child and Adolescent Psychiatry*, *39*(1), 28-38.
Shortt, A.L., Barrett, P.M., Dadds, M.R. & Fox, T.L. (2001). The influence of family and experimental context on cognition in anxious children. *Journal of Abnormal Child Psychology*, *29*(6), 585-596.
Silverman, W.K. & Albano, A.M. (1996). *Anxiety Disorders Interview Schedule for Children for DSM-IV (Child & Parent Versions)*. San Antonio, TX: Psychological Corporation/Graywind.
Silverman, W.K. & Dick-Niederhauser, A. (2004). Separation anxiety disorder. In T.L. Morris & J.S. March (eds), *Anxiety Disorders in Children and Adolescents*. New York: Guilford Press.
Silverman, W.K., Kurtines, W.M., Ginsburg, G.S., Weems, C.F., Lumpkin, P.W. & Carmichael, D.H. (1999a). Treating anxiety disorders in children with group cognitive behavioural therapy: A randomised clinical trial. *Journal of Consulting and Clinical Psychology*, *67*(6), 995-1003.
Silverman, W.K., Kurtines, W.M., Ginsburg, G.S., Weems, C.F., Rabian, B. & Serafini, L.T. (1999b). Contingency management, self-control and educational support in the treatment of childhood phobic disorders: A randomized clinical trial. *Journal of Consulting and Clinical Psychology*, *67*(5), 675-687.
Silverman, W.K., La Greca, A.M. & Wasserstein, S. (1995). What do children worry about? Worries and their relation to anxiety. *Child Development*, *66*(3), 671-686.

Silverman, W.K. & Ollendick, T.K. (2005). Evidence-based assessment of anxiety and its disorders in children and adolescents. *Journal of Clinical Child and Adolescent Psychology, 34*(3), 380–411.

Silverman, W.K., Saavedra, L.M. & Pina, A.A. (2001). Test–re-test reliability of anxiety symptoms and diagnoses using the Anxiety Disorder Interview Schedule for DSM-IV: Child and Parent Versions (ADIS for DSM-IV: C/P). *Journal of the American Academy of Child and Adolescent Psychiatry, 40*, 937–944.

Siqueland, L. & Diamond, G. (1998). Engaging parents in cognitive behavioural treatment for children with anxiety disorders. *Cognitive and Behavioural Practice, 5*, 81–102.

Siqueland, L., Kendall, P.C. & Steinberg, L. (1996). Anxiety in children: Perceived family environments and observed family interaction. *Journal of Clinical Child Psychology, 25*(2), 225–237.

Soler, J.A. & Weatherall, R. (2007). *Cognitive Behaviour Therapy for Anxiety Disorders in Children and Adolescents (Review)*. The Cochrane Library, Issue 3. Chichester, UK: Wiley.

Spence, S.H. (1997). Structure of anxiety symptoms among children: A confirmatory factor-analytic study. *Journal of Abnormal Child Psychology, 106*, 280–297.

Spence, S.H. (1998). A measure of anxiety symptoms among children. *Behaviour Research and Therapy 36*, 545–566.

Spence, S.H., Donovan, C. & Brechman-Toussaint, M. (1999). Social skills, social outcomes and cognitive features of childhood social phobia. *Journal of Abnormal Psychology, 108*(2), 211–221.

Spence, S.H., Donovan, C. & Brechman-Toussaint, M. (2000). The treatment of childhood social phobia: The effectiveness of a social skills training based, cognitive-behavioural intervention, with and without parental involvement. *Journal of Child Psychology and Psychiatry, 41*(6), 713–726.

Spielberger, C.D., Edwards, C.D., Montuori, J. & Lushene, R. (1973). *State–Trait Anxiety Inventory for Children*. Palo Alto, CA: Consulting Psychologists Press.

Stallard, P. (2002). *Think Good Feel Good: A Cognitive Behaviour Therapy Workbook for Children and Young People*. Chichester, UK: Wiley.

Stallard, P. (2005). *A Clinician's Guide to Think Good Feel Good: A Cognitive Behaviour Therapy Workbook for Children and Young People*. Chichester, UK: Wiley.

Stallings, P. & March, J.S. (1995). Assessment. In J.S. March (ed.), *Anxiety Disorders in Children and Adolescents* (pp. 125–147). New York: Guildford Press.

Taghavi, M.R., Dalgleish, T., Moradi, A.R., Neshat-Doost, H.T. & Yule, W. (2003). Selective processing of negative emotional information in children and adolescents with generalised anxiety disorder. *British Journal of Clinical Psychology, 42*, 221–230.

Taghavi, M.R., Neshat-Doost, H.T., Moradi, A.R., Yule, W. & Dalgleish, T. (1999). Biases in visual attention in children and adolescents with clinical anxiety and mixed anxiety–depression. *Journal of Abnormal Child Psychology, 27*(3), 215–223.

Toren, P., Wolmer, L., Rosental, B., Eldar, S., Koren, S., Lask, M. et al. (2000). Case series: Brief parent–child group therapy for childhood anxiety disorders using a manual based cognitive-behavioural technique. *Journal of the American Academy of Child and Adolescent Psychiatry, 39*(10), 1309–1312.

Treadwell, K.R.H. & Kendall, P.C. (1996). Self-talk in youth with anxiety disorders: State of mind, content specificity and treatment outcome. *Journal of Consulting and Clinical Psychology, 64*(5), 941–950.

Turner, S.M., Beidel, D.C. & Costello, A. (1987). Psychopathology in the offspring of anxiety disorder patients. *Journal of Consulting and Clinical Psychology, 55*, 229–235.

Vasey, M.W., Daleiden, E.L., Williams, L.L. & Brown, L. (1995). Biased attention in childhood anxiety disorders: A preliminary study. *Journal of Abnormal Child Psychology, 23*, 267–279.

Warren, S.L. & Sroufe, L.A. (2004). Developmental issues. In T.H. Ollendick & J.S. March (eds), *Phobic and Anxiety Disorders in Children and Adolescents: A Clinician's guide to effective psychosocial and pharmacological interventions* (pp. 92–115). New York: Oxford University Press.

Waters, A.M., Lipp, O.V. & Spence, S.H. (2004). Attentional bias toward fear related stimuli: An investigation with non-selected children and adults and children with anxiety disorders. *Journal of Experimental Child Psychology, 89*, 320–337.

Weems, C.F., Berman, S.L., Silverman, W.K. & Saavedra, L.M. (2001). Cognitive errors in youth with anxiety disorders: The linkages between negative cognitive errors and anxious symptoms. *Cognitive Therapy and Research, 25*(5), 559–575.

Weems, C.F., Silverman, W.K. & La Greca, A.M. (2000). What do youth referred for anxiety problems worry about? Worry and its relation to anxiety and anxiety disorders in children and adolescents. *Journal of Abnormal Child Psychology, 28*(1), 63–72.

Weems, C.F., Silverman, W.K., Rapee, R. & Pina, A.A. (2003). The role of control in anxiety disorders. *Cognitive Therapy and Research, 27*(5), 557–568.

Weems, C.F., Silverman, W.K., Saaverda, L.M., Pina, A.A. & Lumpkin, P.W. (1999). The discrimination of children's phobias using the Revised Fear Survey Schedule for Children. *Journal of Child Psychology and Psychiatry, 40*, 941–952.

Weems, C.F. & Stickle, T.R. (2005). Anxiety disorders in childhood: Casting a nomological net. *Clinical Child & Family Psychology Review, 8*(2), 107–134.

Whaley, S.E., Pinto, A. & Sigman, M. (1999). Characterizing interactions between anxious mothers and their children. *Journal of Consulting and Clinical Psychology, 67*(6), 826–836.

Wittchen, H.U., Nelson, C.B. & Lachner, G. (1998). Prevalence of mental disorders and psychosocial impairment in adolescents and young adults. *Psychological Medicine, 28*, 109–126.

Wood, J., McLeod, B.D., Sigman, M., Hwang, C., & Chu, B.C. (2003). Parenting and childhood anxiety: Theory, empirical findings and future directions. *Journal of Child Psychology and Psychiatry, 44*(1), 134–151.

Wood, J.J., Piacentini, J.C., Southam-Gerow, M., Chu, B.C. & Sigman, M. (2006). Family cognitive behavioural therapy for child anxiety disorders. *Journal of the American Academy of Child and Adolescent Psychiatry, 45*(3), 314–321.

Woodward, L.J. & Fergusson, D.M. (2001). Life course outcomes of young people with anxiety disorders in adolescence. *Journal of the American Academy of Child and Adolescent Psychiatry, 40*(9), 1086–1093.

World Health Organization. (1993). *International Classification of Mental and Behavioural Disorders, Clinical Descriptors and Diagnostic Guidelines* (10th edition). Geneva, Switzerland: World Health Organization.

Índice

Ansiedade
  Comorbidade, 13-14
  Curso, 14-15
  Etiologia, 14-15
  Prevalência, 12-13
  Tipo de transtorno de ansiedade
    Ataques de pânico, 21-22
    Fobia social, 20-21
    Transtorno de ansiedade de separação, 17-18
    Transtorno de ansiedade generalizada, 22-23, 30-32
    Transtornos de ansiedade fóbicos, 18-19
Aumentando as coisas, 142-143
Avaliação
  Entrevista clínica, 59-60
  Entrevista diagnóstica
    ADIS-C/P, 71-72
    DICA-R, 71-72
    K-SADS, 72-73
    NIMH DISC, 71-72
  Questionários
    Fear Survey Schedule for Children, 74-75
    MASC, 74-75
    RCMAS, 73-74
    SCARED-R, 75-76
    SCAS, 75-76
    STAI-C, 76-77

Bola de neve, 142-143

Cognições
  Erros, 51-52, 141-147
  Especificidade, 50-51
  Frequência de cognições negativas, 47-48
  Frequência de cognições positivas, 49-50, 138, 140
  Manejo das distorções, 52-53, 140-141, 143-147
  Percepção de ameaça, 46-47
  Percepção de controle, 53-54
  Predisposição atencional, 45-46
  Proporção de cognições positivas e negativas, 49-50
Cognitiva
  Armadilhas do pensamento, 141-144, 196
  Autodiálogo positivo, 138, 140
  Consciência, 133-137
  Mudança dos pensamentos inúteis, 137-138
  Pensamentos úteis e inúteis, 146-147
  Teste e questionamento das cognições, 143-147
    Checar as evidências, 145-146
    Parar, encontrar, pensar, 143-144
    Questionamento dos pensamentos, 144-145
Coping Cat, 30-32

Eficácia, 30-31, 41-43
  Envolvimento parental, 62-68
  Fobia social, 38-39
  Recusa escolar, 39-40
  Transtornos de Ansiedade Generalizada, 30-38
  Transtornos fóbicos, 37-38
Emocional
  Consciência
    Classificação, 121-122
    Diário dos sentimentos quentes, 123-124, 189
    In vivo, 119

Índice

Monitoramento, 121-125
Registros no computador, 124, 126
Sinais de ansiedade, 120, 187
Situações quentes, 119
Manejo
  Atividade física, 127-128, 190
  Atividades relaxantes, 127-128
  Distração, 127
  Imagens calmantes, 129-130, 192
  Jogos mentais, 127
  Relaxamento muscular progressivo, 128-129
  Respiração controlada, 126, 191
Experimentos comportamentais, 155-157
Exposição, 151

Formulações, 76-77, 97-98
  Fatores familiares, 82, 102
  Início dos sintomas, 79-80, 97-98
  Manutenção, 77-78, 98
  Quatro sistemas, 99-100

"Leitor de mentes", 142-143

Materiais e Folhas de Exercícios
  Aprendendo a vencer a ansiedade (crianças), 184-186
  Aprendendo a vencer a ansiedade (pais), 181-183
  Armadilhas do pensamento, 196
  Caixa de ferramentas dos meus sentimentos, 193
  Coisas que me deixam ansioso, 188
  Como eles se sentiram?, 198
  Diário da Respiração Controlada, 191
  Meu diário "quente", 189
  Meu experimento, 201
  Meu lugar especial para relaxar, 192
  Meus pensamentos preocupantes, 194
  Meus sinais corporais de ansiedade, 187
  Minha escada para o sucesso, 203
  Minhas atividades físicas, 190
  O gato legal, 197
  Pensamentos acrobáticos, 195
  Qual solução eu devo escolher?, 200
  Registro das minhas realizações, 202
  Resposta de "Luta ou Fuga", 117, 186
  Soluções possíveis, 199

O positivo não conta, 40-41
Óculos negativos, 141-142

Pais
  Ansiedade, 108
  Comportamento
    Controle excessivo, 57
    Modelos, 58

Negatividade, 58
Reforço da esquiva, 56-57, 109
Crenças, 109
Manejo, 109
  Comportamento de enfrentamento/corajoso, 111
  Ignorar o comportamento ansioso, 114
  Reforço, 112-114
Motivação, 105-108
Papel no tratamento
  Cocliente, 60-61, 116
  Coterapeuta, 60-61, 116
  Facilitador, 60-61, 115
Pensar em desastre, 143-144
Prevenção de recaídas, 159-161
Problemas na terapia
  Acesso aos pensamentos, 169-170
  Falha em reconhecer a mudança, 173-174
  Falta de motivação, 163
  Habilidade cognitiva limitada, 168-169
  Métodos verbais, 171-172
  Pais ansiosos, 171-172
  Participação errática, 172-173
  Problemas familiares, 162
  Reserva, 166-167
  Tarefas não concluídas, 165-166

Seta descendente, 80-81
Solução de problemas, 148-149
  Esquema dos seis passos, 149-151
  Experimentos comportamentais, 155-157
  Exposição, 151
  Hierarquia, 153-154
  Reforço, 158

Terapia cognitivo-comportamental
  Alvos
  Características, 25
  Confidencialidade e limites, 26-27
  Disposição para a mudança, 89-90
  Eficácia, 30-31-42-43, 62-68
  Elementos principais, 28-29, 85-88
  Envolvimento, 88-89
  Envolvimento parental, 26, 59-60-67-68
  Estrutura da sessão, 27-30, 86-87
  Grupo, 33-34, 36-37
  Modelo de mudança, 61-62
  Objetivos, 88-89, 95-96
  Processo, 26, 93-94
  Psicoeducação, 86-87, 90-91
  TCC com base na família, 34-35

"Vidente", 142-143